大数据与人工智能技术丛书

Hadoop大数据技术基础

（Python版）微课视频版

刘彬斌 著

清华大学出版社
北京

内容简介

本书从初学者角度出发，通过丰富的示例和实战项目，详细讲解大数据开发环境、关键技术及其应用。全书共分10章，第1～9章的内容分别为大数据概述、Linux系统的安装与使用、Python 3语言基础、Hadoop开发环境、HDFS技术、MapReduce技术、Hive数据仓库、HBase分布式数据库、Sqoop工具，第10章详细解析了实战项目“货运车分布分析平台”，帮助初学者快速入门。本书所有知识点都结合具体的编程示例，对于重要知识点提供视频讲解，还设计了多个实训，使读者通过实践环节加强对知识点的理解和掌握。

本书适合作为高等院校计算机应用、大数据技术及相关专业的教材，也适合作为大数据技术相关培训的教材和大数据技术初学者的自学资料。

图书在版编目(CIP)数据

Hadoop大数据技术基础：Python版：微课视频版/刘彬斌著. —北京：清华大学出版社，2022.4
(2024.8重印)
(大数据与人工智能技术丛书)
ISBN 978-7-302-60130-2

Ⅰ. ①H… Ⅱ. ①刘… Ⅲ. ①数据处理软件 Ⅳ. ①TP274

中国版本图书馆CIP数据核字(2022)第021060号

责任编辑：付弘宇　张爱华
封面设计：刘　键
责任校对：徐俊伟
责任印制：丛怀宇

出版发行：清华大学出版社
　　网　　址：https://www.tup.com.cn，https://www.wqxuetang.com
　　地　　址：北京清华大学学研大厦A座　　**邮　　编**：100084
　　社 总 机：010-83470000　　**邮　　购**：010-62786544
　　投稿与读者服务：010-62776969，c-service@tup.tsinghua.edu.cn
　　质量反馈：010-62772015，zhiliang@tup.tsinghua.edu.cn
　　课件下载：https://www.tup.com.cn，010-83470236
印 装 者：三河市铭诚印务有限公司
经　　销：全国新华书店
开　　本：185mm×260mm　　**印　张**：18.5　　**字　　数**：436千字
版　　次：2022年6月第1版　　**印　　次**：2024年8月第4次印刷
印　　数：4201～5700
定　　价：59.00元

产品编号：091037-01

前 言

1. 为什么要学习本书

随着 5G、工业互联网、人工智能等前沿科技的发展，工业大数据将从探索起步阶段迈入纵深发展阶段，迎来快速发展的机遇期，全球工业大数据行业的竞争也将变得更为激烈。随着市场数据增长的加剧，国家对数据服务的要求也越来越多样化、专业化、快速化，大数据的存储和分析无疑对所有数据企业是一个挑战。

Apache Hadoop 是用于大规模数据存储及处理的分析引擎，具有高可靠性、高效性、高扩展性、高容错性、低成本等特点，并且在 Hadoop 生态体系中，包含了分布式文件存储系统、分布式计算系统、分布式列存储数据库、分布式协作服务、数据仓库等多方面的解决方案，深受广大软件开发工程师的喜爱。对于想从事大数据行业的开发人员来说，学好 Hadoop 尤为重要。

Hadoop 技术功能强大，涉及知识面较广，没有基础的读者很难深入 Hadoop 体系架构之中，因此本书采用理论和案例相结合的讲解方式，将知识点由浅入深、由易到难地进行解析，让初学者能够在逐渐深入的学习过程中掌握 Hadoop 的生态体系。

2. 本书内容

本书共分 10 章，各章内容简介如下。

第 1 章主要介绍大数据的产生与发展，以及大数据技术的生态工具。通过本章的学习，读者应了解为什么要学习大数据、大数据生态系统有哪些成员。

第 2 章主要介绍 Linux 系统的安装、基本命令操作、权限与目录管理、文件操作及网络配置。通过本章的学习，读者应掌握 Linux 系统的常用操作。

第 3 章主要介绍 Python 3 语言的基础语法。通过本章的学习，读者应掌握 Python 3 环境的安装与配置，熟悉 Python 3 的基础语法。

第 4 章主要介绍 Hadoop 生态圈常用工具和 Hadoop 大数据集群环境的搭建。通过本章的学习，读者应掌握 Hadoop 大数据集群环境的搭建及 Hadoop 大数据集群常见问题的处理。

第 5 章主要介绍 HDFS 的工作原理及 HDFS 的操作。通过本章的学习，读者应掌握 HDFS 的工作原理、HDFS 命令与 HDFS API 的常用操作，并且能够使用 API 解决实际问题。

第 6 章主要介绍 MapReduce 的工作原理及 API 的操作。通过本章的学习，读者应掌握 MapReduce 的工作原理和 API 的常用操作，并且能够使用 MRJob 模型编程解决实际问题。

第7章主要介绍Hive数据仓库的工作原理、Hive环境的搭建和HiveQL的使用。通过本章的学习，读者应掌握Hive环境的安装与配置，熟悉HiveQL的基础语法，并且能够使用HiveQL解决实际问题。

第8章主要介绍HBase分布式数据库的数据模型以及操作方式。通过本章的学习，读者应掌握部署HBase集群的方法，了解HBase存储数据的架构原理，并且能够使用HBase分布式数据库解决实际问题。

第9章主要介绍Sqoop工具的环境搭建及Sqoop工具的使用。通过本章的学习，读者应掌握Sqoop工具的安装和操作，并且能够使用Sqoop工具实现ETL操作。

第10章主要介绍货运车分布分析平台的构建、开发和部署，该平台是基于HDFS的离线分析项目，使用Python语言对分析结果进行了可视化展示。通过本章的学习，读者应掌握如何基于Python语言开发Hadoop程序。

3. 作者与致谢

本书由刘彬斌著，参与本书的编写、资料整理、书稿校对、课件制作等工作的有周磊、廖云华、胡涵等。感谢清华大学出版社专业严谨的工作态度，为本书的顺利出版提供了宝贵的意见，并付出了辛勤的劳动。

4. 配套资源

读者在学习本书时，可以配合与本书配套的讲解视频、教学大纲、PPT课件、习题和实例源码等资源，快速提升编程水平和解决实际问题的能力。

读者扫描本书封底“文泉云盘”涂层下的二维码，绑定微信后，即可扫描书中的二维码观看对应视频来进行学习（配有视频的章节已在目录中标出）。

教学大纲、PPT课件、习题答案和实例源码等资源可以从清华大学出版社官方微信公众号“书圈”（见封底）下载。关于本书及资源使用中的问题，请联系404905510@qq.com。

编　者

2022年1月

目 录

第 1 章

大数据概述

近年来，随着互联网和智能硬件的快速普及，数据正以爆炸式的速度增长。据 2020 年国务院发布的《工业和信息化部关于工业大数据发展的指导意见》公报，要求加快数据汇聚，推动工业数据全面采集，加快工业设备互联互通，推动工业数据高质量汇聚，统筹建设国家工业大数据平台，从而实现数据共享和深化数据应用。这表明大数据产业已成为国家战略的一部分，不仅有政府支持，企业也在积极布局。在国家层面把基础数据汇聚起来，建设以大数据为手段的，可支撑政府精准施策、精准管理的平台，使大数据产业变得尤其重要。

未来三到五年，随着 5G、工业互联网、人工智能等技术的发展，工业大数据将从探索起步阶段迈入纵深发展阶段，迎来快速发展的机遇期，全球工业大数据的竞争也将变得更为激烈。随着市场数据增长的加剧，国家层面对于数据服务的要求也越来越多样化、专业化、快速化，这无疑对所有数据企业是一个挑战。

为了解决上述问题，作为大数据处理系统的 Hadoop 和 Spark 应运而生。它们利用分布式文件存储系统、高可靠与高可用的分布式计算框架，构建出庞大的高可靠、高效率的集群，为从大体量、复杂的数据中快速获取有价值的数据提供了强有力的技术支撑。本书将立足于生产实践中的实际应用，由浅入深，从最基础的 Linux 平台出发，深入 Hadoop 知识体系（如果想学习 Spark，可阅读本书编者编写的《Spark 大数据技术基础（Python 版）》）。无论你是单纯对大数据感兴趣，还是想在大数据方面有所成就，本书都是你的不二选择。本书从零基础开始，立足于实战，包含了“修炼”大数据“内功”所需的必备知识。

1.1　大数据的产生与发展

随着计算机和信息技术的迅猛发展，人们从工业时代迈向了互联网时代。随着人们获取信息的方式及方法的改变，各行业应用系统的规模在迅速扩大，各行业应用所产生的数据量呈井喷式增长，很多应用每天产生的数据量达到数十、数百太字节（TB）甚至数拍字节（PB）的规模，这已远远超出了传统计算机和信息技术的数据处理能力。因此，我们迫切需要有效的大数据处理的技术、方法和手段。

2003年，Google公司发表了论文*Google File System*，详细阐述了一种可扩展的分布式文件系统。该系统可用于大型的、分布式的对大量数据进行访问的应用。在此基础上，Google公司又陆续发表了关于MapReduce和Bigtable的两篇论文。

2005年，基于Google公司发表的前两篇论文的理论，Hadoop应运而生。Hadoop最初只是雅虎公司用来解决网页搜索问题的一个项目，后因其技术的高效性，被Apache Software Foundation（Apache软件基金会，也称为Apache基金会）引入并成为开源应用，这为其发展和广泛使用打下了坚实基础。

2008年年末，"大数据"得到部分美国知名计算机科学研究人员的认可，业界组织计算社区联盟（Computing Community Consortium，CCC）发表了一份有影响的白皮书——《大数据计算：在商务、科学和社会领域创建革命性突破》。它使人们的思维不再局限于数据处理的机器，并提出"大数据真正重要的是新用途和新见解，而非数据本身"的理论，使人们对大数据有了新的认知。

2009年，Spark在美国加州大学伯克利分校的AMPLab诞生。它最初属于加州大学伯克利分校的研究性项目，于2010年正式开源，2013年成为Apache基金会项目，并于2014年成为Apache基金会的顶级项目，整个过程用时不到五年。

2011年5月，全球知名咨询公司麦肯锡（McKinsey&Company）的全球研究院（MGI）发布了报告《大数据：创新、竞争和生产力的下一个新领域》，这标志着大数据开始备受关注。这也是专业机构第一次全方面介绍和展望大数据，为大数据的发展和普及带来了良好机遇。同年12月，我国工业和信息化部发布《物联网"十二五"发展规划》，提出把信息处理技术作为四项关键技术的创新工程之一，其中包括海量数据存储、数据挖掘、图像视频智能分析，这都是大数据的重要组成部分，此规划为我国的大数据发展提供了新的发展机遇和强有力的政府支持。

2012年1月，在瑞士达沃斯召开的世界经济论坛上，大数据成为论坛主题之一。会上发布的报告《大数据，大影响》（*Big Data, Big Impact*）中提出，大数据的价值和黄金一样，使人们认识到数据的重要性。

2015年，国务院正式印发《促进大数据发展行动纲要》，明确了大数据的发展前景和应用，这标志着大数据正式上升为国家战略。

2016年，我国的《大数据"十三五"规划》出台。该规划提出实施国家大数据战略，促进大数据产业健康发展，深化大数据在各行业的创新应用，探索与传统产业协同发展新业态、新模式，加快完善大数据产业链，加快海量数据采集、存储、清洗、分析、发掘、可视化、安全与隐私保护等领域关键技术攻关，促进大数据软硬件产品发展，完善大数据产业公共服务支撑体系和生态体系，加强标准体系和质量技术基础建设。

2020年，国务院发布第21号文件《工业和信息化部关于工业大数据发展的指导意见》，该文件要求加快工业数据的采集、工业设备互联互通，推动工业数据高质量汇聚，推动工业数据开放共享，从而激发工业数据市场活力和深化数据的应用。

从大数据的发展历程和政府对大数据的支持程度来看，大数据已成为促进时代发展的重要因素，它将带动千亿甚至更多的产业价值。互联网的普及和发展，产生了越来越多的数据，如何从中提取出有价值的信息，成为亟待解决的问题。如今，Hadoop 和 Spark 技术为解决该问题提供了很好的技术平台和解决方案，但国内大数据发展现状并不乐观。虽然得到政府的大力支持，但大数据从业者的匮乏造成企业难以找到合适的从业人员，阻碍了企业的发展，这就要求国家培养更多的大数据人才来支撑大数据产业健康、快速的发展。目前，大数据所涉及的范围非常广泛，小到日常生活的购物、医疗，大到企业未来决策和长期规划。不论是消费行业、金融行业、医疗行业，还是区块链、机器学习、人工智能等都离不开大数据的支持。大数据已融入生活的方方面面，未来的时代是大数据的时代。大数据产业已经上升到国家战略的高度，未来将会有更开阔的市场前景和更高层次的应用价值。

1.2　大数据的基础知识

初学者想要系统地学习大数据知识，必须具备一定的大数据基础知识储备及牢固的基础，这样后面的学习才会有事半功倍的效果。

目前，主流的大数据平台 Hadoop 和 Spark 都是运行在 JVM（虚拟机）上的，大数据集群需要在 Linux 系统中部署，因此在学习 Spark 大数据开发之前需要学会 Linux 的基本操作。

Hadoop 本身是使用 Java 语言开发的系统，所以在学习 Hadoop 之前需要掌握一定的 Java 知识。Spark 由 Scala 语言开发，它不仅可以和 Java 语言很好地兼容，而且还提供了很多新的特性。学习 Scala 语言有助于深入地了解和学习 Spark。虽然 Hadoop 与 Spark 都各自提供了最佳的编程语言，但是对开发人员而言，同时掌握多门语言尚有一定难度。因此，本书推荐使用第三方语言 Python 进行编程，因为 Python 有以下优点。

（1）简单易学。很多学过 Java 的人都知道，Python 的语法比 Java 简单得多，代码十分容易读写。Python 还提供了大量的第三方库，减少了很多常规开发的工作量，非常适合初学者学习。

（2）拥有活跃的计算社区。Python 在数据分析、探索性计算、数据可视化等方面都有非常成熟的库和活跃的社区，这使得 Python 成为数据处理的首选语言。Python 提供了众多第三方科学计算库供开发者使用，例如 NumPy、Pandas、Matplotlib 等。

（3）拥有强大的通用编程能力。Python 的强大不仅体现在数据分析方面，而且在 Hadoop 和 Spark 等领域也有着广泛的应用，对于初学者来说，只需要使用一门开发语言就可以完成整个大数据的一系列开发，大大地提高了学习效率。

（4）Python 已成为人工智能的通用语言。众所周知，人工智能是我国大力发展的方向，在人工智能领域中，Python 已经成为最受欢迎的编程语言。这主要得益于其语法简洁、丰富的第三方库和活跃的社区，使得大部分深度学习开发者都优先选择（支持）用 Python 语言编程。

（5）与其他语言无缝衔接。Python 作为一门“胶水”语言，能够通过多种方式与其他语言(如C或Java语言)的组件融合在一起,可以轻松地操作使用其他语言编写的库。

本书充分考虑到初学者的学习需求,立足于实践,将从基本的运行平台开始,再到关键知识点的讲解,解决在前往大数据殿堂的路上所遇到的绝大部分问题。因此,本书第2章将详细讲解Python 3的基础语法及运用,以便读者可以更深入地学习Hadoop大数据技术。

1.3 大数据架构

就目前的大数据体系来说,要构建一个大数据平台,主要依靠Linux系统。Linux是业界运行大数据平台的不二之选,目前很多大数据软件只支持Linux。因此本书立足于实际需要,以Linux系统为基础搭建大数据平台,Linux系统的安装与常用操作将在第2章中进行详细讲解。

Hadoop生态圈的核心技术包括HDFS(Hadoop分布式文件系统)、MapReduce(分布式计算系统)、Hive(数据仓库)和HBase(分布式数据库)等。本书主要讲解的Hadoop项目如下。

HDFS:用于对大型文件的处理和拆分,为构建大规模集群和高可用的文件处理奠定了基础。

MapReduce:分布式数据处理和执行环境,用于对大规模数据集进行运算。

Hive:基于Hadoop的一个数据仓库工具,可将结构化的数据文件映射为数据库表,并提供简单SQL查询功能,称为HQL。它可以将SQL语句转换为MapReduce进行运算(HQL的底层实现是基于MapReduce的)。

HBase:分布式的、面向列的开源数据库,适合于类似大数据的非结构化数据存储的数据库。

Sqoop:一款开源的数据传输工具,主要用于在Hadoop与传统的数据库间之间数据的传递。

Flume:由Cloudera公司提供的一个高可用、高可靠、分布式的实现海量日志采集、聚合和传输的系统。

1.4 本章小结

本章主要讲解了什么是大数据及大数据的发展,并简单介绍了大数据技术的生态工具。首先介绍了数据的来源及研究大数据的意义。接着介绍了Hadoop和Spark大数据技术的应用场景。最后通过对Hadoop生态圈的介绍,讲解了Hadoop在大数据处理中的重要作用,以及Hadoop生态圈中的常用工具。

1.5 课后习题

一、填空题

1. 处理大量数据的两个主流技术是________和________。

2. Hadoop 生态圈包含的常用处理技术为________、________、________、________和________。

3. ________是基于 Hadoop 的一个数据仓库工具，可将结构化的数据文件映射为数据库表，并提供简单 SQL 查询功能，可以将 SQL 转换为 MapReduce 进行运算。

二、判断题

1. MapReduce 是分布式数据处理和执行环境，用于对大规模数据集进行运算。（　　）

2. Sqoop 是一款开源的数据传输工具，主要用于在 Hadoop 与传统的数据库间数据的传递。（　　）

3. 处理、分析大量数据的技术主要是 HDFS 和 Spark。（　　）

三、选择题

1. 下列选项中，（　　）语言属于 Hadoop 技术的主要开发语言。

A. Python　　B. Java　　C. C　　D. PHP

2. Hadoop 是基于（　　）开发出来的大数据处理技术。

A. Google 公司发表的论文 *Google File System*

B. Google 公司发表的 HDFS 论文

C. Google 公司发表的 Hadoop 论文

D. Google 公司发表的 MapReduce 论文

3. 下列选项中，（　　）生态工具属于 Hadoop 的核心技术。

A. HBase　　B. Hive　　C. MapReduce　　D. Sqoop

四、简答题

1. 简述大数据研究的意义。

2. Hadoop 的两大核心是什么？分别有什么作用？

第 2 章 Linux系统的安装与使用

2.1 系统安装

2.1.1 安装 CentOS 7.x

Linux 是通过 VMware 虚拟平台进行安装的，本章将以 CentOS 7 为例介绍 Linux 的安装。CentOS 最新版本的官方下载地址为 https://www.centos.org/download/。

2.1.2 安装步骤

关于 Linux 系统安装步骤的讲解视频可扫描二维码观看。

在 VMware 虚拟平台中安装 CentOS 7.x 虚拟系统。

(1) 在 VMware 虚拟平台中，单击“创建新的虚拟机”按钮，弹出“新建虚拟机向导”对话框，如图 2.1 所示。

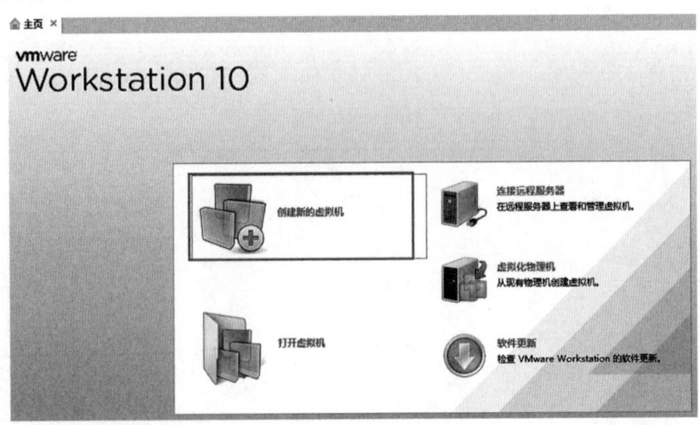

图 2.1 创建新的虚拟机

(2) 在“新建虚拟机向导”对话框中，选择“自定义(高级)(C)”单选按钮，单击“下一步”按钮，进入“新建虚拟机向导”的下一步设置，如图 2.2 所示。

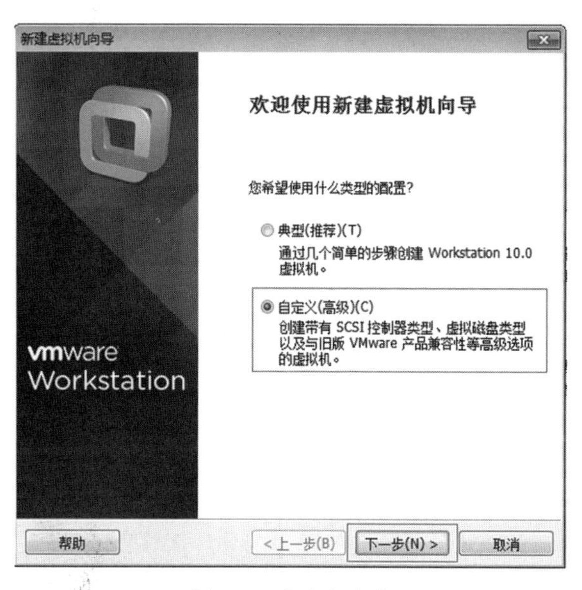

图 2.2　自定义安装

(3) 虚拟机硬件兼容性设置是可选项设置，这里采用默认选项即可，单击“下一步”按钮，进入“新建虚拟机向导”的下一步设置，如图 2.3 所示。

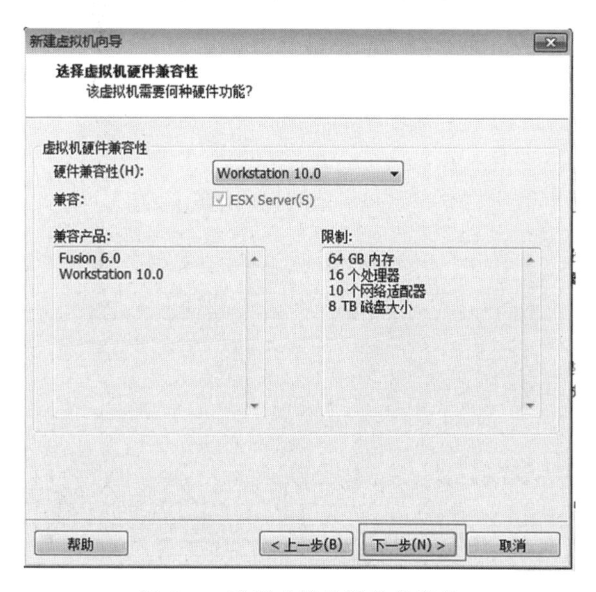

图 2.3　选择虚拟机硬件兼容性

(4) 设置系统安装来源时，建议选择“稍后安装操作系统(S)”单选按钮，等待配置完成后，正式安装前再选择安装来源。单击“下一步”按钮，进入“新建虚拟机向导”的下一步设置，如图 2.4 所示。

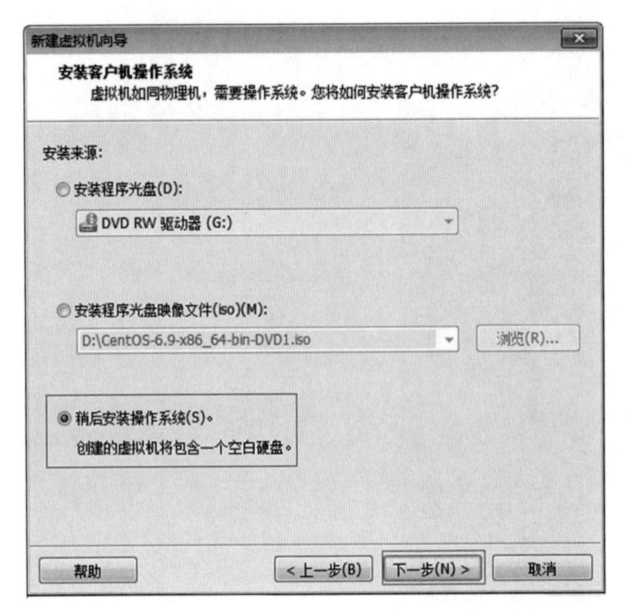

图 2.4　选择“稍后安装操作系统(S)”单选按钮

(5) 将“客户机操作系统”选项设置为 Linux(L)，“版本(V)”选项设置为“CentOS 64 位”，单击“下一步”按钮，进入“新建虚拟机向导”的下一步设置，如图 2.5 所示。

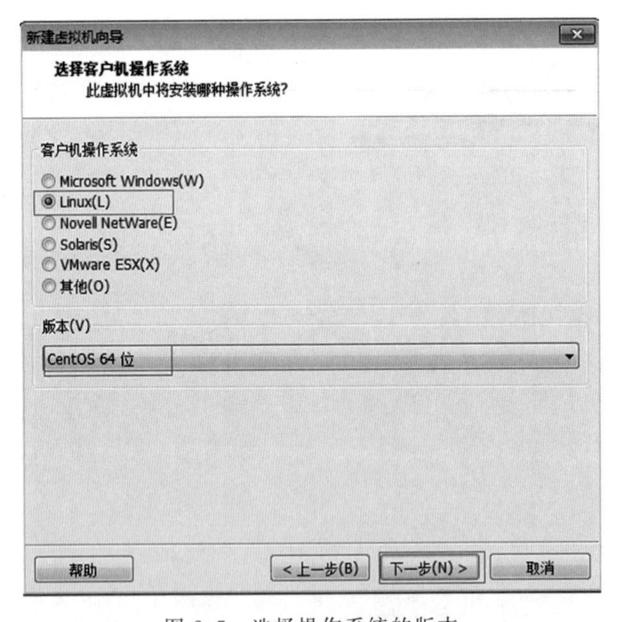

图 2.5　选择操作系统的版本

(6) 设置“虚拟机名称(V)”和“位置(L)”选项。“虚拟机名称”是 VMware 平台中显示的名称，为自定义名称；“位置(L)”是当前虚拟机安装路径。单击“下一步”按钮，进入“新建虚拟机向导”的下一步设置，如图 2.6 所示。

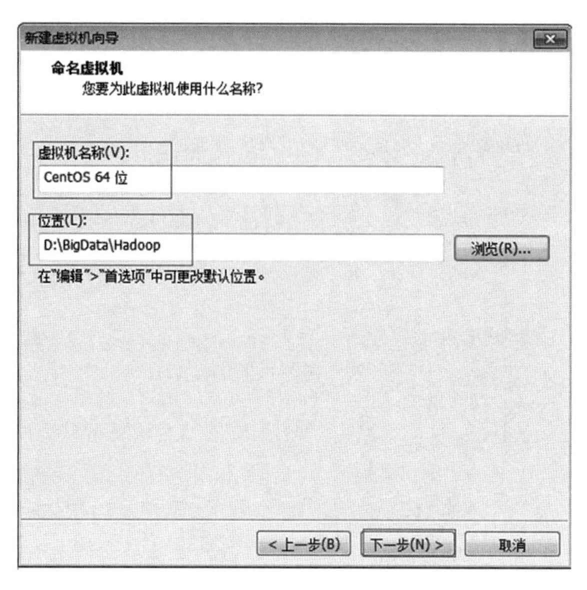

图 2.6 设置虚拟机名称和位置

(7) 根据物理机实际情况，给 Linux 虚拟机分配处理器数量及每个处理器的核心数量。注意，虚拟机的处理器数量和核心数量不能超过物理机的处理器数量和核心数量，推荐处理器数量设为 1，每个处理器的核心数量设为 1。单击“下一步”按钮，进入“新建虚拟机向导”的下一步设置，如图 2.7 所示。

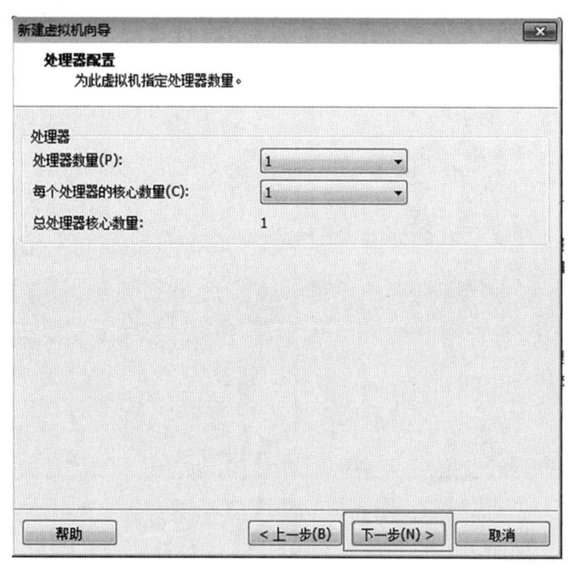

图 2.7 设置虚拟机的处理器数量和核心数量

(8) 给 Linux 虚拟机分配内存。分配的内存大小不能超过物理机内存大小，多台运行的虚拟机内存总和不能超过物理机内存大小，如图 2.8 所示。

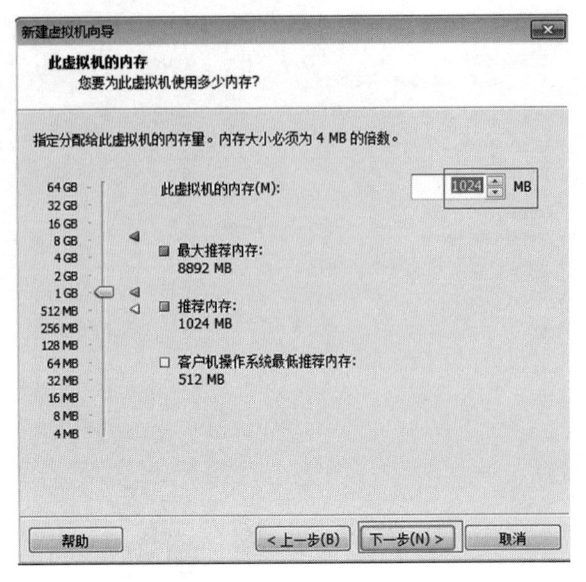

图 2.8　设置虚拟机内存

（9）在对话框中选择“使用网络地址转换(NAT)(E)”单选按钮为网络连接方式。单击“下一步”按钮，进入“新建虚拟机向导”的下一步设置，如图 2.9 所示。

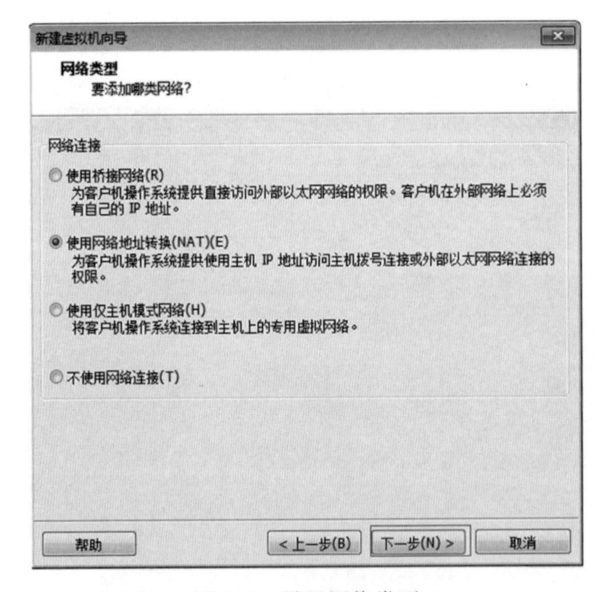

图 2.9　设置网络类型

（10）在对话框中选择“LSI Logic(L)”单选按钮为 I/O 控制器类型。单击“下一步”按钮，进入“新建虚拟机向导”的下一步设置，如图 2.10 所示。

（11）在对话框中选择“SCSI(S)(推荐)”单选按钮为虚拟磁盘类型。单击“下一步”按钮，进入“新建虚拟机向导”的下一步设置，如图 2.11 所示。

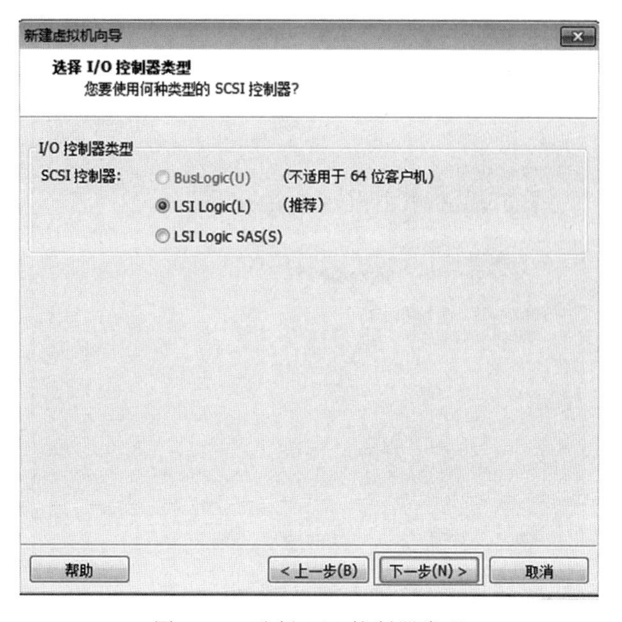

图 2.10　选择 I/O 控制器类型

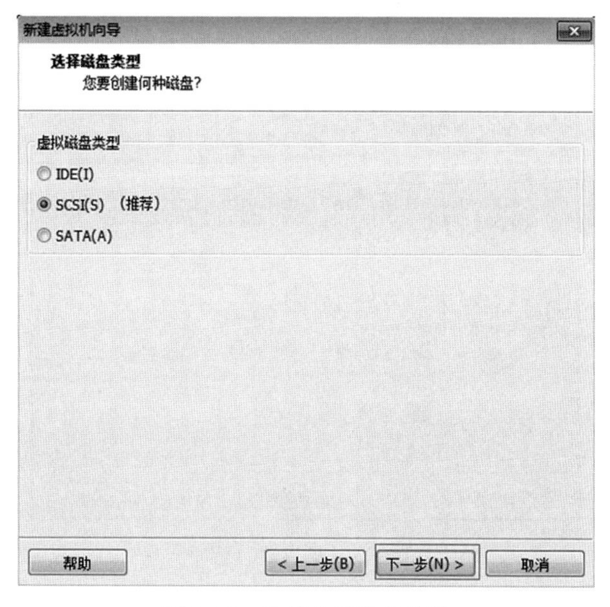

图 2.11　选择虚拟磁盘类型

(12) 在对话框中选择“创建新虚拟磁盘(V)”单选按钮创建新的虚拟磁盘。单击“下一步”按钮，进入“新建虚拟机向导”的下一步设置，如图 2.12 所示。

(13) 根据物理机的磁盘大小给虚拟机分配磁盘空间，“最大磁盘大小(GB)(S)”的默认值为 20GB，根据实际情况设置即可。单击“下一步”按钮，进入“新建虚拟机向导”的下一步设置，如图 2.13 所示。

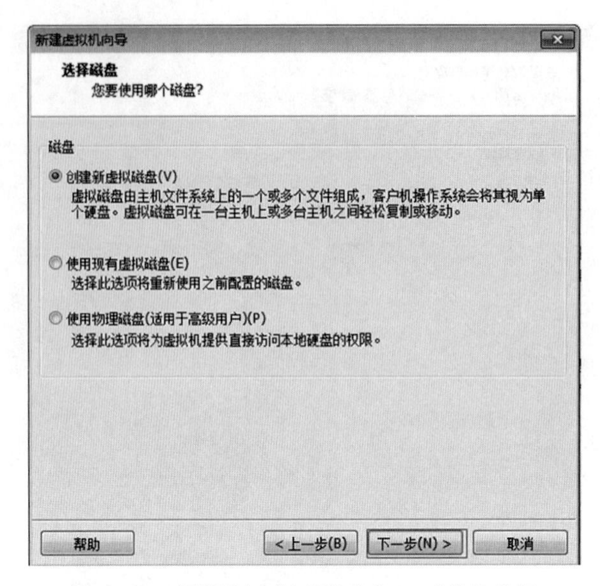

图 2.12　选择“创建新虚拟磁盘(V)”单选按钮

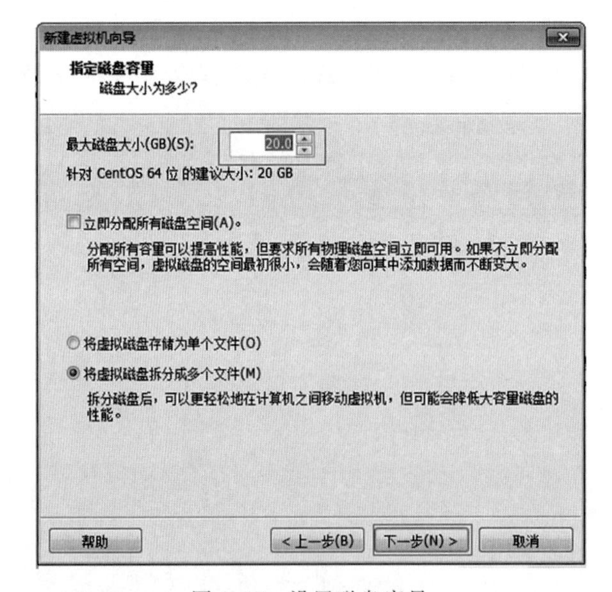

图 2.13　设置磁盘容量

(14) 设置存储磁盘文件的位置，如图 2.14 所示。

(15) 单击“完成”按钮，完成“新建虚拟机向导”配置，如图 2.15 所示。

(16) 在虚拟机导航栏中右击新建的虚拟机名称，在弹出的快捷菜单中选择“设置”命令，弹出“虚拟机设置”对话框，在对话框中选择“CD/DVD(IDE)”选项，将“使用 ISO 镜像文件(M)”选项设置成自己的 ISO 镜像文件，然后单击“确定”按钮完成系统安装来源的设置，如图 2.16 所示。

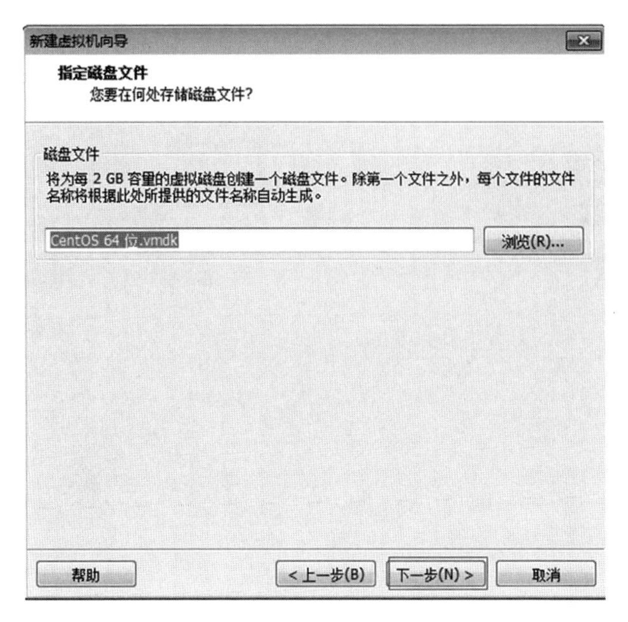

图 2.14　设置存储磁盘文件的位置

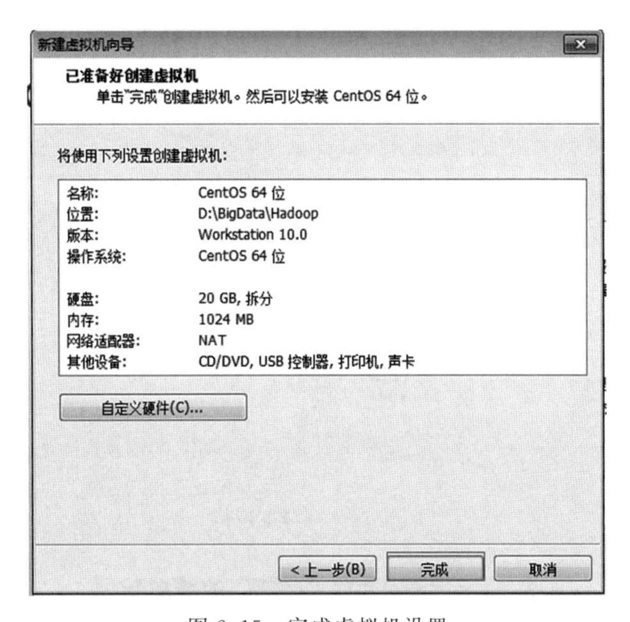

图 2.15　完成虚拟机设置

(17) 在虚拟机导航栏中单击新建的虚拟机名称，弹出虚拟机启动对话框，单击“开启此虚拟机”进入虚拟系统配置设置，如图 2.17 所示。

(18) 进入 VMware 虚拟机，选择 Install CentOS 7 后按 Enter 键进行安装。或者不做任何操作，它将倒计时 90s 后自动安装。进入 VMware 后可以按 Ctrl+Alt 组合键退出 VMware，如图 2.18 所示。

图 2.16　选择镜像文件

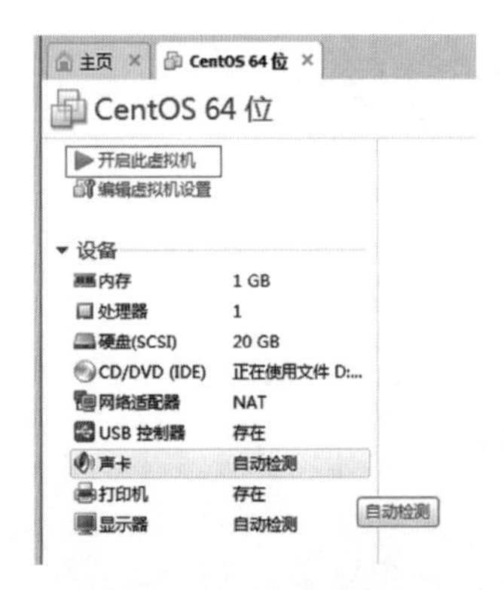

图 2.17　启动虚拟机

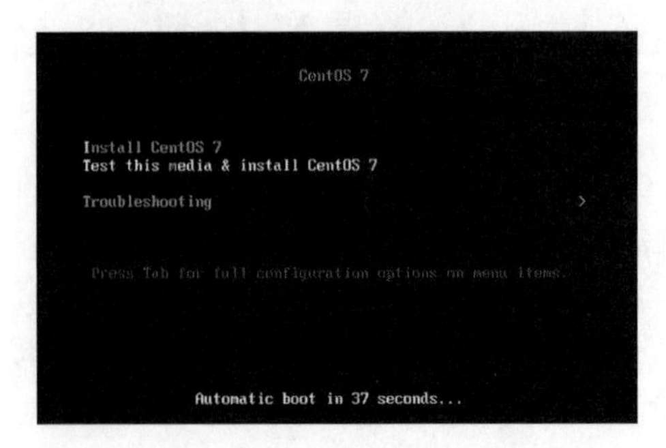

图 2.18　选择安装模式

（19）安装前将自动检测安装资源，待安装资源检测完成后进入安装界面，如图 2.19 所示。

```
 -  Press the        key to begin the installation process.

[  OK  ] Started Show Plymouth Boot Screen.
[  OK  ] Started Forward Password Requests to Plymouth Directory Watch.
[  OK  ] Reached target Paths.
[  OK  ] Reached target Basic System.
[  OK  ] Started Device-Mapper Multipath Device Controller.
         Starting Open-iSCSI...
[  OK  ] Started Open-iSCSI.
         Starting dracut initqueue hook...
         Mounting Configuration File System...
[  OK  ] Mounted Configuration File System.
[   23.971017] sd 2:0:0:0: [sda] Assuming drive cache: write through
[   25.861376] dracut-initqueue[1005]: mount: /dev/sr0 is write-protected, mounting read-only
[  OK  ] Started Show Plymouth Boot Screen.
[  OK  ] Started Forward Password Requests to Plymouth Directory Watch.
[  OK  ] Reached target Paths.
[  OK  ] Reached target Basic System.
[  OK  ] Started Device-Mapper Multipath Device Controller.
         Starting Open-iSCSI...
[  OK  ] Started Open-iSCSI.
         Starting dracut initqueue hook...
         Mounting Configuration File System...
[  OK  ] Mounted Configuration File System.
[   25.861376] dracut-initqueue[1005]: mount: /dev/sr0 is write-protected, mounting read-only
[  OK  ] Created slice system-checkisomd5.slice.
         Starting Media check on /dev/sr0...
/dev/sr0:   1d2e8463d1bcae8ad491f4e5a07eb79f
Fragment sums: 3b55db189eeea7a20be82b85b49542dcc5ee4bb41bce8ff2fdf4d675af7e
Fragment count: 20
Press [Esc] to abort check.
Checking: 059.0%_
```

图 2.19　资源检测

（20）选择语言为“中文”的“简体中文（中国）”，然后单击“继续（C）”按钮，进入下一步配置设置，如图 2.20 所示。

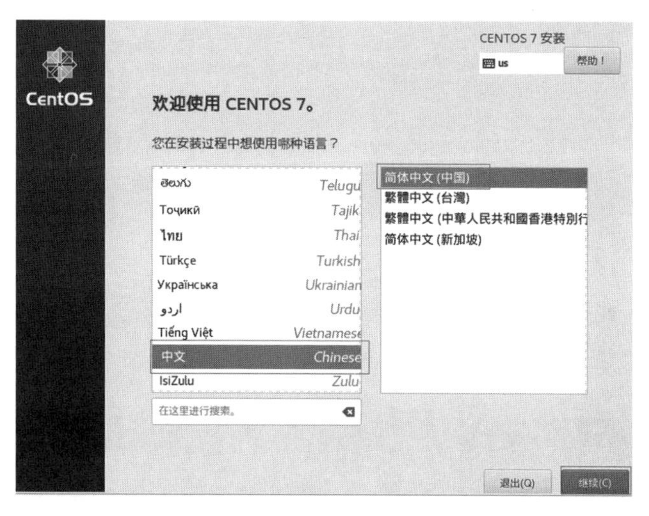

图 2.20　设置安装过程中使用的语言

（21）在安装信息摘要设置中，可以设置日期和时间、键盘、语言、软件和系统位置等，如有需要可根据安装提示信息进行设置，设置完成后单击“开始安装（B）”按钮，进入下一步设置界面，如图 2.21 所示。

（22）单击用户设置中的“Root 密码”文本框，进行 root 用户密码设置。在该界面中可以对 root 用户的密码进行设置，CentOS 会检查设置的密码是否是强类型密码，如果不是将会发布警告提醒，当密码设置完成后，单击“完成”按钮，进入自动安装界面，最小系统的安装包有 316 个，整个安装过程将持续 10min 左右，如图 2.22、图 2.23 所示。

图 2.21　安装信息摘要设置

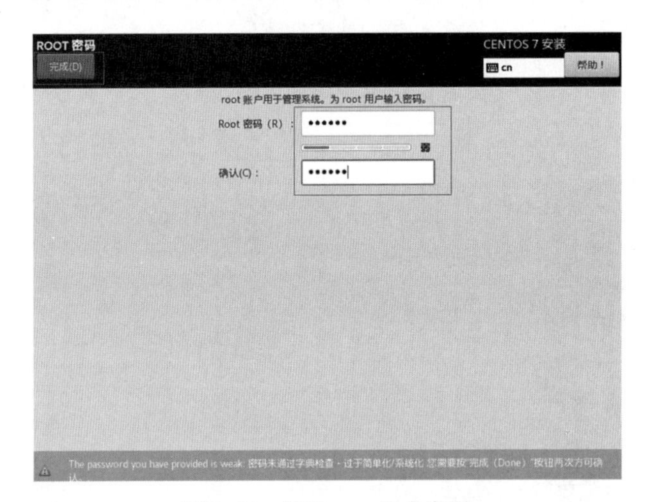

图 2.22　设置 root 用户密码

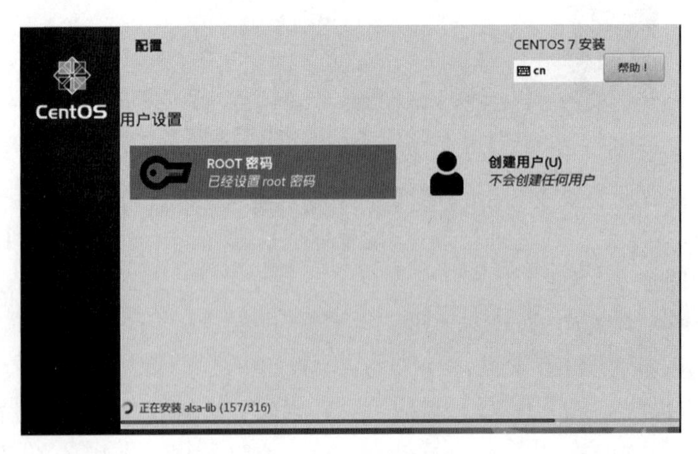

图 2.23　安装过程

(23) 待安装完成后,单击"重启(R)"按钮,进入安装好的 Linux 系统,如图 2.24 所示。

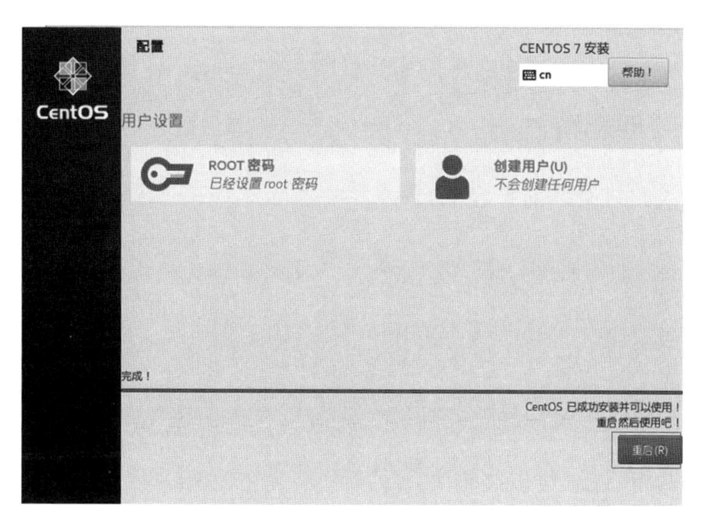

图 2.24　重启

(24) 测试安装是否成功。输入用户名 root 和用户密码,如果能进入如图 2.25 所示的界面,说明安装成功。

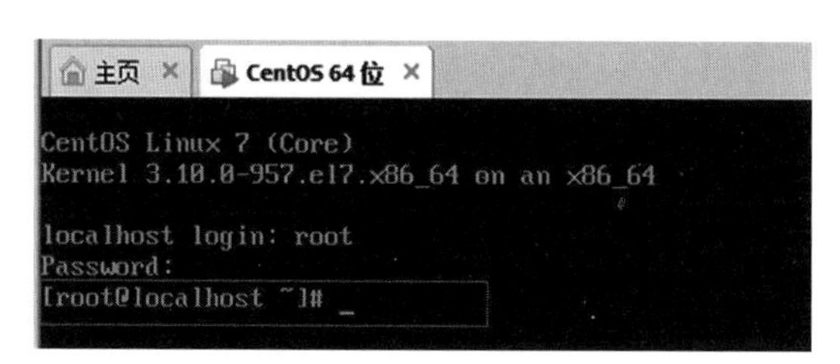

图 2.25　登录界面

在[root@localhost ～]＃标签信息中,root 是登录到 Linux 系统的用户名;localhost 是 Linux 系统的主机名;～是 root 用户所在的位置,如果当前用户是 root,～表示 root 的家目录,实际路径是/root,如果当前用户是普通用户,～表示普通用户的家目录,实现路径是/home/xx。

2.2　基本命令

2.2.1　cd 命令

关于 cd 命令的讲解视频可以扫描二维码观看。

cd 命令是在 Linux 系统中使用比较频繁的命令,可以使用 cd 命令在不同的目录中进行切换,就像在 Windows 系统中前进、后退和操作目录树一样。只不过在 Windows 系统中是通过单击的方式来实现的,而在 Linux 系统中是通过命令输入的方式来实现的。在实际操作中,可以通过执行 cd 命令加路径的方式,按 Enter 键实现切换目录的操作。

语法：cd [相对路径/绝对路径]

示例如下。

(1) 进入用户主目录(家目录)。

```
[root@localhost ~] # cd
[root@localhost ~] # cd ~
```

(2) 返回进入此目录之前所在的目录。

```
[root@localhost ~] # cd -
```

(3) 返回上级目录。

```
[root@localhost ~] # cd ..
```

(4) 返回上两组目录(可以类推)。

```
[root@localhost ~] # cd  ../..
```

(5) 把上一个命令的参数作为 cd 参数使用。

```
[root@localhost ~] # cd !$
```

(6) 切换到根目录下的 tmp 目录。

```
[root@localhost ~] # cd /tmp
```

2.2.2 打包和解压命令

关于打包和解压命令的讲解视频可扫描二维码观看。

在 Windows 下接触最多的压缩文件是.rar 格式，但在 Linux 下这样的格式并不能被识别，因为 Linux 有它特有的压缩工具。有一种文件格式在 Windows 和 Linux 下都能使用，那就是.zip 格式。本节将学习在 Linux 环境下各种文件的打包和解压的方法。

Linux 最常见的压缩文件通常是以.tar.gz 结尾的，除此之外，还有.tar、.gz、.bz2、.zip 等。在 Linux 系统中一般文件的扩展名可以不附带，但是压缩文件必须要带上扩展名，这是为了判断压缩文件由哪种压缩工具所压缩，然后才能正确地解压这个文件。以下介绍常见的扩展名所对应的压缩工具。

.gz：gzip 压缩工具压缩的文件。

.bz2：bzip2 压缩工具压缩的文件。

.tar：tar 打包程序打包的文件(tar 并没有压缩功能，只是把一个目录合并成一个文件)。

.tar.gz：将打包过程分为两步执行，先用 tar 打包，然后再用 gzip 压缩。

.tar.bz2：过程同上，先用 tar 打包，然后再用 bz2 压缩。

1. gzip 命令

gzip 命令是应用最广泛的压缩命令，gzip 命令可以解压用 zip 与 gzip 软件压缩的文件。而 gzip 命令创建的压缩文件扩展名为.gz(即 *.gz)，同时 gzip 解压或压缩时都会将源文件删除。gzip 命令的语法如下：

```
gzip [参数] [文件]
```

参数如下。

-d：解压。

-z：默认参数，表示压缩。

示例如下。

(1) 将 xucdao 文件压缩成扩展名为.gz 的文件。将 xuedao 文件压缩后，是对原文件直接进行操作，或者可以理解为把原文件直接变成压缩文件。

```
[root@localhost tmp]# gzip xuedao    <== 压缩 xuedao 文件
[root@localhost tmp]# ls             <== 查看解压后的当前路径下的文件/文件夹
xuedao.gz                            <== ls 命令查询的结果(压缩结果)
```

(2) 将 xuedao.gz 格式的压缩文件解压。解压后，同样压缩文件将直接变成解压后的文件。

```
[root@localhost tmp]# gzip - d xuedao.gz    <== 解压 xuedao.gz 压缩包
[root@localhost tmp]# ls                    <== 查看解压后的当前路径下的文件/文件夹
xuedao                                      <== ls 命令查询的结果(解压结果)
```

(3) gzip 命令不可以压缩目录。先创建一个 FileDirectory 目录，并使用 gzip FileDirectory 命令对 FileDirectory 目录进行压缩，此时会弹出提示“FileDirectory 文件是一个目录”。通过 ls 命令查看，发现刚刚的压缩操作并没有执行成功。

```
[root@localhost tmp]# mkdir - p etc/     <== 创建名为 etc 的文件夹
[root@localhost tmp]# ls                 <== 查看当前目录下的所有文件/文件夹
    etc xuedao                           <== ls 命令查询的结果
[root@localhost tmp]# gzip etc           <== 压缩 etc 文件夹
gzip: etc/ is a directory -- ignored     <== gzip 命令执行结果，表示不能压缩文件夹
```

2. bzip2 命令

bzip2 命令用于代替 gzip 命令并能提供更好的压缩功能，bzip2 命令的用法与 gzip 命令几乎相同，但压缩文件的扩展名是.bz2(即 *.bz2)，即为不可以解压/压缩文件夹。用 bzip2 命令解压或压缩会删除源文件，其用法与 gzip 命令一样。bzip2 命令的语法如下：

```
bzip2 [参数] [文件]
```

参数如下。

-d：解压缩。

-z：默认参数，表示压缩。

示例如下。

(1) 用 bzip2 命令打包。可以用 bzip2 -z xuedao 命令对 test2 文件进行压缩。-z 是压缩的参数，这个参数是可以省略的。例如，bzip2 xuedao 命令默认情况下等于 bzip2 -z xuedao 命令。

```
[root@localhost tmp]# bzip2 -z xuedao        <== 压缩并删除 xuedao 文件
[root@localhost tmp]# ls                     <== 查看当前目录下的所有文件/文件夹
xuedao.bz2                                   <== ls 命令查询的结果(压缩结果)
```

(2) 用 bzip2 命令解压。bzip2 命令加上-d 参数后压缩命令就成为解压命令。示例是把 xuedao. bz2 和 xuedao. bz2 命令一起解压，相等于分区执行了两次 bzip2 -d 命令。

```
[root@localhost tmp]# bzip2 -d xuedao.bz2    <== 解压 xuedao.bz2 文件并删除
[root@localhost tmp]# ls                     <== 查看当前目录下的所有文件/文件夹
xuedao                                       <== ls 命令查询的结果(解压结果)
```

3. tar 命令

gzip、bzip2 命令不能压缩文件夹，但 tar 命令可解压或压缩 gzip、bzip2 等软件的文件，tar 命令可以解压或压缩文件夹（多层文件结构），压缩文件的扩展名为. gz、. bz2 等。用 tar 命令解压或压缩文件后，不会删除源文件。tar 命令的语法如下：

```
tar [参数] [压缩文件] [打包文件]
```

参数如下。

-z：是否同时用 gzip 压缩。

-j：是否同时用 bzip2 压缩。

-x：解压。

-c：建立一个 tar 包。

-v：可视化。

-f：如果压缩时加上-f 参数，表示压缩后的文件为 filename；如果解压时加上-f 参数，表示解压 filename 压缩文件；如果是多个参数组合的情况下带有-f，需要把 f 写到最后。

示例如下。

(1) 用 tar 命令压缩 xuedao 文件。注意，使用 tar 命令打包或解压文件，原有文件仍会保留，不会被删除。

```
[root@localhost tmp]# tar -cvf xuedao.tar xuedao   <== 将 xuedao 文件压缩成 xuedao.tar
[root@localhost tmp]# ls                           <== 查看当前目录下的所有内容
xuedao  xuedao.tar                                 <== 查看当前目录的结果
```

(2) 用 tar 命令压缩 xuedao.tar 文件。用 tar 命令解压后的文件名是压缩前的文件名,为了看出效果,这里执行了一步用 rm 命令删除 xuedao 文件的操作。

```
[root@localhost tmp]# rm -rf xuedao              <== 删除当前目录中的 xuedao 文件
[root@localhost tmp]# ls                         <== 查看当前目录下的所有内容
xuedao.tar                                       <== 查看当前目录的结果
[root@localhost tmp]# tar -xvf xuedao.tar        <== 解压 xuedao.tar 压缩包
[root@localhost tmp]# ls                         <== 查看当前目录下的所有内容
xuedao   xuedao.tar                              <== 查看当前目录的结果
```

2.2.3 其他常用命令

关于常用命令的讲解视频可扫描二维码观看。

1. ls 命令

ls 是 list 的缩写,list 的字面意思为"列出"。ls 的命令与其字面意思一样,作用是列出文件夹内的所有文件和指定文件夹内的所有文件。

语法:ls [参数] [目录名称]

参数如下。

-a:列出全部文件,包括隐藏文件(开头为 . 的文件)(常用)。

-l:列出文件的属性、权限等(常用)。

-n:列出 UID、GID,而非用户和用户组的名称。

-S:以文件大小排序。

-t:以时间排序。

示例如下。

(1) ls 未加目录名称,表示列出当前目录下的所有文件,但隐藏文件不会列出。

```
[root@localhost ~]# ls
anaconda-ks.cfg  install.log  install.log.syslog
[root@localhost ~]#
```

(2) 列出当前目录下的所有文件及其属性,包括隐藏文件。

```
[root@localhost ~]# ls -al
总用量 76
dr-xr-x---.  4 root root 4096 12月 27 00:17 .
dr-xr-xr-x. 23 root root 4096 12月 26 17:40 ..
-rw-------.  1 root root 1098 12月  6 18:09 anaconda-ks.cfg
.....
-rw-r--r--.  1 root root 9458 12月  6 18:09 install.log
-rw-r--r--.  1 root root 3091 12月  6 18:07 install.log.syslog
[root@localhost ~]#
```

(3) 查看指定目录/tmp下的所有文件。

```
[root@localhost ~] # ls /tmp
xuedao   yum.log
[root@localhost ~] #
```

(4) 查看指定目录/tmp下的所有文件、属性及权限等。

```
[root@localhost ~] # ls -al /tmp
总用量 192
drwxrwxrwt.      7 root   root      4096 12 月 26 22:49 .
dr-xr-xr-x. 23 root   root      4096 12 月 26 17:40 ..
-rw-r--r--. 1 root   root         0 12 月 25 18:06 xuedao
-rw-------.  1 root   root         0 12 月  6 18:05 yum.log
```

(5) ls -l命令可以简化成ll，查看指定目录下所有文件的详细信息。

```
[root@localhost ~] # ll                    <== 查看当前目录下文件的属性、权限等
总用量 3
-rw-------.  1 root root 1098 12 月   6 18:09 anaconda-ks.cfg
-rw-r--r--. 1 root root 9458 12 月   6 18:09 install.log
-rw-r--r--. 1 root root 3091 12 月   6 18:07 install.log.syslog
[root@localhost ~] # ls -l                 <== 查看当前目录下文件的属性、权限等
总用量 3
-rw-------.  1 root root 1098 12 月   6 18:09 anaconda-ks.cfg
-rw-r--r--. 1 root root 9458 12 月   6 18:09 install.log
-rw-r--r--. 1 root root 3091 12 月   6 18:07 install.log.syslog
```

2. pwd命令

Linux上的pwd命令是print working directory的缩写，其功能是打印当前的工作目录，因此在Linux中可以用pwd命令查看当前工作目录的完整路径。在终端进行操作时，总会有一个当前工作目录，在不太确定当前位置时，可以使用pwd命令判定当前目录在文件系统内的确切位置。简而言之，pwd命令的作用是显示当前所在的目录或路径。

语法：pwd [参数]

参数如下。

-p：显示出实现路径，而非使用连接路径。

示例如下。

```
[root@localhost ~] # pwd          <== 打印/显示当前路径
/root                             <==  显示出目录，/root 为家目录
```

3. touch命令

touch命令有两个功能：一是用于把已存在文件的时间标签更新为系统当前时间（默

认方法)，将文件数据原封不动地保留下来；二是用来创建新的空文件。

语法：touch [参数] [参考文件] [文件名]

参数如下。

-r：把指定文件或目录的日期时间，统统设成和参考文件或目录的日期时间相同。

-t：使用指定的日期时间，而非现在的时间。

示例如下：在 root 家目录下建立一个空文件 ex2，利用 ll 命令可以发现文件 ex2 大小为 0，表示它是空文件。

```
[root@localhost ~] # touch ex2                    <== 创建 ex2 文件
[root@localhost ~] # ll                           <== 用 ll 命令查看 ex2 文件大小
总用量 0
-rw-r--r--. 1 root root 0 12 月 25 19:03 ex2
[root@localhost ~] #
```

4. ln 命令

ln 命令在 Linux 中是一个非常重要的命令，它的功能是为某个文件在其他位置建立一个同步的链接。这个链接又分为软链接和硬链接，通过加参数-s 区分。如果加上-s 参数则创建一个软链接，如果不加-s 参数则创建一个硬链接。

语法：ln [-s] [源文件] [目标文件]

参数如下。

-s：创建软链接。

示例如下。

(1) 创建文件/etc/issue 的软链接 issue.soft。

```
[root@localhost tmp] # ln -s /etc/issue /issue.soft
```

(2) 创建文件/etc/issue 的硬链接 issue.soft。

```
[root@localhost tmp] # ln /etc/issue /issue.soft
```

5. cp 命令

cp 是 copy 的简称，copy 的字面意思是"复制"，所以 cp 命令的作用是复制文件，它不仅可以复制文件，还可以创建链接文件(类似快捷方式)。cp 命令的参数选项可以不设置，源文件也可以有多个，并以空格隔开。

语法：cp [参数] [源文件] [目标文件]

参数如下。

-l：进行硬链接的链接文件的创建/复制，而非复制文件本身。

-r：递归复制，用于复制目录。

-s：复制成快捷方式文件。

-u：如果目标文件比源文件旧，就更新目标文件。

示例如下。

(1) 复制/root 目录下的 .bashrc 文件到/tmp 目录下，并重命名为 bashrc 文件。

```
[root@localhost ~]# cp ~/.bashrc /tmp/bashrc
```

(2) 复制文件以及文件属性。

```
[root@localhost ~]# cp -a /var/log/tmp_1 tmp_2        <== 复制文件及其属性
[root@localhost ~]# ls -l /var/log/tmp_1 tmp2         <== 查看两个文件的属性
-rw-rw-r-- 1 root root 96384 Sep 11 12:00 /var/log/tmp_1
-rw-rw-r-- 1 root root 96384 Sep 11 12:00 tmp_2
```

(3) 复制多个文件到目录。

```
[root@localhost ~]# cp -a tmp_1 tmp_2 tmp_3 /tmp     <== 复制多个文件到/tmp 目录
```

6. mv 命令

mv 是 move 的简称，move 的字面意思是“移动”，mv 命令的作用是移动文件。mv 命令可以移动文件或目录，也可以对文件或目录重命名。mv 命令的参数可以不设置，源文件也可以有多个，并以空格隔开。

语法：mv [参数] [源文件] [目标文件]

参数如下。

-f：表示强制执行，例如文件已存在，不询问就可以执行覆盖等。

-i：如果目标文件存在，需要询问才可以覆盖(i 为默认参数)。

示例如下。

```
[root@localhost ~]# mv /tmp/Hello /root
```

上述例子中，将/tmp 目录下的 Hello 文件移动到/root 目录。

7. rm 命令

rm 是 remove 的简称，remove 的字面意思是“删除”，所以 rm 命令的作用是删除文件，可以删除文件或目录。

语法：rm [参数] [文件或目录]

参数如下。

-f：强制执行，忽略不存在、警告等信息。

-r：递归删除，常用于目录的删除。

示例如下。

(1) 删除/tmp 目录下的多个文件。

```
[root@localhost ~]# cd /tmp                    <== 进入/tmp 目录
[root@localhost tmp]# ls                       <== 列出当前目录下的所有文件/文件夹
Test1  Test2                                   <== 列出的文件/文件夹
[root@localhost tmp]# rm Test1 Test2           <== 表示删除 Test1、Test2
rm: 是否删除普通文件"Test1"?y                  <== y:表示是,n: 表示否
rm: 是否删除普通文件"Test2"?y                  <== y:表示是,n: 表示否
```

(2) 删除/tmp 目录下的 etc 文件夹。

```
[root@localhost tmp]# rm ./etc          <== 删除当前目录下的 etc,会出现如下提示
rm: 无法删除"./etc": 是一个目录
[root@localhost tmp]# rm -r ./etc       <== 在 rm 命令后,加 -r 参数即可
rm: 是否删除目录 "./etc"?y              <== 输入 y 即可
```

8. cat 命令

cat 是 concatenate 的简称,用于显示指定文件的内容。同时查看文件内容的命令还有 tac、nl 等。但 tac 命令与 cat 命令是相反的,因为 cat 命令是从文件的第一行开始显示,而 tac 命令是从文件的最后一行开始显示。

参数如下。

-b: 列出行号,但空白行不显示当前的行号。

-n: 列出行号,且空白行的行号也会显示出来。

示例如下。

(1) 查看/tmp/Hello 文件内容。

```
[root@localhost ~]# cat /tmp/Hello      <== 查看/tmp 目录中的 Hello 文件内容
hello xuedao                            <== hello xuedao 为 Hello 文件内容
```

(2) 查看/tmp/Hello 文件内容,以-n 参数显示。

```
[root@localhost ~]# cat -n /tmp/Hello   <== 查看/tmp 目录中的 Hello 文件内容
1       hello xuedao                    <== 显示文件内容并将行号显示出来
```

(3) 查看/tmp/Hello 文件内容,以-n 参数显示。

```
[root@localhost ~]# cat -A /tmp/Hello   <== 将文件的特殊字符显示出来
hello xuedao $                          <== 将结尾的断行符 $ 显示出来
```

2.3 权限与目录

2.3.1 权限

关于权限的讲解视频可扫描二维码观看。

在 Linux 中一切设备都是文件，而所有文件都是有权限的，查看文件权限等详细信息可以使用 ls -l 命令。

示例如下：查看/tmp 目录下所有文件/文件夹的详细信息。

```
[root@localhost tmp]#  ls -l        <== 查看当前目录下所有文件的详细信息
总用量 12
-rw-r--r--. 1 root root     0 12 月 24 19:57 2
-rw-r--r--. 1 root root 10240 12 月 24 22:24 2.tar
```

上述例子在 ls -l 命令执行后，返回当前目录下所有文件的详细信息，其中第一列信息尤其重要(例如："-rw-------""-rw-------")，它表示用户对文件可操作的权限。权限分为 4 组，如图 2.26 所示。

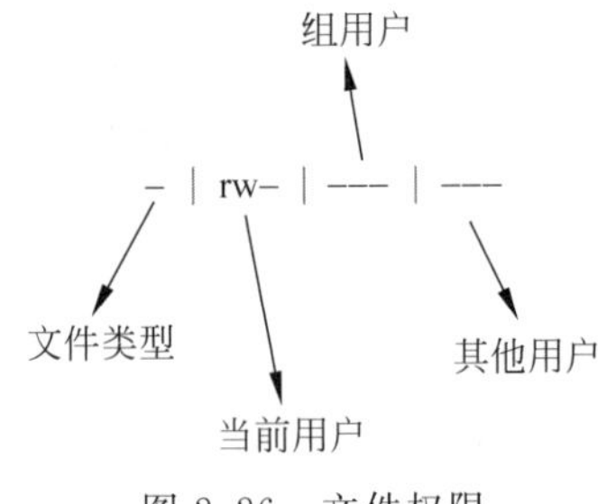

图 2.26　文件权限

第 1 组为-，代表这个文件是一个普通文件。d 代表这个文件是一个目录。ln 代表这个文件是一个软链接文件。

第 2 组为 rw-，代表当前用户对这个文件只有"读"和"写"操作权限。

第 3 组为---，代表组用户对这个文件没有任何权限。

第 4 组为---，代表其他用户对这个文件没有任何权限。

观察到第 2 组、第 3 组和第 4 组是 3 个为一组出现的，这 3 个字母分别是 r(read)、w(write)、x(execute)，因此 rwx 这 3 个字母的顺序是固定的，r 代表这个文件可读，w 代表这个文件可写，x 代表这个文件可以执行，如果不给这个文件赋权限只需要在对应位置用-代替即可。

2.3.2 目录

Linux 的文件路径都带有一个/，这一符号在单独表示时，称为根目录，所有文件和目录都存放在根目录下，可以用 ls /命令查看。

```
[root@localhost ~]# ls /              <== 查看根目录下所有文件/文件夹
bin   dev  home  lib64     media  opt   root  selinux  sys  usr
boot  etc  lib   lost+found  mnt        proc  sbin  srv    tmp   var
[root@localhost ~]#
```

ls /usr/src 中的/是分隔、分层的意思，它的意思是显示 usr/src 目录下所有文件及目录。只有/单独出现时才代表根目录。

```
[root@localhost ~]# ls /usr/src       <== 查看/usr/src 目录下所有文件/文件夹
debug  kernels                        <== 查看/usr/src 目录下所有文件/文件夹结果
[root@localhost ~]#
```

Linux 的目录结构较为简单，一般在 etc 目录下的文件是配置文件，在 bin 下的文件是二进制可执行文件，在 lib 下的文件是一些应用库文件。

每一个登录系统的使用者都会有一个家目录，默认是在/home 文件夹下，并且是以用户名命名的文件夹。这个目录属于用户的家目录，可以在里面任意操作，并不会对整个系统产成破坏性影响。但如果是 root 用户，家目录默认是/root，操作时就要格外谨慎。因为 root 的权限很大，它可以忽略任何限制，所以如果操作不当可能会对系统造成破坏。

表 2.1 是 Linux 根目录内主要目录说明。

表 2.1　Linux 根目录内主要目录说明

目　录	应放置档案内容
/bin	在/bin 下的命令可以被 root 或普通用户使用，主要有 cat、chmod、chown、date、mv、mkdir、cp、bash 等常用命令
/boot	主要放置引导加载程序相关的文件，包括 Linux 核心文件以及开机菜单与开机所需设定档案等
/dev	在 Linux 系统中，任何装置与设备都是以文件的形态存在于这个目录当中。存取这个目录下的某个文件，就等于存取某个装置，包括终端设备、USB 或连接到系统的任何设备，如/dev/tty1、/dev/usbmon0
/etc	包含所有程序所需的配置文件，也包含了用于启动/停止单个程序的启动或关闭 Shell 脚本，如/etc/resolv. conf、/etc/logrotate. conf
/home	所有用户用 home 目录来存储他们的个人档案，如/home/hadoopuser、/home/otheruser
/lib	用来放置在开机时用到的函式库，以及在/bin 或/sbin 下的命令会呼叫的函式库
/media	用于挂载可移动设备的临时目录。例如挂载 CD-ROM 的/media/cdrom，挂载软盘驱动器的/media/floppy
/mnt	临时安装目录，系统管理员可以挂载文件系统
/root	系统管理员的家目录
/sbin	Linux 有很多命令是用来设定系统环境的，这些命令只有 root 才能够用来设定系统，其他用户最多只能用来查询。放在/sbin 下面的为开机过程中所需要的，包括开机、修复、还原系统所需要的命令
/tmp	包含系统和用户创建的临时文件
/usr	Linux 操作系统存储软件资源的目录

2.4 文件操作

2.4.1 文件与目录管理

关于文件与目录管理的讲解视频可扫描二维码观看。

在 Linux 系统下,一切皆文件。文件主要分为 5 类:普通文件、目录文件、设备文件、链接文件、管道文件。

普通文件:最基本的文件,保存着运行指令和各种数据。普通文件是以 ASCII 码的形式存储的,是人类能够读懂、可以编辑修改的文件。

目录文件:文件信息的集合,实际上就是我们通常认识的"目录"。

设备文件:对计算机硬件的抽象化,例如,硬盘、鼠标、键盘被作为一个设备文件管理。

链接文件:指向另一个文件的副本,它本身没有数据,内部的数据来自其他文件。链接文件分为硬链接与软链接两种,两者均用于同步数据。

管道文件:用于程序之间进行通信的特殊文件。

那么怎么区分这些文件呢?这时可以用 ll 命令来查看、打印文件的详细信息,每一行的第一个字段里的第一个字符代表的就是这个文件的类型。

-:普通文件。

d:目录文件。

l:链接文件。

b:块设备文件。

c:字符设备文件。

p:管道文件。

1. 绝对路径与相对路径

在 Linux 中,文件的路径就是文件存在的地址。如同快递寄送东西需要寄货地址,这个地址在 Linux 文件中就是它的路径。例如/root/mfkddd/file,file 是一个文件,它的路径就是/root/mfkddd。在 Linux 的世界中,路径可分为绝对路径和相对路径两种。

绝对路径:路径的写法一定是由根目录/开始。例如,cat /root/mfkddd/file,该语句的意思是查看 file 文件中的内容,cat 后面跟的是绝对路径。

相对路径:路径的写法不是由根目录开始的。例如,假如进入 mfkddd 目录,可以用 cat file 命令直接查看 file 文件中的内容,这里的 cat 后面跟的 file 文件相对 mfkddd 而言便是相对路径。

2. 操作目录的相关命令

1) Linux 系统中的常见特殊目录(见表 2.2)

表 2.2 常见特殊目录

符 号	说 明
.	代表当前目录

续表

符　　号	说　　明
..	代表上一层目录
-	代表前一个工作目录
～	代表当前用户的家目录

每个目录下都有两个目录："."和".."，分别代表当前目录和上一层目录。在根目录下使用 ls -a 命令查询，可以看到根目录下存在"."和".."两个目录，这两个目录的属性和权限完全一致，这说明根目录的"."和".."是同一个目录，如表 2.2 所示。

2）常用操作目录的命令

（1）cd：切换目录。

```
[root@localhost ~]# cd /tmp                       <== 切换到/tmp 目录中
[root@localhost tmp]#                             <== 由此可知，此目录为 tmp
```

如上述操作，cd 命令是切换命令，cd 后面跟的 tmp 是相对路径，cd tmp 命令的意思是从当前目录切换到 tmp 目录。这里使用的是 tmp 的相对路径，使用相对路径的前提是目标目录必须事先存在。

只输入 cd 或者 cd～代表会回到使用者的家目录。输入 cd -代表回到上一个工作目录。输入 cd /root/mfkddd 代表进入 mfkddd 目录，这里 cd 后面跟的是绝对路径，所以在任何目录下输入 cd /root/mfkddd 命令都可以进入 mfkddd 目录。

（2）pwd：显示当前目录的路径。

例如，先在 root 目录下创建一个 mfkddd 目录，并在里面创建一个 file 文件。

```
[root@localhost /]# cd /root                      <== 首先进入 root 目录
[root@localhost root]# mkdir mfkddd               <== 创建目录
[root@localhost root]# cd /root/mfkddd            <== 再进入 mfkddd 目录
```

做好所有准备后，可以使用 pwd 命令查询文件路径。在 mfkddd 目录下输入 pwd 命令，打印出来的/root/mfkddd 路径是 mfkddd 目录的绝对路径。

```
[root@localhost mfkddd]# pwd
/root/mfkddd
```

（3）mkdir：建立一个新的目录。

mkdir 命令后面可以选择-m 或-p 参数。-m 表示可以给创建的目录设置权限，-p 表示可以创建多级目录。

如果没有加-p 参数创建多级目录，终端将会弹出"没有这样的文件或目录"的提示框。因为当前目录下没有 test1 这个目录，所以找不到它，后面的 test2 和 test3 自然也无法被创建。

```
[root@localhost mfkddd]# mkdir test1/test2/test3                  <== 创建目录
mkdir: 无法创建目录"test1/test2/test3": 没有那个文件或目录      <== 创建失败
[root@localhost mfkddd]#
```

为了解决上述问题，在 mkdir 后面加上一个参数-p，系统就会默认先创建 test1，然后创建 test2，最后创建 test3，操作如下。

```
[root@localhost mfkddd]# mkdir -p test1/test2/test3             <== 创建多级目录
[root@localhost mfkddd]#
```

现在已经执行了 mkdir -p test1/test2/test3 命令，如果没有看到效果，就说明创建成功。可以通过切换命令进入 test3 目录，如果能成功进入，表示多级目录创建成功，操作如下。

```
[root@localhost mfkddd]# cd test1/test2/test3                   <== 切换目录
[root@localhost test3]#                                         <== 已切换到此目录
```

（4）rmdir：删除一个空的目录。

rmdir 命令删除目录时需要一层一层地进行，而且被删除的目录必须是空目录。如果要将目录下的所有内容都删除，需要在 rmdir 命令后面加上-p 参数。

当直接用 rmdir 命令删除一个多级目录时，将出现提示错误信息：目录不为空。

```
[root@localhost mfkddd]# rmdir test1/                           <== 删除 test1 目录
rmdir: 删除 "test1/" 失败: 目录非空                              <== 删除失败
[root@localhost mfkddd]#
```

为了解决上述问题，在 rmdir 命令后面加上参数-p 。rmdir 命令只是针对目录，且在目录内没有其他文件的情况下使用。如果既要删除目录又要删除文件，可以用 rm 命令来实现。

```
[root@localhostmfkddd]# rmdir -p test1/test2/    <== 删除多层目录，加 -p 参数
[root@localhostmfkddd]#
```

3）关于执行文件路径的变量 $PATH

当执行一个命令，如 ls 时，系统会按照 PATH 的设定到每个 PATH 定义的目录下查找文件名为 ls 的可执行文件。如果在 PATH 定义的目录中含有多个名为 ls 的可执行文件，那么先查询到的同名命令就会先被执行。

使用 echo $PATH 命令可以查看有哪些目录被定义。echo 命令的作用是显示或打印文件内容，而 PATH 前面加的 $ 表示后面接的是变量，所以会显示目前的 PATH。

```
[root@localhost ~]# echo $PATH
/usr/local/sbin:/usr/local/bin:/sbin:/bin:/usr/sbin:/usr/bin:/root/bin
```

PATH 一定要大写，这个变量的内容由一堆目录组成，每个目录使用:分隔，每个目录有顺序之分。无论是 root 还是其他用户都有/bin 或/usr/bin 目录在 PATH 变量内，所以就能在任何地方执行 ls 命令来找到/bin/ls 执行文件。

(1) 在 PATH 中加入目录的方法如下(例如，在任何目录均可执行/root 目录下的命令，那么就将/root 加入 PATH 中)。

```
[root@localhost ~]# PATH="${PATH:/root}"
```

(2) PATH 的特点。

① 不同身份用户预设的 PATH 不同，因此预设能够随意执行的命令也不同；

② PATH 是可以修改的；

③ 使用绝对路径或相对路径直接指定某个命令的文件名进行执行，会比查找 PATH 正确率高；

④ 命令应该要放到正确的目录下，执行起来会更加方便；

⑤ 本地目录(.)最好不要放到 PATH 中。

3. 文件与目录管理

Linux 的目录结构为树状结构，最顶层的目录为根目录，其他目录通过挂载可以将它们添加到树中，通过解除挂载可以移除它们。

Linux 中可以使用 ls、cd、mkdir、cp、mv 和 rm 等常见命令对文件或者目录进行处理，示例如下。

(1) 列出/查看 tmp 目录下的所有文件/文件夹。

```
[root@localhost tmp]# ls /tmp              <== 查看 tmp 目录下的所有文件
xuedao   xuedao.tar
[root@localhost tmp]#
```

(2) 直接用 ls 命令，表示查看当前目录下的所有文件/文件夹。

```
[root@localhost tmp]# ls                   <== 查看当前目录下的所有文件
xuedao   xuedao.tar
[root@localhost tmp]#
```

(3) 查看当前目录下所有文件的详细属性/信息。

```
[root@localhost tmp]# ls  -l               <== 查看当前目录下所有文件的详细信息
总用量 16
-rw-r--r--. 1 root root    52 12月 25 00:09 xuedao
-rw-r--r--. 1 root root 10240 12月 24 22:24 xuedao.tar
[root@localhost tmp]#
```

（4）切换到 home 目录。

```
[root@localhost ~]# cd /home/
[root@localhost home]# pwd
/home
```

（5）在/root 目录下创建 test 目录。

```
[root@localhost ~]# mkdir test
[root@localhost ~]# ls
test
```

4. 查看文件内容

1）文件查看命令：cat、tac、nl

操作查看命令前先在/tmp 目录下用 vixuedao 命令创建一个 xuedao 文件，并在里面写入第 1～3 行的内容，操作如下。

```
[root@localhost tmp]# vi xuedao      <== 使用 vi 编辑器打开文件
1  Hello xuedao 001
2  Hello xuedao 002
3  www.baidu.com
```

下面将介绍 tac 命令的使用与 tac 和 cat 两个命令之间的区别。

（1）tac 命令也是用来查看文件内容的，只不过 tac 命令是从最后一行开始显示文件的信息，与 cat 命令恰好相反。tac 命令的示例如下：

```
[root@localhost tmp]# tac xuedao      <== 从最后一行开始显示 xuedao 文件
3  www.baidu.com
2  Hello xuedao 002
1  Hello xuedao 001
[root@localhost tmp]#
```

（2）nl 命令是查看命令，它与 cat 或 tac 命令的区别在于 nl 命令默认带行号显示内容。

语法格式如下：

```
nl [参数] [文件]
```

参数如下。

-b 指定行号的方式，主要有以下两种。

- -b a：不论是否为空行，也同样列出行号(类似于 cat -n)。
- -b t：如果有空行，则空的那一行不列出行号(默认值)。

nl 命令的示例如下：

```
[root@localhost tmp]# nl -b a xuedao
1  Hello xuedao 001
2  Hello xuedao 002
3  www.baidu.com
4                              <== 空行(没有数据的一行)
5                              <== 空行(没有数据的一行)

[root@localhost tmp]# nl -b t xuedao
1  Hello xuedao 001
2  Hello xuedao 002
3  www.baidu.com
```

2）翻页查看文件内容命令：more、less

（1）more命令用于逐页显示文件信息。在more命令运行过程中，可以使用如表2.3所示的按键进行后续操作。

表2.3 more命令运行过程中按键的功能

键	功　　能
Enter	向下翻一行
/	在显示内容中，向下查询“字符”这个关键字
:f	立刻显示出文件名以及目录显示的行数
Q	立即离开more，不再显示该文件内容
B	向回翻页，该操作只对文件有效
N	重复搜索同一个字符

（2）less命令与more命令功能类似，区别在于less命令运行过程中，可以使用如表2.4所示的按键进行后续操作。

表2.4 less命令运行过程中按键的功能

键	功　　能
空格键	向下翻一页
PgDn	向下翻一页
PgUp	向上翻一页
/	向下搜索“字符”的功能
?	向上搜索“字符”的功能
n	重复前一个搜索
N	反向重复前一个搜索
g	显示到这个文件的第一行去
G	显示到这个文件的最后一行去
q	离开less这个程序

3）获取资料命令：head、tail

（1）head是查询文件内容命令，它可以指定参数从前往后显示指定的行数。

语法格式如下：

```
head [参数] [文件名]
```

参数如下。

-n：n代表int类型数字，假设数字设置为3，显示的内容从前往后显示前3行，如果不指定参数则默认显示前10行。

head命令的示例如下：

```
[root@localhost tmp]# head xuedao
1  Hello xuedao 001
2  Hello xuedao 002
3  www.baidu.com
4
5
[root@localhost tmp]#
```

(2) tail命令也是查询命令，tail命令从后往前显示指定的行数，并且空格也会被显示出来。

语法格式如下：

```
tail [参数] file
```

参数如下。

-n：n代表int类型数字，假设数字设置为3，显示的内容从前往后显示前3行，如果不指定参数默认下显示后10行。

-f：代表实时显示。

tail命令的示例如下：

```
[root@localhost tmp]# tail -3 xuedao
3  www.baidu.com
4
5
[root@localhost tmp]#
```

4）查询非纯文字文件命令：od

语法格式如下：

```
od [参数] [文件名]
```

参数如下。

-t：后面可以接类型(type)的输出。

a：利用默认的字符进行输出。

c：使用ASCII字符进行输出。

od命令的示例如下：

```
[root@localhost tmp]# od -t c xuedao
0000000   H e l l o x u e d a o
0000040   2 \n w w w . b a i d u . c o m
0000064
[root@localhost tmp]#
```

以上左侧的第一列是以八进制表示的字节数。

5. 文件与目录的默认权限与隐藏权限

1）设置默认文件权限的命令：umask

umask 命令用于设置用户在创建文件时的默认权限，当在系统中创建目录或文件时，目录或文件所具有的默认权限就是由 umask 的值决定的。

```
[root@localhost ~]# umask
0022
[root@localhost ~]#
[root@localhost ~]# umask -S
u=rwx,g=rx,o=rx
[root@localhost ~]#
```

若使用者创建文件，默认没有可执行(x)权限，只有 r(读)和 w(写)两个权限，也就是最大权限为 666，默认权限为-rw-rw-rw-。

默认情况下，r、w、x 的值分别是 4、2、1，umask 的值指“该默认值需要减去的权限”，即如果需要减去写的权限，则为 2；而如果需要减去读的权限，则为 4。上述 umask 的值为 0022，表示 user、group 并没有被拿掉任何权限，不过 others 的权限被减去 2，也只是说 others 被减去写的权限。

2）文件隐藏属性命令：chattr、lsattr

(1) chattr 命令是设置文件隐藏属性的命令。

语法格式如下：

```
chattr [+ -][参数][文件]
```

参数如下。

+：增加某一个特殊参数，其他原本存在的参数不动。

-：移除某一个特殊参数，其他原本存在的参数不动。

a：当设置 a 后，该文件将只能增加信息，不能修改、删除信息，只有 root 用户才能设定这个参数。

i：当设置 i 后，该文件不能被删除、改名、设置链接，也无法定稿或新增信息，可增加系统安全性，只有 root 能设置该属性。

常见的属性是 a 和 i，且很多属性只有 root 用户才能设置。

```
[root@localhost tmp]# touch attrtest              <== 创建 attrtest 文件
[root@localhost tmp]# chattr + i attrtest         <== 给 attrtest 文件赋予 i 的权限
[root@localhost tmp]# rm attrtest                 <== 删除 attrtest 文件
rm: 是否删除普通空文件 "attrtest"?Y               <== 是否删除,设置为 Y(是)
rm: 无法删除"attrtest": 不允许的操作              <== 删除失败
[root@localhost tmp]# chattr - i attrtest         <== 从 attrtest 文件收回 i 的权限
[root@localhost tmp]# rm attrtest                 <== 删除 attrtest 文件
rm: 是否删除普通空文件 "attrtest"?Y               <== 是否删除,设置为 Y(是)
[root@localhost tmp]#                             <== 没有任何错误,表示删除成功
```

在上述例子中用 touch attrtest 命令创建了一个 attrtest 文件,并用 chattr +i attrtest 命令给 attrtest 文件赋上 i 的权限,然后用 rm attrtest 命令删除 attrtest 文件。此时 rm 发出提示 rm: cannot remove 'attrtest': Operation not permitted 不允许执行删除操作,只有通过 chattr -i attrtest 命令去掉 attrtest 文件的 i 权限后才能删除 attrtest 文件。

(2) lsattr 命令是显示文件隐藏属性的命令。

语法格式如下:

```
lsattr [参数] [文件]
```

参数如下。

-a: 显示隐藏属性。

-d: 如果接的是目录,则仅显示目录本身的属性而不是目录内的文件名。

-R: 连同子目录的文件一起显示。

```
[root@localhost ~]# cd /tmp                  <== 切换目录到/tmp
[root@localhost tmp]# touch xuedao           <== 创建文件名为 xuedao 的文件
[root@localhost tmp]# chattr + ai xuedao     <== 为 xuedao 文件设置属性
[root@localhost tmp]# lsattr xuedao          <== 显示 xuedao 文件隐藏的属性
--S-ia-------e- xuedao                       <== 查看 xuedao 文件属性结果
[root@localhost tmp]#
```

3) 查看文件类型: file

file 命令用于查看文件基本信息、属于哪类文件,如文件属于 ASCII、data 或者 binary 等。显示文件的类型是 ASCII 的纯文字文件。

```
[root@localhost ~]# file ~/.bashrc
/root/.bashrc: ASCII text
```

下面举例显示 passwd 的文件信息,例如文件的 suid 权限、兼容 Intel x86-64 的硬件平台、使用 Linux 核心 2.6.18 的动态方法库连接等。

```
[root@localhost ~]# file /usr/bin/passwd
/usr/bin/passwd: setuid ELF 64 - bit LSB shared object, x86 - 64, version 1 (SYSV),
dynamically linked (uses shared libs), for GNU/Linux 2.6.18, stripped
```

6. 查找命令和文件

1）查找可执行命令所在的绝对路径：which

which 命令能够根据 PATH 这个环境变量所指定的路径，查询执行文件的文件名。

语法格式如下：

```
which [参数] [命令]
```

参数如下。

-a：列出指定的可执行命令在 PATH 目录中所有关联文件的绝对路径。

示例如下。

（1）查询 ifconfig 命令文件所在的绝对路径。

```
[root@localhost ~]# which ifconfig
/sbin/ifconfig
```

（2）用 which 命令搜索 ls 命令的文件路径。

```
[root@localhost ~]# which ls
alias ls='ls --color=auto'
/usr/bin/ls
```

（3）查询 history 命令的完整文件名。

```
[root@localhost ~]# which history
/usr/bin/which: no history in (/usr/local/sbin:/usr/local/bin:/sbin:/bin:/usr/sbin:/usr/
bin:/root/bin)
```

上述示例中未能查找到 history 命令的文件路径，是因为 history 命令是 bash 的内建命令，而 which 命令在默认情况下只能查找 PATH 的文件路径。

2）查找文件的文件名命名：whereis、find

（1）whereis 命令。

whereis 命令用于在一些特定的目录中查询指定命令路径。

语法格式如下：

```
whereis[参数] [文件]
```

参数如下。

-b：只查找 binary 格式的文件。

-m：只查找在 manual 路径下的文件。

示例如下。

① 查找 ifconfig 的文件名。

```
[root@localhost ~]# whereis ifconfig
ifconfig: /sbin/ifconfig /usr/share/man/man8/ifconfig.8.gz
```

② 只查找在 man 里面的 passwd 文件。

```
[root@localhost ~]# whereis -m passwd
passwd: /usr/share/man/man1/passwd.1.gz
```

whereis 命令主要是针对/bin/sbin 目录下的执行文件，以及/usr/share/man 目录下的 man 文件，或者对几个特定的目录进行查找，因此速度较快。可以使用 whrereis -l 命令查看 whereis 查找的目录。

```
[root@localhost ~]# whereis -l
whereis [ -sbmu ] [ -SBM dir ... -f ] name...
[root@localhost ~]#
```

(2) find 命令。

Linux 下 find 命令的作用是在目录结构中搜索文件，并执行指定的操作。Linux 下的 find 命令提供了相当多的查找条件，功能非常强大，所以 find 的选项也非常多。本节将介绍 find 的选项功能和 find 的简单使用方法。

语法格式如下：

```
find[查询路径][选项][参数][查询内容]
```

选项如下。

-name：按照文件名称查找文件。

示例如下。

根据关键字查找。例如，通过 find 命令搜索指定目录下的 mysql 文件。

```
[root@localhost ~]# find / -name mysql
/usr/share/mysql
/usr/lib64/mysql
[root@localhost ~]#
```

2.4.2 用户和用户组管理

关于用户和用户组管理的视频可扫描二维码观看。

Linux 系统是一个多用户多任务的操作系统。任何一个要使用系统资源的用户，都必须先向系统管理员申请一个账号，然后使用所申请的账号登录系统。

系统管理员可以对所有申请账号的普通用户进行跟踪，并控制他们对系统资源的访问；也可以帮助用户组织文件，并为用户提供安全性保护。每个用户账号都拥有一个唯一的用户名和口令，用户在登录时输入正确的用户名和口令后，才能够进入系统。

1. Linux 系统用户账号的管理

用户账号的管理工作主要涉及用户账号的添加、删除和修改。

1）添加账号

可以使用 useradd 命令添加新的用户账号。

语法格式如下：

```
useradd [参数] [用户名]
```

参数如下。

-d：指定用户主目录。

-u：指定用户的用户号。

示例如下。

（1）创建一个用户。通过 useradd hadoop 命令在 Linux 系统中创建一个名叫 hadoop 的用户，系统将在 home 目录下为 hadoop 用户创建一个以自己名字命名的文件夹。

```
[root@localhost /]# useradd hadoop      <== 创建名为 hadoop 的用户
[root@localhost /]#                     <== 未提示任何信息，一般表示创建成功
```

（2）创建一个用户并指定用户家目录地址。useradd -d /home/spark hadoop3 命令在 Linux 系统中创建一个名叫 hadoop3 的用户，并重新指定 hadoop3 用户的家目录在 /home/spark 目录下，/home/spark 目录不能存在。执行 useradd -d /home/spark hadoop3 命令时会自动生成。

```
[root@localhost /]# useradd - d /home/spark hadoop3
```

（3）指定用户家目录并且创建 hadoop3 用户，可以通过 cat /etc/passwd 命令查看所有用户及用户信息。

```
[root@localhost /] cat /etc/passwd
hadoop:x:500:0::/home/hadoop:/bin/bash
hadoop3:x:501:502::/home/spark:/bin/bash
[root@localhost /]#
```

2）删除账号

可以使用 userdel 命令删除已有的用户。

如果一个用户的账号不再使用,可以使用 userdel 命令将账号从系统中删除。删除用户账号相当于在/etc/passwd 文件和相关文件中将指定的用户记录删除,必要时还需要删除用户的主目录。

语法格式如下:

```
userdel [参数] [用户名]
```

参数如下。

-r:把用户的主目录一起删除。

示例如下。

(1) 删除用户。通过 userdel hadoop2 命令仅删除 hadoop1 在/etc/passwd 文件中的记录,但主目录并没有被删除。

```
[root@localhost home]# userdel hadoop2        <== 删除 hadoop2 用户,不删除其主目录
[root@localhost home]# ls                     <== 查看各用户的主目录
hadoop   hadoop2   Master0   spark            <== 可知 hadoop2 用户的主目录未被删除
```

(2) 删除用户所有信息。通过 userdel -r hadoop2 命令删除 hadoop2 在/etc/passwd 文件中的记录,并把 hadoop2 用户的主目录一并删除。

```
[root@localhost home]# useradd hadoop2        <== 重新创建 hadoop2 用户
[root@localhost home]# userdel -r hadoop2     <== 删除 hadoop2 及其主目录
[root@localhost home]# ls
hadoop   Master0   spark                      <== 可知 hadoop2 主目录已被删除
```

3) 修改账号

可以使用 usermod 命令修改用户账号。

修改用户账号就是根据实际情况更改用户的有关属性,例如用户号、主目录、用户组、登录 Shell 等。

语法格式如下:

```
usermod [参数] [用户名]
```

参数如下。

-e:修改账号的有效期限。

-l:修改用户账号名称。

-L:锁定用户密码,使密码无效。

-U:解除密码锁定。

4) 用户口令的管理

passwd 命令是用于对用户密码进行管理作用的命令。用户管理的主要内容是对用户口令的管理。用户账号创建时没有口令,且被系统锁定,无法使用,必须为其指定口令后才可使用,即使口令指定为空。

指定和修改用户口令的 Shell 命令是 passwd，管理员用户可以为自己和普通用户指定口令，普通用户只能修改自己的口令。

语法格式如下：

```
passwd [参数] [用户名]
```

参数如下。

-l：锁定口令、禁用账号。

-u：口令解锁。

-d：使账号无口令。

-f：强迫用户下次登录时修改口令。

如果使用 passwd 命令时没有输入用户，则默认修改当前用户口令。仅管理员用户可指定任何用户的口令，普通用户仅能修改自己的口令。普通用户修改自己的口令时，passwd 命令会先询问原口令，验证后再要求用户输入两遍新口令，如果两次输入的口令一致，则将这个新口令指定给用户。而管理员用户为普通用户指定口令时，不需要知道原口令。为了系统安全起见，用户应该选择比较复杂的口令，例如，大写+小写+符号+数字等组合口令。

passwd -d hadoop2 命令为 hadoop2 用户指定一个空口令，可以通过 exit 命令退出当前用户，再用之前创建的 hadoop2 用户登录，用 hadoop2 用户登录到 Linux 系统是不需要输入密码的。

```
[root@localhost home]# passwd -d hadoop2      <== 删除 hadoop2 用户的密码
清除用户的密码 hadoop2。
passwd: 操作成功
[root@localhost home]# su hadoop2             <== 切换到用户 hadoop2,不需要密码
```

2. Linux 系统用户组的管理

每个用户都有一个用户组，系统可以对一个用户组中的所有用户进行集中管理。用户组的管理涉及用户组的添加、删除和修改等操作。用户组的添加 、删除和修改实际上就是对/etc/group 文件的更新。

1）可以增加一个新的用户组命令：groupadd

语法格式如下：

```
groupadd [参数] [新用户组]
```

参数如下。

-g：指定新用户组的组标识(GID)。

-o：表示新用户组的 GID 可以与系统已有用户组的 GID 相同。

示例如下。

(1) 向系统中增加 group1 组，新组的组标识号是在当前已有的最大的组标识号的基

础上加 1。

```
[hadoop@localhost ~]# groupadd group1        <== 添加用户组
[hadoop@localhost ~]#
```

（2）向系统中增加 group2 组，同时指定新组的组标识号是 101。

```
[hadoop@localhost ~]# groupadd -g 101 group2
[hadoop@localhost ~]#
```

2）删除一个已有的用户组命令：groupdel

语法格式如下：

```
groupdel[用户组]
```

示例如下：将系统中的 group1 组删除。

```
[hadoop@localhost ~]# groupdel group1
[hadoop@localhost ~]#
```

3）修改用户组的属性命令：groupmod

语法格式如下：

```
groupmod [参数] [用户组]
```

参数如下。

-g：修改用户组的组标识。

-n：将用户组的名字改为新名字。

示例如下。

（1）将 group2 组的组标识修改为 102。

```
[hadoop@localhost ~]# exit                      <== 退出当前用户，进入 root 用户
[root@localhost ~]# groupmod -g 102 group2      <== 将 group2 的组标识修改为 102
```

（2）将 group2 组的组标识修改为 10000，并且将 group2 组的组名修改为 group3。

```
[root@localhost ~]#groupmod -g 10000 -n group3 group2
```

4）多组用户

如果一个用户同时属于多个用户组，该用户可以在多个用户组之间进行切换，这时它将拥有多个组的使用权限。用户可以在登录后使用 newgrp 命令切换到其他用户组，这个命令的参数就是目标用户组。

示例如下：

```
[hadoop@localhost ~]$ newgrp root
```

上述命令将当前用户切换到root用户组，前提条件是hadoop用户确实属于root用户组或附加组。类似于用户账号的管理，用户组的管理也可以通过集成的系统管理工具来完成。

3. 与用户账号有关的系统文件

完成用户管理的工作有许多种方法，但每一种方法实际上都是对有关系统文件进行修改。把用户、用户组相关的信息都存放在固定系统文件中，这些文件包括etc目录中的passwd、shadow、group等文件，下面分别介绍这些文件的内容。

1) /etc/passwd

/etc/passwd是用户数据库，其中的域给出了用户名、加密口令和用户的其他信息。

文件格式如下：

```
name: password: uid: gid: comment: home: shell
```

解释如下。

name：用户登录名。

password：用户口令。此域中的口令是加密的，常用x表示。当用户登录系统时，系统对输入的口令采取相同的算法，与此域中的内容进行比较。如果此域为空，表明该用户登录时不需要口令。

uid：指定用户的UID。用户登录进入系统后，系统通过该值来识别用户，而不是通过用户名来识别用户。

gid：GID。如果系统要对相同的一群人赋予相同的权利，则使用该值。

comment：用来保存用户的真实姓名和个人信息。

home：指定用户的主目录的绝对路径。

shell：如果用户登录成功，则要将执行的命令的绝对路径放在这一区域中，它可以是任何命令。

示例如下：

```
root: x: 0: 0: root: /root: /bin/bash
```

如上所示，root用户记录信息由6个“:”分隔为7个区域。下面说明这7个区域的信息。

第1段：用户名；

第2段：加密后的密码；

第3段：UID用户标识；

第 4 段：GID 组标识；

第 5 段：用户命名；

第 6 段：开始目录；

第 7 段：对登录命令进行解析的工具。

2）/etc/shadow

/etc/shadow 文件中的记录行与/etc/passwd 中的一一对应，它由 pwconv 命令根据/etc/passwd 中的数据自动产生，它的文件格式与/etc/passwd 类似，由若干个字段组成，字段之间用“:”隔开。

文件格式如下：

```
ame: passwd: 13675: 0: 99999: 7 : : :
```

每一行给一个特殊用户账户定义密码信息，每个字段用“:”隔开。

字段 1：定义与这个 shadow 条目相关联的特殊用户账户。

字段 2：包含一个加密的密码。

字段 3：自 1/1/1970 起，密码被修改的天数。

字段 4：密码将被允许修改之前的天数(0 表示“可在任何时间修改”)。

字段 5：系统将强制用户修改为新密码之前的天数(1 表示“永远都不能修改”)。

字段 6：密码过期之前，用户将被警告过期的天数(－1 表示“没有警告”)。

字段 7：密码过期之后，系统自动禁用账户的天数(－1 表示“永远不会禁用”)。

字段 8：账户被禁用的天数(－1 表示“该账户被启用”)。

字段 9：保留供将来使用。

示例如下：

```
hadoop: : 17480: 0: 99999: 7 : : :
```

字段 1：hadoop 用户名；

字段 2：密码为空；

字段 3：上次修改密码的时间；

字段 4：密码不可被变更的天数；

字段 5：密码需要被重新变更的天数，99999 表示不需要变更；

字段 6：密码变更前提前几天提醒；

字段 7：账号失效时间；

字段 8：账号取消时间；

字段 9：保留字段。

3）/etc/group

将用户分组是 Linux 系统中对用户进行管理及控制访问权限的一种方式。每个用户都归属于某个用户组，一个组中可以有多个用户，一个用户也可以归属于多个不同的组。当一个用户同时是多个组中的成员时，etc/passwd 文件中记录的是用户所属的主组，也就是登录时所属的默认组，而其他组称为附加组。

用户组的所有信息都存放在/etc/group 文件中，此文件的格式也类似于/etc/passwd 文件，由"："隔开若干字段。

文件格式如下：

```
name: passwd: gid: list
```

每一行给一个特殊用户账户定义密码信息，每个字段用"："隔开。

name：用户名；

passwd：密码；

gid：组标识；

list：组内用户列表。

4. 批量添加用户

添加和删除用户是每位 Linux 系统管理员的必备技能。比较棘手的问题是如果要添加几十个、几百个甚至几千个用户，使用 useradd 命令逐一添加的可行性和效率较低。因此，必然要找一种创建大量用户的简便方法。

Linux 系统提供了创建大量用户的接口，可以即刻创建大量用户。步骤如下。

1）编辑一个文本用户文件

每一列按照/etc/passwd 密码文件的格式书写，要注意每个用户的用户名、UID、home 目录都不可以相同，其中密码栏可以留作空白或输入 x。

范例文件 user. txt 内容如下：

```
user001: : 601: 100: user: /home/user001: /bin/bash
user002: : 602: 100: user: /home/user002: /bin/bash
user003: : 603: 100: user: /home/user003: /bin/bash
user004: : 604: 100: user: /home/user004: /bin/bash
user005: : 605: 100: user: /home/user005: /bin/bash
…
user00n: : 60n: 100: user: /home/user00n: /bin/bash
```

2）将 user. txt 数据导入 passwd

以 root 身份执行命令/usr/sbin/newusers，从刚创建的用户文件 user. txt 中导入数据，创建用户。

```
[root@localhost ~] # newusers < user.txt
```

可以用 cat 或 vi 命令检查/etc/passwd 文件中是否出现刚刚导入的用户信息，然后再查询/home 目录下是否出现用户的家目录。

3）执行命令/usr/sbin/pwunconv

将/etc/shadow 产生的 shadow 密码解码，然后回写到 /etc/passwd 中，并将/etc

/shadow 的 shadow 密码栏删除。这是为了方便进行下一步的密码转换工作，即先取消 shadow password 功能。

```
[root@localhost ~]# pwunconv
```

4）编辑每个用户的密码对照文件

范例文件 passwd.txt 内容如下：

```
user001：密码
user002：密码
user003：密码
user004：密码
user005：密码
…
user00n：密码
```

以 root 身份执行命令/usr/sbin/chpasswd。

创建用户密码，chpasswd 会将经过 /usr/bin/passwd 命令编码过的密码写入 /etc/passwd 的密码栏。

```
[root@localhost ~]# chpasswd < passwd.txt
```

确定将经编码的密码写入/etc/passwd 的密码栏之后，执行/usr/sbin/pwconv 命令，将密码编码为 shadow password 格式，并将结果写入 /etc/shadow。

```
[root@localhost ~]# pwconv
```

这样就完成了大量用户的创建，之后回到/home 下检查这些用户的主目录权限设置是否都正确，并登录验证用户密码是否正确。

2.5 网络配置

关于网络配置的讲解视频可扫描二维码观看。

在 Linux 中设置网络的相关配置均需要管理员权限，所以在设置网络配置时，需先把用户切换到 root 用户。输入 su -l root 并输入 root 密码即可切换到 root 用户。

1. 修改 ifcfg-ens33 文件

ifcfg-ens33 文件在/etc/sysconfig/network-scripts/目录中，该文件存放的是网络接口的脚本文件。该文件非常重要，涉及网络能否正常工作。ifcfg-ens33 中的设定参数如表 2.5 所示。

表 2.5　ifcfg-ens33 中设定的参数

项　　目	设　定　值	说　　明
DEVICE		接口名(设备,网卡)
USERCTL	[yes|no]	非 root 用户是否可控制该设备
BOOTPROTO	[none|static|bootp|dhcp]	[引导时不使用协议 | 静态分配 IP | bootp 协议 | 动态协议]
HWADDR		MAC 地址
ONBOOT	[yes|no]	系统启动时网络接口是否有效
TYPE	Ethernet	网络类型,通常是 Ethernet
NETMASK		网络掩码
IPADDR		IP 地址
IPV6INIT	[yes|no]	IPv6 是否有效
GATEWAY		默认网关 IP 地址
BROADCAST		广播地址
NETWORK		网络地址

配置静态 IP 地址的示例如下：

```
DEVICE = eth0
HWADDR = 00:0C:29:70:75:0B
TYPE = Ethernet
UUID = ba418df8 - 78dc - 496c - 9240 - 907f3851ac5e
ONBOOT = yes
NM_CONTROLLED = yes
BOOTPROTO = static
IPADDR = 192.168.2.100
GATEWAY = 192.168.2.1
NETMASK = 255.255.255.0
```

其中,ONBOOT 和 BOOTPROTO 参数最重要,ONBOOT 设置是否开启网络连接,BOOTPROTO 设置获取 IP 的方式,本书将虚拟机的 IP 地址设置为静态地址(static)。

```
ONBOOT = yes
BOOTPROTO = static
```

插入 IP 地址、掩码和网关。如果是在 VMware 虚拟平台上配置网络,网关地址可以在 VMware 平台的菜单中通过“编辑”→“虚拟网络编辑器”→VMnet8→“NAT 设置”查询。

```
IPADDR = 192.168.1.100
NETMASK = 255.255.255.0
GATEWAY = 192.168.1.2
```

配置动态 IP 地址的示例如下：

```
DEVICE = eth0
HWADDR = 00:0C:29:70:75:0B
TYPE = Ethernet
UUID = ba418df8 - 78dc - 496c - 9240 - 907f3851ac5e
ONBOOT = yes
NM_CONTROLLED = yes
BOOTPROTO = dhcp
```

配置动态 IP 地址要比设置静态 IP 地址简单得多,只需修改 ONBOOT 为 yes,并把 BOOTPROTO 类型改为 dhcp 即可。

2. 重启网络服务

修改了 IP 地址必须要重启网络服务或者重启计算机才会生效。重启计算机可以使用 reboot 命令,也可以使用 init6 等其他命令。同样,重启网络服务也有多种命令。

方式 1：通过 restart 命令重启。

```
systemctl restart network
```

方式 2：先停止再启动。

```
systemctl stop network
systemctl start network
```

3. 检查 IP 地址是否修改成功

启动网络服务过后,可以通过 ip addr 命令查看 IP 地址,如果 IP 地址能查到,并且能正常显示,则表示设置成功。

4. 验证网络

ping 命令是用于验证网络配置是否成功的最好方法,可以用 ping www.baidu.com 验证外网是否畅通,也可以用 ping 命令验证虚拟机与物理机之间是否连通。需要注意的是,ping 外网时,物理机必须有网络连接,因为虚拟机使用与物理机共享的网络地址。

用 ping 命令测试内网。如果出现下面情况,则说明连接成功,可以使用 Ctrl+C 组合键退出测试,如图 2.27 所示。

```
[root@Master001 ~]# ping 192.168.233.1
PING 192.168.233.1 (192.168.233.1) 56(84) bytes of data.
64 bytes from 192.168.233.1: icmp_seq=1 ttl=128 time=0.541 ms
64 bytes from 192.168.233.1: icmp_seq=2 ttl=128 time=0.467 ms
64 bytes from 192.168.233.1: icmp_seq=3 ttl=128 time=0.449 ms
64 bytes from 192.168.233.1: icmp_seq=4 ttl=128 time=0.492 ms
^C
--- 192.168.233.1 ping statistics ---
```

图 2.27 测试与物理机是否连通

用 ping 命令测试外网。如果出现下面情况,则说明连接成功,可以使用 Ctrl+C 组合键退出测试,如图 2.28 所示。

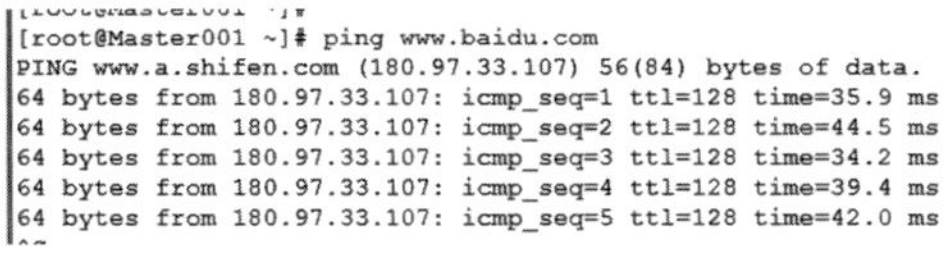

```
[root@Master001 ~]# ping www.baidu.com
PING www.a.shifen.com (180.97.33.107) 56(84) bytes of data.
64 bytes from 180.97.33.107: icmp_seq=1 ttl=128 time=35.9 ms
64 bytes from 180.97.33.107: icmp_seq=2 ttl=128 time=44.5 ms
64 bytes from 180.97.33.107: icmp_seq=3 ttl=128 time=34.2 ms
64 bytes from 180.97.33.107: icmp_seq=4 ttl=128 time=39.4 ms
64 bytes from 180.97.33.107: icmp_seq=5 ttl=128 time=42.0 ms
```

图 2.28 测试网络是否连通

2.6 本章小结

Hadoop 集群是基于 Linux 环境搭建的大数据集群，在学习大数据技术之前需要掌握 Linux 常用命令。本章通过对 Linux 常用命令的讲解，让读者熟悉 Linux 系统的操作，为以后的大数据技术学习奠定基础。为了切合实际开发，建议读者在学习 Linux 系统时使用纯命令操作方式。

2.7 课后习题

一、填空题

1. ln 命令用于将指定文件或目录建立________。
2. 链接文件分________和________。
3. ________命令用于设置用户在创建文件或目录时需要减去的默认权限。
4. 创建普通用户的目的是防止误操作造成系统________。
5. ________文件是用户管理文件，其中的区域给出了用户名、用户 ID、组 ID 等相关信息。

二、判断题

1. 在 Linux 系统中，防火墙主要是用来防病毒的。（　　）
2. 在 vi 编辑环境下，使用 Enter 键进行模式转换。（　　）
3. mv 命令可以移动文件和目录，还可以复制文件。（　　）
4. cp 命令用于复制文件，如果想要复制目录，需要加上 r 参数。（　　）
5. ln 命令是链接命令，用于同步文件，链接文件分为硬链接和软链接两种。（　　）

三、选择题

1. 下列选项中，（　　）命令能删除当前目录中的所有文件及目录。

   A. rm /*　　B. rm -rf ./*　　C. rm -rf /*　　D. rm .

2. 下列选项中，（　　）命令能返回到上一次所在的目录。

   A. cd #　　B. cd ～　　C. cd -　　D. cd $

3. 使用（　　）命令可以查看当前目录所在的绝对路径。

   A. path　　B. pwd　　C. tail　　D. cat

4. 当执行 umask 700 命令后，再使用 mkdir 命令创建出的目录权限是（　　）。

   A. r--r--r--　　B. ---rwxrwx

   C. rwx------　　D. rwxrwxrwx

5. 以下选项对 ln 命令描述不正确的是（   ）。

A. 创建硬链接需要加上-s 参数

B. ln 命令可以为指定文件或目录建立同步链接

C. ln 能保持每个链接文件的数据同步

D. 链接中有软链接与硬链接之分

四、简答题

1. 说明 Linux 系统中/etc/profile 文件的作用。
2. 说明在 Linux 系统中怎样设置静态网络地址。

第 3 章

Python 3语言基础

3.1 Python 3 简介

Python 是一个高层次的结合了解释性、编译性、交互性和面向对象 4 个特点的脚本语言。

Python 的设计具有极强的可读性，相比其他语言，Python 经常使用英文关键字、标点符号，具有比其他语言更具特色的语法结构。

Python 具有以下显著特点。

1. 解释性

这意味着开发过程中没有了编译这个环节。类似于 PHP 和 JavaScript 语言。

2. 交互性

这意味着用户可以在一个 Python 控制台终端(提示符>>>后)直接执行代码，如图 3.1 所示。

```
管理员: C:\Windows\system32\cmd.exe - python
Microsoft Windows [版本 6.1.7601]
版权所有 (c) 2009 Microsoft Corporation。保留所有权利。

C:\Users\Administrator>python
Python 3.8.1 (tags/v3.8.1:1b293b6, Dec 18 2019, 23:11:46) [MSC v.1916 64 bit (AMD64)] on win32
Type "help", "copyright", "credits" or "license" for more information.
>>> print("学到教育")
学到教育
>>> a = 10
>>> b = 20
>>> c = a + b
>>> print("a + b=", c)
a + b= 30
>>>
```

图 3.1　Python 控制台终端编程

3. 面向对象

这意味着 Python 支持面向对象编程的风格或代码封装在对象中的编程技术。与其他主要语言(如 Java)相比,Python 以一种非常强大且简单的方式实现了面向对象编程。

4. 简单易学

Python 是一种对初学者十分友好的语言,一个风格良好的 Python 程序如同英文段落一样易懂。Python 的最大优点之一是具有伪代码的本质,它使用户在开发 Python 程序时专注于解决问题,而不是搞明白语言本身。

3.1.1 Python 的发展历史

20 世纪 80 年代末至 90 年代初,Python 由 Guido van Rossum 在荷兰数学和计算机科学研究学会设计出来。

Python 本身是由诸多其他语言发展而来的,包括 ABC、Modula-3、C、C++、Algol-68、SmallTalk、UNIX Shell 和其他脚本语言。

当前,Python 由一个核心开发团队进行系列维护工作,但 Guido van Rossum 仍然在其中发挥着至关重要的作用,指导 Python 的相关工作。

1989 年,Guido van Rossum 为消遣时间,决定为当时正构思的一个新脚本语言编写一个解释器,以 Python 命名该项目,使用 C 语言进行开发。

1991 年,Python 的第一个版本发布。此时 Python 已经具有了类、函数、异常处理、包含表和词典在内的核心数据类型以及以模块为基础的拓展系统。

1991—1994 年,Python 增加了 lambda、map、filter 和 reduce 模块。

1999 年,Python 的 Web 框架之祖——Zope 发布。

2000 年,Python 加入了内存回收机制,构成了现在 Python 语言框架的基础。

2004 年,Web 框架 Django 诞生。

2006 年,Python 2.5 发布。

……

2019 年,Python 3.8 发布。

2020 年,对 Python 2.0 版本的支持停止。

3.1.2 Python 的应用

Python 作为一种简单好用的编程语言,广泛应用于以下领域,如图 3.2 所示。

1. Web 开发

Python 经常被用于 Web 开发。例如,在 mod_wsgi 模块、Apache mod_wsgi 模块上可以运行用 Python 编写的 Web 程序。还有一些 Web 框架(如 Django、TurboGears、web2py 等)可以让程序员轻松地开发和管理复杂的 Web 程序。

图 3.2　Python 的应用领域

2. 系统运维

Python 在不断进化，它的功能已经延伸到 IT 运维的方方面面。Python 拥有强大的脚本处理功能，它在操作 Linux 系统方面具有先天的优势。许多云平台、运维监控管理工具均使用 Python 开发，Python 的自动化运维可以减少运维工程师的工作量，提高工作效率。

3. 科学计算

Python 第三方库提供的 NumPy、SciPy、Matplotlib 等模块能让 Python 程序员快速编写科学计算程序。

4. 桌面软件

PyQt、PySide、wxPython、PyGTK 是 Python 快速开发桌面应用程序的模块。

5. 游戏开发

除了在科学计算领域占据一席之地之外，Python 在游戏、后台等领域也大放异彩。pygame 是一组专门为编写游戏而设计的 Python 模块，可以使用户在 Python 语言中轻松地创建全功能的游戏和多媒体程序。

3.2　环境搭建

3.2.1　Python 3 环境的搭建

关于 Python 3 环境搭建的讲解视频可扫描二维码观看。

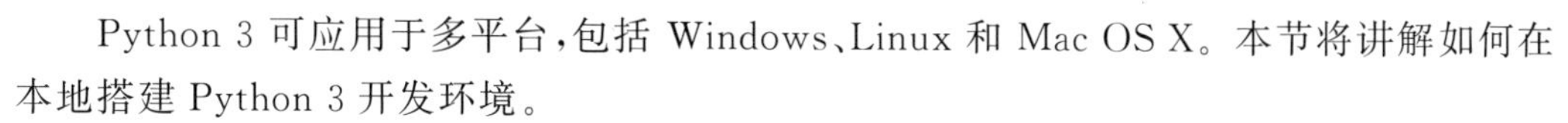

Python 3 可应用于多平台，包括 Windows、Linux 和 Mac OS X。本节将讲解如何在本地搭建 Python 3 开发环境。

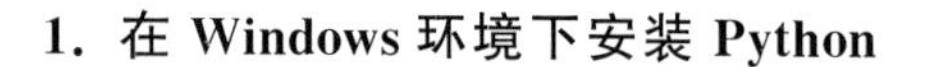

1. 在 Windows 环境下安装 Python

1）Python 3 的下载

Python 3 最新源代码、二进制文档、新闻资讯等可以在 Python 的官方网站查看，

Python 的官方网站地址为 https://www.python.org/，如图 3.3 所示。

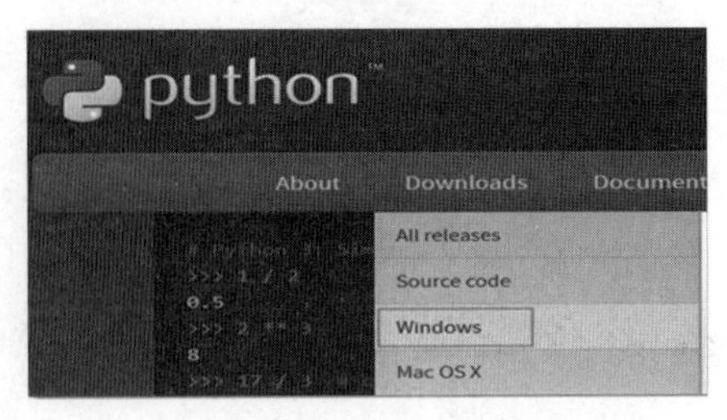

图 3.3 下载 Python 的界面

选择下载版本，下载对应系统的可执行安装文件，如图 3.4 所示。

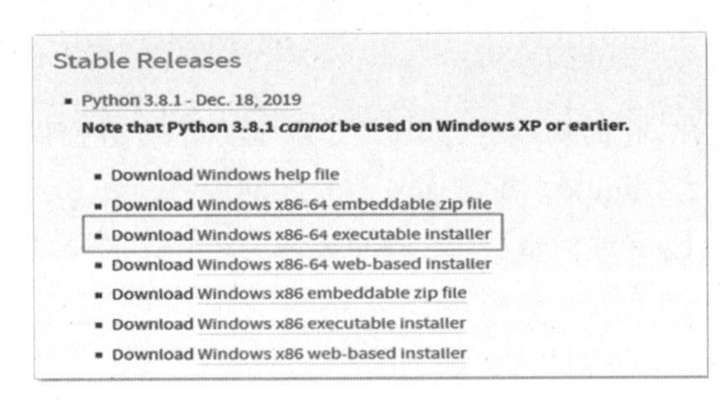

图 3.4 选择下载版本

2）Python 的安装

双击下载的可执行文件 python-3.x.exe，按提示进行安装，直到安装完成。

安装 Python 的过程中会自动配置环境变量，如果没有自动生成，可以手动配置环境变量。右击“我的电脑”图标，在弹出的快捷菜单中选择“属性”命令，弹出“系统属性”对话框，在对话框中选择“高级”选项卡，单击“环境变量”按钮，如图 3.5 所示。

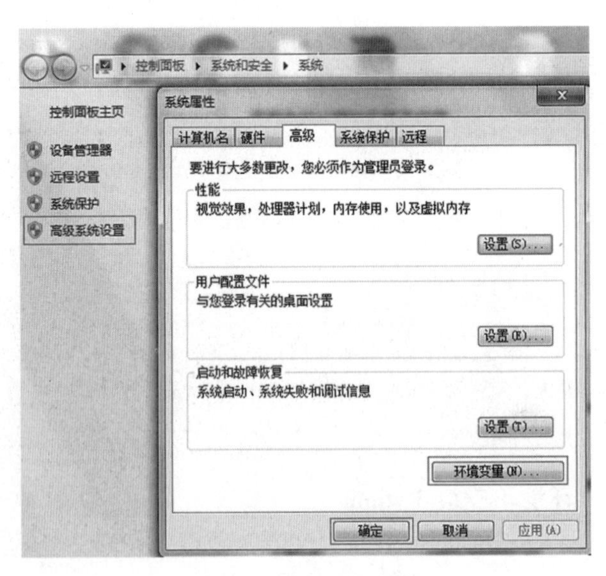

图 3.5 设置环境变量

在变量名为 Path 的变量值的尾部添加 Python 3 安装目录即可，如图 3.6 所示。

图 3.6　添加环境变量

3）验证

验证 Python 是否安装成功，可以通过在控制台终端输入 python -V 的方式进行验证，如果出现 Python 安装版本，则说明 Python 安装成功，如图 3.7 所示。

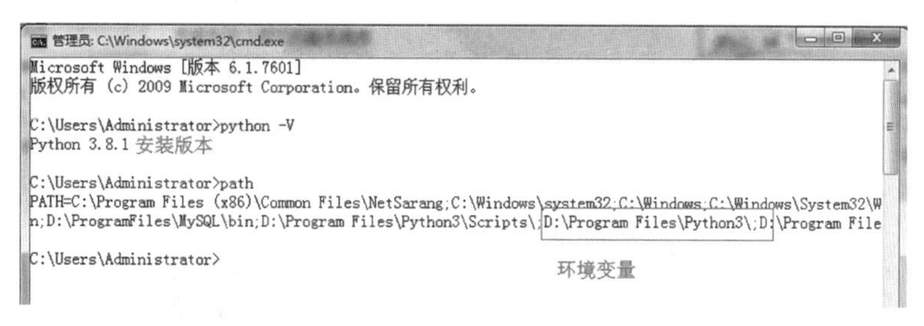

图 3.7　验证是否安装成功

2. 在 Linux 环境下安装 Python

在 Linux 系统中，一般情况下都预装有 Python 编译器，但是这个预装的 Python 版本一般比较低，许多特性都没有，如果要使用新版本的 Python 必须重新安装，如下所示：

```
[root@Master001 ~]# python -V
Python 2.6.6
[root@Master001 ~]#
```

注意，安装新的 Python 版本时，不需要删除旧的 Python 版本，因为 Linux 系统中有些命令仍需要旧的 Python 版本的支持，例如 yum。

下载 Python 安装包可以在 Python 官方网站下载，也可以使用 wget 工具下载。

（1）在 Python 官方网站下载，地址为 https://www.python.org/downloads/，如图 3.8 所示。

图 3.8　下载 Linux 版本的 Python

(2) 使用 wget 工具下载资源在 Linux 系统中是最常用的下载方法之一。在使用 wget 命令之前需要先安装 wget 工具,wget 工具可以使用 yum 命令进行安装,操作方法如下:

```
[root@Master001 ~]# yum install -y wget
```

验证是否安装 wget:

```
[root@Master001 ~]# rpm -qa | grep wget
wget-1.12-10.el6.x86_64
```

使用 wget 命令获取安装包:

```
[root@Master001 ~]# wget https://www.python.org/ftp/python/3.6.2/Python-3.6.2.tgz
```

(3) 安装 Python。

将 wget 下载的 Python 包解压:

```
[root@Master001 software]# pwd
    /root/software
[root@Master001 software]# tar -zxvf Python-3.6.2.tgz
```

配置 configure 文件,进入 Python 解压目录,执行 configure 命令。因为执行 configure 命令需要 gcc 工具的支持,所以需要先安装 gcc 工具。

```
[root@Master001 Python-3.6.2]# yum -y install gcc
```

执行 configure 命令:

```
[root@Master001 Python-3.6.2]# ./configure
```

configure 命令执行后会在当前目录生成 Makefile 文件,该文件将在 make 解析时使用。

编译完成后不要着急执行 make 命令,因为 pip 工具在下载安装时需要 SSL 的支持,默认的 SSL 与系统自带的 SSL 不一致,因此会导致 pip 工具在使用过程中不能正常下载。

配置 SSL 证书。使用 vim 命令打开 Pythonxx/Modules/Setup 文件,该文件必须要执行 configure 命令才能生成。打开 Setup 将 SSL 的地址修改为系统自带的 SSL 地址即可。

查询 SSL 地址,如图 3.9 所示。

```
[root@Master001 Python-3.6.2]# openssl version -a
```

```
[root@Master001 Python-3.6.2]# openssl version -a
OpenSSL 1.0.1e-fips 11 Feb 2013
built on: Wed Mar 22 21:43:28 UTC 2017
platform: linux-x86_64
options:  bn(64,64) md2(int) rc4(16x,int) des(idx,cisc
compiler: gcc -fPIC -DOPENSSL_PIC -DZLIB -DOPENSSL_THRI
64 -DL_ENDIAN -DTERMIO -Wall -O2 -g -pipe -Wall -Wp,-D
sp-buffer-size=4 -m64 -mtune=generic -Wa,--noexecstack
SSL_BN_ASM_MONT5 -DOPENSSL_BN_ASM_GF2m -DSHA1_ASM -DSH
AES_ASM -DWHIRLPOOL_ASM -DGHASH_ASM
OPENSSLDIR: "/etc/pki/tls"
```

图 3.9 查询 SSL 地址

修改 SSL,如图 3.10、图 3.11 所示。

```
[root@Master001 Python-3.6.2]# vim Modules/Setup
```

```
# Socket module helper for SSL support; you must comment out the other
# socket line above, and possibly edit the SSL variable:
#SSL=/usr/local/ssl
#_ssl _ssl.c \                                          没有修改前
#       -DUSE_SSL -I$(SSL)/include -I$(SSL)/include/openssl \
#       -L$(SSL)/lib -lssl -lcrypto
```

图 3.10 SSL 修改前

```
# Socket module helper for SSL support; you must comment out the other
# socket line above, and possibly edit the SSL variable:
SSL=/etc/pki/tls
_ssl _ssl.c \                                    修改之后
        -DUSE_SSL -I$(SSL)/include -I$(SSL)/include/openssl \
        -L$(SSL)/lib -lssl -lcrypto
```

图 3.11 SSL 修改后

使用 make 工具编译源代码,执行 make 命令需要 openssl 和 openssl-devel 的支持。

```
[root@Master001 Python-3.6.2]# yum -y install openssl.x86_64 openssl-devel.x86_64
[root@Master001 Python-3.6.2]# make
```

make install 命令用于安装 make 编译好的源代码。

```
[root@Master001 Python-3.6.2]# make install
```

使用 whereis 命令查询 Python 3 的安装路径,若查询到则说明 Python 3 安装成功,如图 3.12 所示。

```
[root@Master001 Python-3.6.2]# whereis python3
python3: /usr/bin/python3 /usr/local/bin/python3.6m-config /usr/local/bin/
cal/bin/python3.6 /usr/local/bin/python3.6m /usr/local/lib/python3.6
[root@Master001 Python-3.6.2]# whereis pip3
pip3: /usr/local/bin/pip3.6 /usr/local/bin/pip3
```

图 3.12 查询 Python 3 的安装路径

Python 3 编译安装完成后,默认的安装目录是在/usr/local/bin 和/usr/local/lib 目录下。如果想要卸载刚安装好的 Python 编译器,直接删除这两个目录即可,如图 3.13 所示。

(4) 配置 Python 3 环境。

Hadoop Streaming 工具提交 MapReduce 任务时需要 Python 3 编译器的支持,集群

```
[root@Master001 Python-3.6.2]#
[root@Master001 Python-3.6.2]# ls /usr/local/bin/
2to3               hdfscli-avro  mrjob-2.7   python3                python3-config
2to3-3.6           idle3         pip3        python3.6              pyvenv
chardetect         idle3.6       pip3.6      python3.6-config       pyvenv-3.6
easy_install-3.6   mrjob         pydoc3      python3.6m
hdfscli            mrjob-2       pydoc3.6    python3.6m-config
[root@Master001 Python-3.6.2]# ls /usr/local/lib
libpython3.6m.a  pkgconfig  python3.6
[root@Master001 Python-3.6.2]#
```

图 3.13　Python 3 的安装位置

默认是在/usr/bin 下找指定的 Python 3 编译器，但是/usr/bin 中只有 Python 2 的编译器，所以在运行作业时可能会出现语法错误。为了解决这个问题，需要给 Python 3 的执行命令添加软链接到/usr/bin 目录。

将 Python 3 可执行文件同步到/usr/bin 目录中：

```
[root@Master001 Python-3.6.2]# ln -s /usr/local/bin/python3 /usr/bin/python3
```

将 pip3 可执行文件同步到/usr/bin 目录中：

```
[root@Master001 Python-3.6.2]# ln -s /usr/local/bin/pip3 /usr/bin/pip3
```

3.2.2　PyCharm

关于 PyCharm 安装与使用的讲解视频可扫描二维码观看。

1. 安装 PyCharm

PyCharm 是一种 Python IDE，带有一整套可以帮助用户在使用 Python 语言开发时提高效率的工具，如调试、语法高亮、目录管理、代码跳转、智能提示、自动完成、单元测试、版本控制等。此外，该 IDE 还提供了一些高级功能，以用于支持 Django 框架下专业 Web 的开发。

官方网站下载地址为 https://pycharm.en.softonic.com/。

下载 PyCharm 时有两种选择：一种是专业版（Professional）；另一种是社区版（Community）。虽然社区版 PyCharm 比专业版 PyCharm 的功能少一些，但是社区版 PyCharm 是免费的。对于学习而言，社区版的功能完全能够满足用户实际需求，所以可以选择社区版进行下载，如图 3.14 所示。

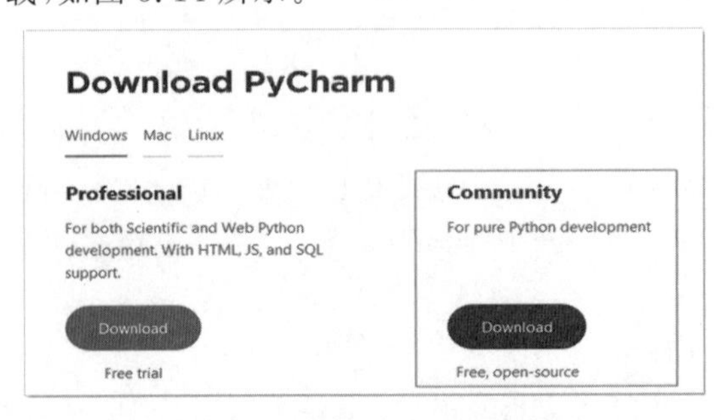

图 3.14　选择 PyCharm 版本

(1) 运行 PyCharm 安装文件。双击可执行文件 pycharm-community-2019.3.2.exe 即可运行该文件。

(2) 单击 Browse 按钮,修改安装路径,单击 Next 按钮,如图 3.15 所示。

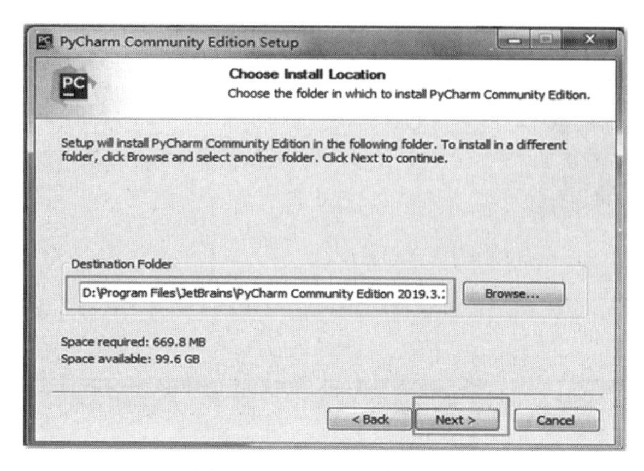

图 3.15 设置安装路径

(3) 在弹出的对话框中勾选 Create Desktop Shortcut 复选框用于创建桌面快捷方式,勾选 Create Associations 复选框用于创建关联文件,如图 3.16 所示。

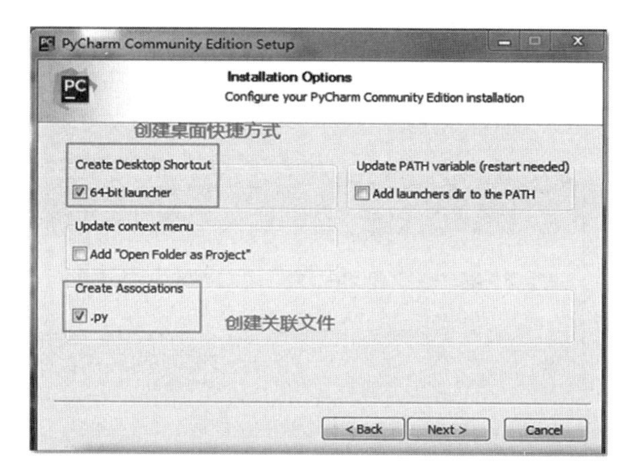

图 3.16 选择安装方式

在图 3.16 中,配置完成后单击 Next 按钮进入下一项配置,在下一项配置中单击 Install 按钮进行软件安装。

2. 创建 PyCharm 项目

(1) 双击 PyCharm Community Edition 2019.3.2 x64 图标,打开 PyCharm 工具,如图 3.17 所示。

(2) 单击 Create New Project 按钮,创建新项目,如图 3.18 所示。

(3) 设置 Python 项目存放位置,并选择所需要使用的解释器,如图 3.19 所示。

(4) 选择已经安装的 Python 解释器和接口,如图 3.20～图 3.22 所示。

图 3.17 双击 PyCharm Community Edition 2019.3.2 x64 图标

图 3.18 创建新项目

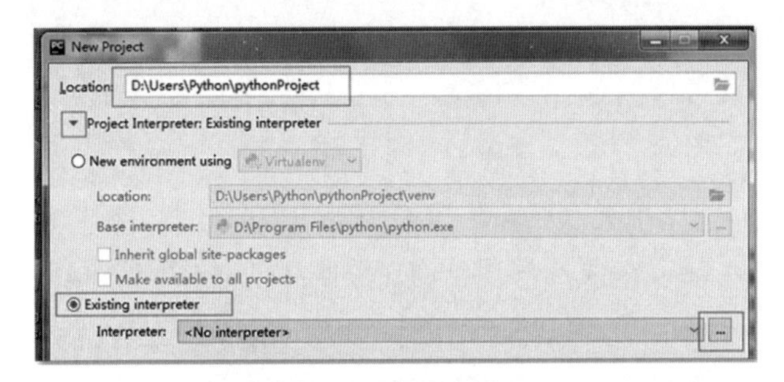

图 3.19 设置 Python 项目存储位置

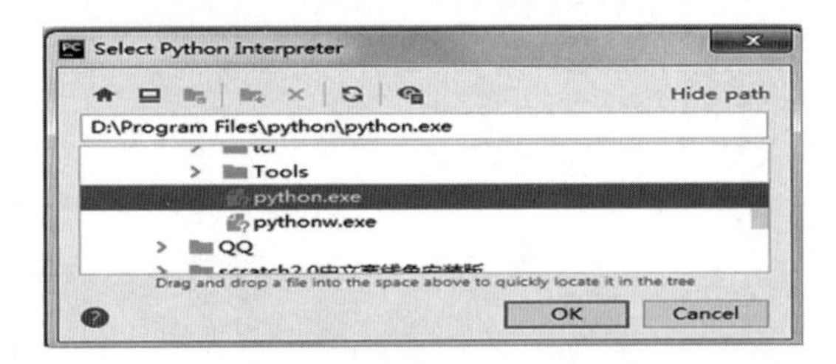

图 3.20 Python 解释器

图 3.21 选择 Python 解释器

图 3.22 修改 Python 解释器后的效果

(5) 单击 Create 按钮,创建 Python 项目。

(6) 创建 Python 文件,编写第一个 Python 项目,如图 3.23 所示。

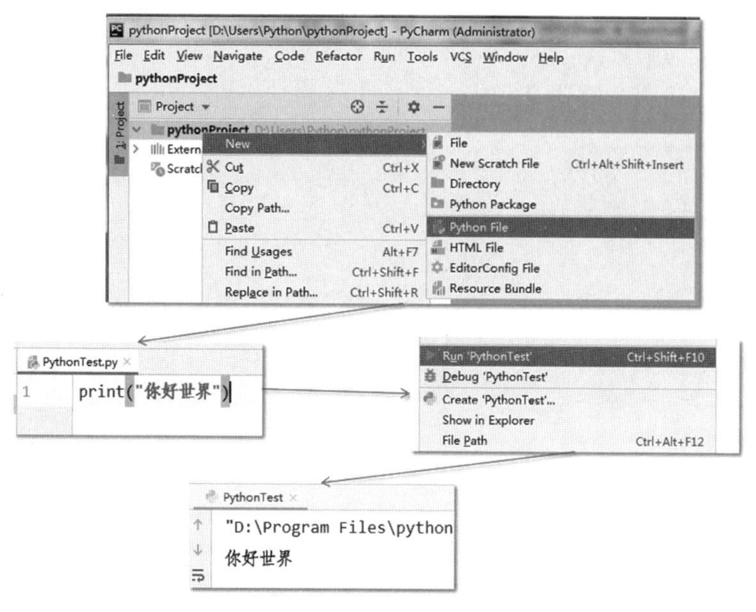

图 3.23 创建项目过程

3.3 基础语法

3.3.1 语法规范

关于语法规范的讲解视频可扫描二维码观看。

1. 注释

代码更多是用来“读”而不是用来“写”的。良好的编码规范可以使项目、模块或函数保持一致,从而提高 Python 代码的可读性。

注释分为单行注释与多行注释。示例代码如下:

```
# 这是单选注释
print("学到教育")

'''
    多行注释可以用 3 个单引号
'''
"""
    多行注释也可以使用 3 个双引号
    在 Python 中大多数情况单引号和双引号的作用一样,
    均代表字符串
"""
```

2. 缩进

每级缩进用 4 个空格，Python 不需要使用大括号（{}）来组织代码，完全依靠缩进。因此，缩进的格式非常重要，如果使用的缩进不是 4 个空格，则会报语法错误。在开发过程中，可以使用 Tab 键代替 4 个空格。

示例代码如下：

```
a = 5
b = 3
if a > b:
    print("大于")
else:
    print("小于")
```

输出结果：

```
大于
```

3. 分号

Python 不严格要求使用分号，理论上应该是每行一句代码。每行代码后面可以添加分号，也可以不添加分号，尽量不要多句代码放在一行。如果放在一行，则需要添加分号把它们隔开。

示例代码如图 3.24 所示。

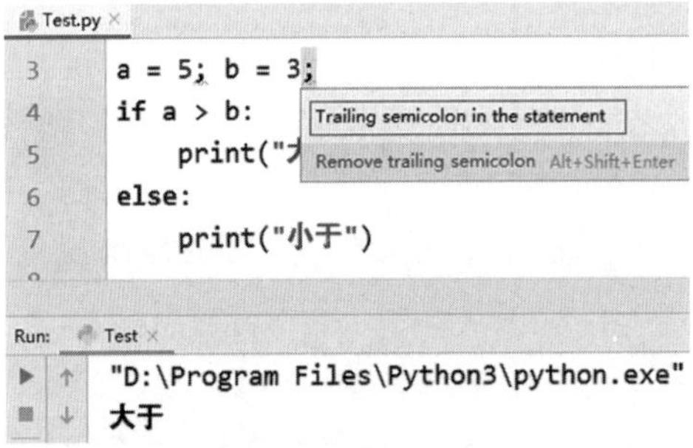

```
Test.py
3    a = 5; b = 3;
4    if a > b:          Trailing semicolon in the statement
5        print("大      Remove trailing semicolon  Alt+Shift+Enter
6    else:
7        print("小于")

Run:  Test
"D:\Program Files\Python3\python.exe"
大于
```

图 3.24 分号使用示例

通过图 3.24 可知，虽然在 Python 的代码中加上分号后仍能够正常运行，但是 Python 编译器建议去掉分号。

4. 标识符

标识符是在程序中对变量、常量、类、方法、参数等命名时使用的名字。命名时应该遵循以下规则：

（1）标识符由字母、下画线、数字组成，且不能以数字开头。

（2）Python 对大小写敏感，a 和 A 是完全不同的。

（3）不能使用 Python 关键字命名。

（4）命名应该产生见名知义的效果。

（5）命名推荐使用驼峰式命名(studentName)和下画线命名(student_name)。

5. 多行语句

Python 语句中一般以新行作为语句的结束符，也可以使用斜杠(\)将一行语句划分为多行显示。

示例代码如下：

```
itemOne = 1
itemTwo = 2
itemThree = 3
total = itemOne + \
    itemTwo + \
    itemThree
print(total)
```

输出结果：

```
6
```

语句中包含[]、{}、()符号的则不需要使用多行连接符。

```
days = ["星期一", "星期二",
"星期三", "星期四",
"星期五", "星期六", "星期日"]
print(days)
```

输出结果：

```
['星期一', '星期二', '星期三', '星期四', '星期五', '星期六', '星期日']
```

6. Python 引号

Python 可以使用单引号、双引号、三引号来表示字符串，开始与结束的引号必须是同一类型。

其中，三引号可以由多行组成，是编写多行文本的快捷语法，常用于文档字符串，也可以当成多行注释，如图 3.25 所示。

```
a = '单引号字符串'
b = "双引号字符串，与单引号字符串效果一样"
c = """这是一个段落字符串，它可以编写多行文本，
在Python中，每行不能超过80个字符，如果要
定义文本超过80字符的字符串时，可以使用三
引号来定义多行文本。
"""
print(c)
```

图 3.25　引号使用示例

7. 输出

```
a = "学到"
b = "教育"

print("换行输出：")
print(a)
print(b)

print("不换行输出：")
print(a, b)
```

输出结果：

```
换行输出：
学到
教育
不换行输出：
学到 教育
```

当 Python 使用加号进行连接时，只能连接同一类型的值，如果连接不同类型的值，将会出现错误，如图 3.26 所示。

```
TypeError: can only concatenate str (not "int") to str
```

图 3.26　输出结果

print()函数提供 sep 与 end 参数控制输出结果。

sep：分隔值与值，默认是一个空格。

end：为末尾传递一个指定的字符串。

示例代码如下：

```
print("AA", "BB", "CC", sep = ":")
print("DDD")

print("------------------------")

print("AA", "BB", "CC", end = ":")
print("DDD")
```

输出结果：

```
AA:BB:CC
DDD
------------------------
AA BB CC:DDD
```

3.3.2　数据类型

关于数据类型的讲解视频可扫描二维码观看。

Python 中的变量不需要声明，但每个变量在使用前都必须赋值，赋值以后该变量才会被创建。

在 Python 中，变量就是变量，变量没有类型，只有为它赋值后，才会根据值为它推导出类型。

等号(=)用来给变量赋值；等号左边是变量名，等号右边是存储在变量中的值。

示例代码如下：

```
a = 100                    # 整型变量
b = 100.0                  # 浮点型变量
c = "学到教育"              # 字符串变量
d = 'A'                    # 字符串变量，等同于"A"
f = True                   # 布尔类型变量
```

在 Python 中允许同时为多个变量赋值。

创建一个整型对象，值为 100，将 100 赋值给 c 变量后，又将 c 变量赋值给 b 变量，最后把 b 变量赋值给 a 变量。示例代码如下：

```
a = b = c = 100
print(a, b, c)
```

输出结果：

```
100 100 100
```

也可以为多个变量指定多个值。示例代码如下：

```
a, b, c = 1, 99.8, "学到"
print(a, b, c)

x, y = (20, 100)
print(x, y)

a1, b1, c1, d1 = {1, 2, 3, 4}
print(a1, b1, c1, d1)
```

输出结果：

```
1 99.8 学到
20 100
1 2 3 4
```

在Python中定义了6个标准类型，用于存储各种类型的数据，其中又分为不可变数据类型和可变数据类型。不可变数据类型有Number(数字)、String(字符串)、Tuple(元组)；可变数据类型有List(列表)、Dictionary(字典)、Set(集合)。

1. 条件语句

Python条件语句是通过一条或多条语句的执行结果(true或false)来决定执行的代码块。

执行流程如图3.27所示。

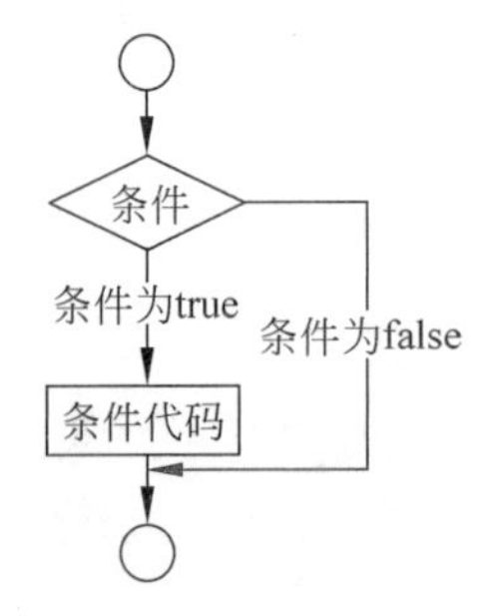

图3.27 条件语句流程图

Python编程中if语句用于控制程序的执行，基本形式为：

```
if 判断条件:
    语句块…
else:
    语句块…
```

示例代码如下：

```
flag = "A"
name = "张三"

if name == "李四":
    flag = "B"
else:
    print(name)

print(flag)
```

输出结果：

```
张三
A
```

因为 Python 不支持 switch 语句，所以多个条件判断时只能用 elif 来实现判断。当需要多个条件同时判断时，可以使用 or 或者 and。

当判断条件为多个值时，可以使用以下形式：

```
if 判断条件 1:
    语句块 1…
elif 判断条件 2:
    语句块 2…
elif 判断条件 3:
    语句块 3…
else:
    语句块…
```

示例代码如下：

```
inputAge = input("请输入您的年龄：")
age = int(inputAge)
print("年龄：", age)

if(age >= 0) and (age <= 12):
    print("儿童")
elif(age >= 12) and (age <= 18):
    print("青少年")
elif(age >= 18) and (age <= 150):
    print("成年人")
else:
    print("年龄不正确")
```

输出结果：

```
请输入您的年龄：10
年龄：10
儿童
```

Python 中支持 if 语句的嵌套，可以在对条件进行判断之后，再次对条件进行判断。示例代码如下：

```
strA = ["A", "张三", 22]

if strA[0] == "A":
    if strA[1] == "张三":
```

```
        strA[1] = "李四"
        print(strA)
    else:
        print(strA)
else:
    print(strA[1])
```

输出结果：

```
['A', '李四', 22]
```

2. 循环语句

在 Python 中只提供了 for 循环和 while 循环两种循环语句。

循环语句允许多次执行一个语句或语句组。循环语句流程如图 3.28 所示。

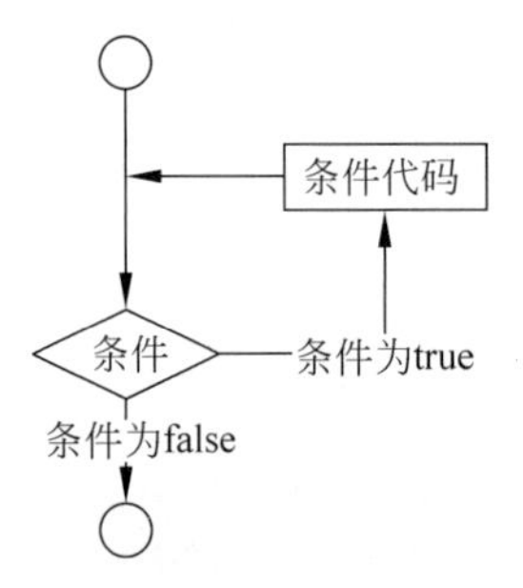

图 3.28 循环语句流程图

while 循环在给定的判断条件为 true 时执行循环体，否则退出循环体。示例代码如下：

```
a = 0
while a <= 5:
    print("每次输出的值: ", a)
    a += 1
```

输出结果：

```
每次输出的值: 0
每次输出的值: 1
每次输出的值: 2
每次输出的值: 3
每次输出的值: 4
每次输出的值: 5
```

“:=”为赋值运算符，因形似海象，所以被称为海象运算符。海象运算符常在 while、if 等语句中使用。示例代码如下：

```
a = 0
while (a := a + 1) <= 5:
    print("每次输出的值：", a)
```

输出结果：

```
每次输出的值：0
每次输出的值：1
每次输出的值：2
每次输出的值：3
每次输出的值：4
每次输出的值：5
```

在 Python 中，while…else 在循环条件为 false 时执行 else 语句块。示例代码如下：

```
count = 0
while count < 5:
    print("输出的值：", count)
    count = count + 1
else:
    print("最后输出结果：", count)
```

输出结果：

```
输出的值：0
输出的值：1
输出的值：2
输出的值：3
输出的值：4
最后输出结果：5
```

for 循环可以遍历任何序列的项目，如一个列表或者一个字符串。for 循环的语法格式如下：

```
for 迭代变量  in 列表
    语句块…
```

for 循环的示例代码如下：

```
sVal1 = "www.baidu.com"
for a in sVal1:
    print(a, end = " * ")

print()
sVal2 = ["Java", "Python", "Scala", "Spark", "Hadoop"]
for b in sVal2:
    print("遍历集合的值：", b)
```

输出结果：

```
w*w*w*.*b*a*i*d*u*.*c*o*m*
遍历集合的值：Java
遍历集合的值：Python
遍历集合的值：Scala
遍历集合的值：Spark
遍历集合的值：Hadoop
```

for 循环还可以通过索引迭代方式遍历集合元素。其中 len()函数用于返回列表长度，range()函数用于返回一个序列的数。示例代码如下：

```
sVal1 = "www.baidu.com"
for a in range(len(sVal1)):
    print(sVal1[a], end = " * ")

print()
sVal2 = ["Java", "Python", "Scala", "Spark", "Hadoop"]
for b in range(len(sVal2)):
    print("遍历集合的值：", sVal2[b])
```

输出结果：

```
w*w*w*.*b*a*i*d*u*.*c*o*m*
遍历集合的值：Java
遍历集合的值：Python
遍历集合的值：Scala
遍历集合的值：Spark
遍历集合的值：Hadoop
```

range()函数用于返回整数序列的对象，语法格式如下：

```
range(stop)
range(start, stop [, step])
```

参数如下。

start：计数从 start 开始，默认从 0 开始。

stop：计数到 stop 结束，但不包括 stop。

step：步长，默认为 1。

示例代码如下：

```
print(range(20))
print(range(10, 20))
print(range(10, 20, 2))
print(list(range(10, 20, 2)))
```

输出结果：

```
range(0, 20)
range(10, 20)
range(10, 20, 2)
[10, 12, 14, 16, 18]
```

在 Python 中，for…else 中的 else 表示 else 语句在 for 语句正常执行完的前提下再执行。示例代码如下：

```
for a in range(5):
    print("值: ", a)
else:
    print("for 循环退出")
```

输出结果：

```
值: 0
值: 1
值: 2
值: 3
值: 4
for 循环退出
```

Python 语言允许在一个循环体内嵌入另一个循环。示例代码如下：

```
# for 循环嵌套
strVal = [["张三", "女", 20],
          ["李四", "男", 18],
          ["王五", "男", 22]]
for a in strVal:
    for b in range(len(a)):
        print(a[b], end = "\t")

print("----------------------")
# while 循环嵌套
i = 0
while i < len(strVal):
    print(strVal[i])
    j = 0
    while j < len(strVal[i]):
        print(strVal[i][j])
        j = j + 1
    i = i + 1
```

输出结果：

```
张三   女   20   李四   男   18   王五   男   22   ---------------------
['张三', '女', 20]
张三
女
20
['李四', '男', 18]
李四
男
18
['王五', '男', 22]
王五
男
```

3. 循环控制语句

循环控制语句可以更改语句的执行顺序，Python 支持的循环控制语句如表 3.1 所示。

表 3.1　循环控制语句

控制语句	描　　述
break	在语句块执行过程中终止循环，并且跳出整个循环
continue	在语句块执行过程中终止当前循环，跳出该次循环，执行下一次循环
pass	空语句，为了保持程序结构的完整性

Python 中的 break 语句就像是在 Java 语言中打破了最小封闭的 for 或 while 循环。

break 语句用来终止循环语句，即循环条件中没有 false 条件或者序列还没被完全递归完，也会被停止执行循环语句。

break 语句用在 while 和 for 循环中，如果用户使用嵌套循环，那么 break 语句将停止执行最深层的循环，并开始执行下一行代码。

示例代码如下：

```
sVal = "baidu"
for a in sVal:
    if a == "d":
        print("遇到字母 d,退出系统")
        break
    print(a)
```

输出结果：

```
b
a
i
遇到字母 d,退出系统
```

Python 中的 continue 语句是指跳出本次循环。continue 语句用来告诉 Python 跳过当前循环，然后继续进行下一轮循环。continue 语句可以用在 while 和 for 循环中。

示例代码如下：

```
for a in range(5):
    for b in range(5):
        if b == 2:
            continue
        print(b, end = "")
    print("外层循环：", a)
```

输出结果：

```
0 1 3 4 外层循环：0
0 1 3 4 外层循环：1
0 1 3 4 外层循环：2
0 1 3 4 外层循环：3
0 1 3 4 外层循环：4
```

pass 是空语句，其作用是保护程序结构的完整性。pass 不做任何事情，一般用作占位语句。

示例代码如下：

```
for a in range(5):
    if a == 3:
        pass
    print("外层循环：", a)
```

输出结果：

```
外层循环：0
外层循环：1
外层循环：2
外层循环：3
外层循环：4
```

3.3.3 Number 数据类型

关于 Number 数据类型的讲解视频可扫描二维码观看。

Python 中的 Number 数据类型用于存储数值。

数据类型是不允许被改变的，这就意味着如果改变 Number 数据类型的值，将需要重新分配内存空间。

以下示例表示在变量赋值时 Number 对象将被创建。

```
var1 = 10
var2 = 20
```

1. del 语句

del 语句用于删除 Number 对象引用。示例代码如下：

```
var1 = 10
var2 = 20
var3 = 30

print(var1, var2, var3)
del var1
del var2, var3
print(var1, var2, var3)
```

输出结果：

```
10 20 30
Traceback (most recent call last):
    File "D:/Users/Python/PythonSpark/Test.py", line 8, in <module>
    print(var1, var2, var3)
NameError: name 'var1' is not defined
```

2. math 模块

Python 中数学运算常用的函数基本都在 math 模块中，math 模块为浮点数提供了许多数学运算函数。因此，在使用 math 模块前必须先导入 math 模块。

示例代码如下：

```
import math

print(max(1, 2, 30, 4, 5), "找出一组数据中的最大值")
print(min(1, 2, 30, 4, 5), "找出一组数据中的最小值")

print(math.floor(4.9), "截取整数值")
print(math.ceil(4.9), "向上取整")
print(round(3.1456546, 2), "四舍五入,2 代表保留两位小数,默认取整")

print(abs(-10), "返回数字的绝对值")
print(math.fabs(-10), "返回数字的绝对值")

print(math.sqrt(9), "返回指定数字的平方根")
print(math.modf(3.14), "分离指定值的小数与整数")
```

输出结果：

```
30 找出一组数据中的最大值
1 找出一组数据中的最小值
4 截取整数值
5 向上取整
3.15 四舍五入,2代表保留两位小数,默认取整
10 返回数字的绝对值
10.0 返回数字的绝对值
3.0 返回指定数字的平方根
(0.14000000000000012, 3.0) 分离指定值的小数与整数
```

3. random 模块

随机数可以用于数学、游戏、安全等领域中，也经常被嵌入算法中，用以提高算法效率，并提高程序的安全性。

示例代码如下：

```
import random

# 在[0, 9)范围内随机生成一个整数
print(random.choice(range(0, 10)))

# 在[100, 200)范围内随机生成一个整数,步长为10
print(random.randrange(100, 200, 10))

# 在[0, 1)范围内随机生成一个浮点数
print(random.random())

# 在[10, 100)范围内随机生成一个浮点数
print(random.uniform(10, 100))

# 将列表中的所有元素随机排序
a = [1, 7, 4, 5, 6, 7]
print("随机排序前: ", a)
random.shuffle(a)
print("随机排序后: ", a)
```

输出结果(每次结果都随机)：

```
1
130
0.3317805641157606
66.44410419643317
随机排序前: [1, 7, 4, 5, 6, 7]
随机排序后: [6, 1, 4, 7, 5, 7]
```

3.3.4 字符串

关于字符串的讲解视频可扫描二维码观看。

1. 定义访问字符串

字符串是 Python 中最常用的数据类型。创建字符串十分简单，只需为变量分配一个值即可，可以使用单引号或双引号来创建字符串。在 Python 中不支持单字符类型，单字符在 Python 中是作为一个字符串使用的。示例代码如下：

```
a = '学到教育'
b = "www.baidu.com"

# 获取指定字符串的第一个字符
print(a[0])

# 获取指定字符串的最后一个字符
print(a[len(a): 1])

# 获取[4, 10)范围内的字符
print(b[4:10])

# 拼接字符串。Python 中只允许同类型拼接
print(a + b)
print(a, b, sep = "")
```

输出结果：

```
学
育
baidu
学到教育 www.baidu.com
学到教育 www.baidu.com
```

2. 转义符

需要使用特殊字符时，可以在字符串中用转义符(\)进行特殊字符转换，这样 Python 就会将特殊字符当成普通字符使用。

示例代码如下：

```
print("转义反斜杠\\")
print("转义单引号\'")
print("转义双引号\"")
print("转义制表符\\t")
print("转义换行符\\n")
```

输出结果：

```
转义反斜杠\
转义单引号'
转义双引号"
转义制表符\t
转义换行符\n
```

3. 字符串内建函数

以下是 Python 字符串常见内建函数,可以使用 help(str)查看 str 函数库中的函数。

1) find()函数

find()函数用于查询指定字符的索引,包含返回开始的索引值,可指定范围查询。

示例代码如下:

```
d = "www.baidu.com"
# 返回指定字符的索引,如果找到多个字符,则返回第一个字符的索引
print(d.find("w"))
# 指定范围查询
print(d.find("w", 1, len(d): 1))
```

输出结果:

```
0
1
```

2) join()函数

join()函数用于将列中的元素以指定的字符连接生成一个新的字符串。

示例代码如下:

```
a = "-"
b = ("张三", "20", "成都")
print(a.join(b))
```

输出结果:

```
张三-20-成都
```

3) split()函数

split()函数指定分隔符对字符串进行切片,返回集合。

示例代码如下:

```
a = "张三 李四 王五 赵六 孙七 周八"
# 对字符串按空格分隔返回数据集
print(a.split(""))
# 对字符串按空格限次数分隔,返回数据集
print(a.split("", 2))
```

输出结果：

```
['张三', '李四', '王五', '赵六', '孙七', '周八']
['张三', '李四', '王五 赵六 孙七 周八']
```

4）其他常用函数

示例代码如下：

```
a = " Xue Dao "
# 转换为全小写
print(a.lower())
# 转换为全大写
print(a.upper())
# 获取字符串长度
print(len(a))
# 去除左边空格
print(a.lstrip())
# 去除右边空格
print(a.rstrip())
# 替换所有空格为 -
print(a.replace("", "-"))
# 替换 1 次空格为 -
print(a.replace("", "-", 1))
```

输出结果：

```
 xue dao
 XUE DAO
9
Xue Dao
Xue Dao
-Xue-Dao-
-Xue Dao
```

3.3.5 列表

关于列表的讲解视频可扫描二维码观看。

1. 定义列表

序列是 Python 中最基本的数据结构，序列中的每个元素都分配一个索引，第一个索引是 0，第二个索引是 1，以此类推。列表的数据项不需要具有相同的类型，创建一个列表，只要把用逗号分隔的不同的数据项使用方括号括起来即可。

示例代码如下：

```
# 定义字符串列表
a = ["Python", "Java", "C#", "C语句"]

# 定义Number类型列表
b = [1, 2, 3, 4, 5, 6]

# 定义混合类型列表
c = ["张三", 20, "成都"]
print(a, b, c, sep="\n")

# list可以定义一个空列表,也可以将其他可迭代的值转换为列表
d = list()
print("空列表", d)
```

输出结果：

```
['Python', 'Java', 'C#', 'C语句']
[1, 2, 3, 4, 5, 6]
['张三', 20, '成都']
空列表 []
```

2. 访问列表中的值

使用下标索引可以访问列表中的元素值,也可以使用取值范围访问指定范围内的元素值。

示例代码如下：

```
# 定义字符串列表
a = ["Python", "Java", "C#", "C语句"]

# 获取下标为1的元素
print(a[1])

# 获取下标为2到下标为4范围内的元素
print(a[2:4])

# 利用for循环遍历所有元素
for b in a:
    print("for循环遍历结果:", b)
```

输出结果：

```
Java
['C#', 'C语句']
for循环遍历结果: Python
for循环遍历结果: Java
for循环遍历结果: C#
for循环遍历结果: C语句
```

3. 更新、删除列表

列表是可变数据类型，可以通过列表对列表数据进行修改或更新。可以使用 append()方法将元素添加到列表项中，也可以使用 del 语句删除列表中的元素。

示例代码如下：

```
# 定义字符串列表
a = ["Python", "Java", "C#", "C语句"]

# 在 a 列表尾部追加元素
a.append("PHP")
print(a)

# 更新下标为 1 的元素值
a[1] = "Java语言"
print(a)

# 删除指定下标中的元素
del a[2]
print(a)
```

输出结果：

```
['Python', 'Java', 'C#', 'C语句', 'PHP']
['Python', 'Java语言', 'C#', 'C语句', 'PHP']
['Python', 'Java语言', 'C语句', 'PHP']
```

4. 列表操作符

列表中＋和＊操作符与字符串操作符相似。＋用于组合列表，＊用于重复列表。

示例代码如下：

```
# 定义字符串列表
a = ["Python", "Java", "C#", "C语句"]
b = ["Scala", "PHP"]

# 获取 a 列表中元素的个数
print(len(a))

# 组合两个列表，生成新的列表
print(a + b)

# 重复列表
print(a * 3)

# 判断元素是否在集合中
print("Java" in a)
```

输出结果：

```
4
['Python', 'Java', 'C#', 'C语句', 'Scala', 'PHP']
['Python', 'Java', 'C#', 'C语句', 'Python', 'Java', 'C#', 'C语句', 'Python', 'Java', 'C#',
'C语句']
True
```

5. 嵌套列表

嵌套列表即在列表中创建其他列表，类似 Java 中的二维数组。

示例代码如下：

```
a = [["张三", 20, "成都"],
     ["李四", 22, "北京"],
     ["王五", 18, "上海"]]

# 打印列表中所有数据
print(a)

# 打印索引为 0 的列表的所有数据
print(a[0])

# 打印具体元素
print(a[0][0])
```

输出结果：

```
[['张三', 20, '成都'], ['李四', 22, '北京'], ['王五', 18, '上海']]
['张三', 20, '成都']
张三
```

6. 列表常用函数

列表常用函数示例如下：

```
a = [2, 3, 4, 5, 6, 5, 4, 4, 5, 2, 2]
b = [100, 200]
c = (300, 600)

# 统计 5 在列表中出现的次数
print(a.count(5))

# 将 b 列表追加到 a 列表中
a.extend(b)
print(a)
```

```
# 将 c 元组追加到 a 列表中
a.extend(c)
print(a)

# 在 a 列表中找到第一个元素为 5 的下标值
print(a.index(5))

# 将 999 元素值插入下标为 0 的位置
a.insert(0, 999)
print(a)

# 移除最后一个元素
a.pop()
print(a)

# 移除指定位置元素
a.pop(0)
print(a)

# 删除第一个匹配的元素
a.remove(5)
print(a)

# 反转列表中的所有元素
a.reverse()
print(a)

# 从 a 列表中复制一个新列表
d = a.copy()
print(d)

# 清空 a 列表中的所有元素
a.clear()
print(a)
```

输出结果：

```
3
[2, 3, 4, 5, 6, 5, 4, 4, 5, 2, 2, 100, 200]
[2, 3, 4, 5, 6, 5, 4, 4, 5, 2, 2, 100, 200, 300, 600]
3
[999, 2, 3, 4, 5, 6, 5, 4, 4, 5, 2, 2, 100, 200, 300, 600]
[999, 2, 3, 4, 5, 6, 5, 4, 4, 5, 2, 2, 100, 200, 300]
[2, 3, 4, 5, 6, 5, 4, 4, 5, 2, 2, 100, 200, 300]
[2, 3, 4, 6, 5, 4, 4, 5, 2, 2, 100, 200, 300]
[300, 200, 100, 2, 2, 5, 4, 4, 5, 6, 4, 3, 2]
[300, 200, 100, 2, 2, 5, 4, 4, 5, 6, 4, 3, 2]
[]
```

3.3.6　元组

关于元组的讲解视频可扫描二维码观看。

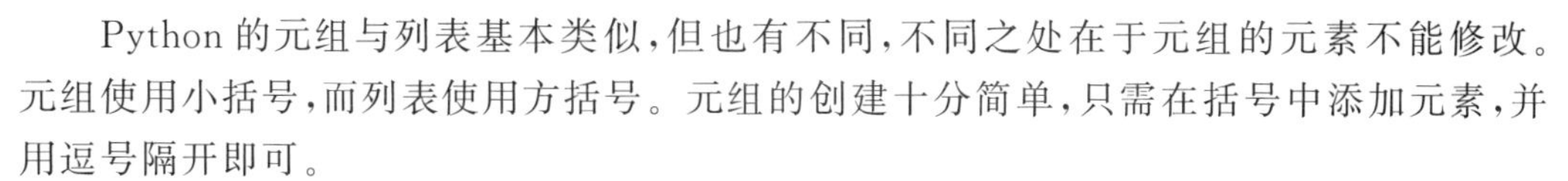

Python 的元组与列表基本类似,但也有不同,不同之处在于元组的元素不能修改。元组使用小括号,而列表使用方括号。元组的创建十分简单,只需在括号中添加元素,并用逗号隔开即可。

1. 定义元组

示例代码如下:

```
# 定义同一类型的元素
a = ("张三", "女", "20")

# 定义不同类型的元素
b = ("张三", "女", 20)

# 元组可以不需要括号
c = "张三", "女", 20

print(a, b, c)
```

输出结果:

```
('张三','女','20') ('张三','女',20) ('张三','女',20)
```

2. 访问元组

可以使用下标索引来访问元组中的值。

示例代码如下:

```
a = ("张三", "女", "20", "成都", "软件开发工程师")

# 获取下标为 0 的值
print(a[0])

# 获取[1, 3)范围内的元组
print(a[1:3])

# 遍历元组数据
for b in a:
    print(b, end = "\t")
```

输出结果:

```
张三
('女', '20')
张三   女   20   成都   软件开发工程师
```

3．修改元组

元组为不可变类型，不允许修改。但是，可以使用+运算符连接两个元组，从而生成另一个新的元组。

示例代码如下：

```
a = ("张三", "女", "20")
b = ("成都", "软件开发工程师")

c = a + b
print(c)
```

输出结果：

```
('张三','女','20','成都','软件开发工程师')
```

4．删除元组

由于元组是不可变类型，因此元组中的元素值是不允许被删除的，但可以使用del语句来删除整个元组。

示例代码如下：

```
a = ("张三", "女", "20")
b = ("成都", "软件开发工程师")

del a
c = a + b
print(c)
```

输出结果：

```
Traceback (most recent call last):
    File "D:/Users/Python/PythonSpark/Test.py", line 5, in <module>
    c = a + b
NameError: name 'a' is not defined
```

5．元组常用内置函数

元组常用内置函数示例如下：

```
a = ("张三", "女", "20", "成都", "软件开发工程师")
b = [1, 2, 4]

# 获取a元组中的元素个数
print(len(a))

# 获取元组中的最大值
print(max(a))

# 获取元组中的最小值
print(min(a))

# 将列表转换为元组
print(tuple(b))
```

输出结果：

```
5
软件开发工程师
20
(1, 2, 4)
```

3.3.7　字典

关于字典的讲解视频可扫描二维码观看。

字典是另一种可变容器，可存储任意类型的对象。字典的每个元素都是键值对，每个元素之间都用逗号分隔，其中键必须是唯一的，但值则不必须唯一。值可以取任何数据类型，但键必须是不可变的，如字符串、数字或元组。

1. 访问字典

把相应的键放入方括号中，可以获取相应的值。

示例代码如下：

```
a = {"name": "张三", "age": 20, "地址": "成都"}
print(a["name"], a["地址"])

b = {1: "成都", 2: "上海", 3: "北京"}
print(b[1], b[3])

c = {(1, 2, 3): "成都", (4, 5, 6): "北京"}
print(c[(1, 2, 3)])
```

输出结果：

```
张三 成都
成都 北京
成都
```

2. 更新字典

更新字典包括对字典中元素的增、删、改操作。示例代码如下：

```
a = {"name": "张三", "age": 20, "地址": "成都"}

# 向字典中添加新值
a["tel"] = "15008208000"
print(a)

# 修改字典中某个元素的值
a["age"] = 30
print(a)

# 删除指定 key 的值
del a["地址"]
print(a)
```

输出结果：

```
{'name': '张三', 'age': 20, '地址': '成都', 'tel': '15008208000'}
{'name': '张三', 'age': 30, '地址': '成都', 'tel': '15008208000'}
{'name': '张三', 'age': 30, 'tel': '15008208000'}
```

3. 字典常用内置函数

以下为字典常用内置函数的示例：

```
a = {"name": "张三", "age": 20, "地址": "成都"}

# 获取字典中元素的个数
print(len(a))

# 复制字典
b = a.copy()
print(b)

# Python 字典中 fromkeys()方法用于创建一个新字典,以序列 seq 中元素作为字典的键,value
# 为字典所有键对应的初始值
c = ("name", "sex", "tel")
d = "初始值"
f = a.fromkeys(c, d)
print(f)
```

```
# get()方法用于返回指定键的值,如果值不在字典中则返回默认值
print(a.get("name"))
print(a.get("name2", "默认值"))

# items()方法用于返回可遍历的元素数组
print(a.items())

# keys()方法用于返回 key 值的可迭代对象,可以使用 list()转换为列表
a2 = a.keys()
print(list(a2))

# values()方法用于返回 values 值的可迭代对象
a3 = a.values()
print(list(a3))

# update()方法用于将一个字典追加到另一个字典中
str2 = {"a":"A", "b":"b"}
a.update(str2)
print(a)

# pop()方法用于删除字典中给定 key 所对应的值
a.pop("name")
print(a)

# 清除字典中所有元素
a.clear()
print(a)
```

输出结果：

```
3
{'name': '张三', 'age': 20, '地址': '成都'}
{'name': '初始值', 'sex': '初始值', 'tel': '初始值'}
张三
默认值
dict_items([('name', '张三'), ('age', 20), ('地址', '成都')])
['name', 'age', '地址']
['张三', 20, '成都']
{'name': '张三', 'age': 20, '地址': '成都', 'a': 'A', 'b': 'b'}
{'age': 20, '地址': '成都', 'a': 'A', 'b': 'b'}
{}
```

3.3.8 集合

关于集合的讲解视频可扫描二维码观看。

集合是一个无序、不重复的元素序列,可以使用花括号创建集合,集合元素只能为不可变类型。

1. 更新集合

可以通过对集合进行增、删、改操作来更新集合。

示例代码如下：

```
a = {"张三", "李四", "张三", "王五"}

# 集合内元素不能重复
print(a)

# 往集合中添加元素
a.add("赵六")
print(a)

# 往指定集合中添加列表
a.update({"孙七", "周八"})
print(a)

# 往指定集合中添加元组
a.update(("孙一一", "周杰"))
print(a)

# 往指定集合中添加字典
a.update({"name": "王伦"})
print(a)

# 不能添加可变类型,如 Number 类型
a.update(1)
print(a)
```

输出结果：

```
TypeError: 'int' object is not iterable
{'李四', '张三', '王五'}
{'李四', '张三', '赵六', '王五'}
{'张三', '赵六', '王五', '孙七', '李四', '周八'}
{'张三', '赵六', '孙一一', '王五', '孙七', '周杰', '李四', '周八'}
{'张三', '王五', '周八', '周杰', '李四', '赵六', '孙一一', '孙七', 'name'}

Traceback (most recent call last):
    File "D:/Users/Python/PythonSpark/Test.py", line 23, in <module>
    a.update(1)
Process finished with exit code 1
```

2. 移除元素

示例代码如下：

```
a = {"张三", "李四", "张三", "王五"}

# remove()用于从集合中移除指定的元素,如果元素不存在,则会发生错误
a.remove("张三")
print(a)

# discard()用于从指定集合中移除指定的元素,如果元素不存在,则不会发生错误
a.discard("张三三")
print(a)

# pop()用于设置随机删除集合中的一个元素,集合的 pop()方法会对集合进行无序的排序,然后
# 将这个无序排序的第一个元素删除
a.pop()
print(a)
```

输出结果：

```
{'王五', '李四'}
{'王五', '李四'}
{'李四'}
```

3. 集合常用内置函数

以下为集合常用内置函数的示例：

```
a = {"张三", "李四", "张三", "王五"}
b = {"李四", "王一一"}

# union()用于返回两个集合的并集
print(a.union(b))

# intersection()用于返回两个集合的交集
print(a.intersection(b))

# copy()用于复制一个集合
c = a.copy()
print(c)

# clear()用于清空指定集合
a.clear()
print(a)
```

输出结果：

```
{'王一一', '王五', '张三', '李四'}
{'李四'}
{'李四', '王五', '张三'}
set()
```

3.3.9 函数

关于函数的讲解视频可扫描二维码观看。

函数是组织好的、可重复使用的、用来实现单一或相关联功能的代码段。函数能提高模块的应用和代码的重复利用率。Python 提供了许多内建函数，如 print()。用户也可以自己创建函数，这样的函数被称为用户自定义函数。

用户定义一个自己想要功能的函数时，需要遵循下列规则。

（1）函数代码块以 def 关键词开头，后接函数标识符名称和圆括号。

（2）任何传入的参数和自变量必须放在圆括号中间，圆括号之间可以定义参数。

（3）函数内容以冒号起始，并且缩进。

（4）return[表达式]结束函数，选择性返回一个值给调用方。不带表达式的 return 语句相当于返回 None。

（5）方法与方法要间隔 2 行。

1. 函数的语法

一个函数由名字、参数和函数体 3 个部分组成。

Python 定义函数时使用 def 关键字，格式如下：

```
def 函数(参数列表):
    函数体
```

PyCharm 编译工具要求 Python 中的方法与方法的间隔为 2 行。示例代码如下：

```
def method1():
    print("无参函数")


def method2(a):
    print("有一个参数函数,参数值为:", a)


def method3(a, b, c):
    print("多个参数函数,参数值为:", a, b, c, end = "\t")


# 调用函数
method1()
method2("Python")
method3("Python", 88, "基础语言")
```

输出结果：

```
无参函数
有一个参数函数,参数值为: Python
多个参数函数,参数值为: Python 88 基础语言
```

2. 函数调用

定义一个函数时需要给函数一个名称，可指定函数中的接收参数和代码块结构。这个函数的基本结构完成以后，用户可以通过另一个函数调用执行，也可以直接通过 Python 的命令提示符执行。

示例代码如下：

```
def method1():
    print("无参函数")
    # 在函数中调用另一个函数
    method2("测试")


def method2(a):
    print("有一个参数函数,参数值为: ", a)


# 调用函数
method1()
```

输出结果：

```
无参函数
有一个参数函数,参数值为: 测试
```

3. 变量

函数中的变量不能跨区域使用。如图 3.29 所示，在函数外调用函数内的变量时，将出现该变量的作用域错误的问题，这时 a 变量在方法内，称为局部变量。局部变量的作用域在该方法内。

变量定义在方法外的变量称为全局变量。全局变量在整个 .py 文件中均有效，如图 3.30 所示。

```
def method1():
    a = 10
    b = 20
    return a * b


print("被调用的函数返回值: ", method1())
print("调用method1()中的a值: ", a)
```

图 3.29　局部变量示例

```
def method1():
    b = 20
    return a * b


a = 10
print("被调用的函数返回值: ", method1())
print("调用method1()函数中的a值: ", a)
```

图 3.30　全局变量示例

4. 设置默认值

函数除了定义标准的参数外还有一些特殊的传参方式，例如设置参数默认值、设置不定长参数。

可以通过设置参数默认值从而设置指定传参的默认值，没有传入该参数时，将使用它的默认值。

示例代码如下：

```
def method(name, age = 20):
    print(name, age)


method("张三", 33)
method("李四")
```

输出结果：

```
张三 33
李四 20
```

5. 设置不定长参数

用户如果需要使用一个函数处理更多的参数时，可将其定义为不定长参数。不定长参数允许传入多个参数，这些参数将以元组形式存在。

示例代码如下：

```
def method(name, age = 20, * score):
    print(name, age, score)


method("张三", 33)
method("李四")
method("张三", 30, "A", 98.5, 10)
```

输出结果：

```
张三 33 ()
李四 20 ()
张三 30 ('A', 98.5, 10)
```

6. return 语句

return 语句用于结束方法或返回值。

示例代码如下：

```
def method():
    for val in range(5):
        if val == 3:
```

```
            print("结束整个方法")
            return
        else:
            print("打印值: ", val)


method()


def method2(a, b):
    return a + b


print("返回结果值: ", method2(10, 20))
```

输出结果：

```
打印值: 0
打印值: 1
打印值: 2
结束整个方法
返回结果值: 30
```

3.3.10 模块

关于模块的讲解视频可扫描二维码观看。

Python 的流行主要得益于其有众多功能强大的库，Python 自带的标准库(standard library)可以满足大多数用户的基本需求。除了函数库以外，模块(module)和包(package)也常被提及。

Python 可以把定义的所有方法和变量存放在文件中，为一些脚本或者交互式的解释器实例所使用，这个文件被称为模块。

模块包含所有被定义的函数和变量的文件，其扩展名是.py。

模块可以被其他程序引入，以使用该模块中的函数等功能。引入模块有以下两种方法：

(1) import 包.模块。

(2) form 包 import 模块。

1. 使用模块

以下例子使用 Python 标准库中的 sys 模块，结果如图 3.31 所示。

```
test.py
import sys

print("输入的结果: ")
for i in sys.argv:
    print(i)
```

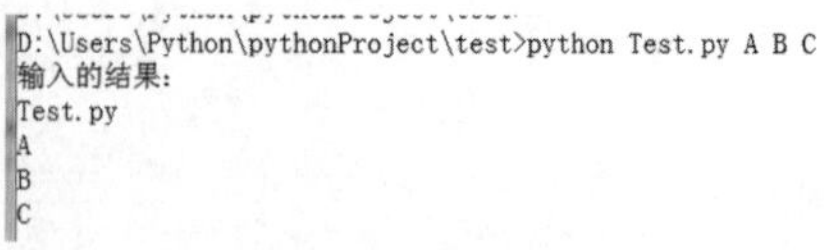

```
D:\Users\Python\pythonProject\test>python Test.py A B C
输入的结果:
Test.py
A
B
C
```

图 3.31　sys 模块

上述代码中 import sys 引入 Python 标准库中的 sys 模块。sys. argv 用于查询当前文件在本地的位置。

2. import 语句

要使用 Python 源文件，只需要在另一个源文件中执行 import 语句即可。语法如下所示。

```
import module1[,module2[,… moduleN]
```

其中，import 关键字表示导入指定模块文件，当解释器遇到 import 语句后，解释器会首先执行 import 后面指定的模块文件，并为该模块文件分配一个命名空间用于进一步使用。

3. 搜索路径

搜索路径是在 Python 编译或安装时确定的，搜索路径被存储在 sys 模块中的 path 变量中。

导入模块时，搜索引擎将在 sys. path 路径中进行搜索。如果在指定路径中搜索到要导入的包便将包导入，如果搜索不到则将会报错，如图 3.32 所示。

```
test.py
import sys

listVal = sys.path
for val in listVal:
    print("搜索路径: ", val)
```

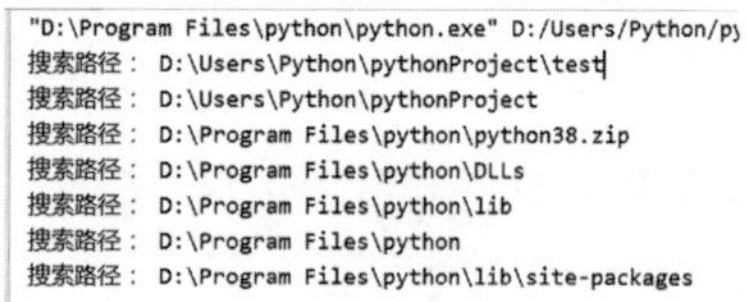

```
"D:\Program Files\python\python.exe" D:/Users/Python/py
搜索路径： D:\Users\Python\pythonProject\test
搜索路径： D:\Users\Python\pythonProject
搜索路径： D:\Program Files\python\python38.zip
搜索路径： D:\Program Files\python\DLLs
搜索路径： D:\Program Files\python\lib
搜索路径： D:\Program Files\python
搜索路径： D:\Program Files\python\lib\site-packages
```

图 3.32　搜索路径

4. form…import 语句

from…import 语句除了导入指定模块中的单个函数外，还可以导入多个函数或全部函数。

导入多个函数的示例代码如下：

```
test.py
from db.student import study, sleep

print(study("李四"))
print(sleep("张三"))
```

导入全部函数的示例代码如下：

```
test.py
from db.student import *

print(student("李四"))
print(student("张三"))
```

5. __name__属性

__name__是一个变量，前后加两个下画线是因为这是系统定义的名字（普通变量不要使用该方式命名变量）。

__name__系统变量分以下两种情况。

第一种：假如当前模块是主模块，那么此模块名字就是__name__，可通过 if 判断来执行 if 中的语句块，类似于 Java 中的 main()方法。

第二种：假如如此模块是被 import 导入的模块，那么此模块名字为文件名字，通过 if 判断就会跳过__main__后面的内容。

通过上面的方式，Python 可以分清楚哪些是主函数，进行函数执行，并且可以调用其他模块的各个函数等。

一个模块被另一个程序第一次引入时，其主程序将运行。如果想在模块被引入时模块中的某一程序块不执行，可以用__name__属性使该程序块仅在该模块自身运行时执行。

```
test.py
from db.student import *

print(study("李四"))

student.py
def study(name):
    val = name + "在学习"
    return val


def sleep(name):
    return name + "在睡觉"
```

```
if __name__ == "__main__":
    print(sleep("王一一"))
```

加上__name__属性后，在 test.py 运行时，sleep("王一一")将不会运行，只在 student.py 中，它才会运行。

每个模块都有一个__name__属性，当其值是__main__时，表明该模块自身在运行，否则被引入。

6. 包

包是一种管理 Python 模块命名空间的形式，采用".模块名称"的形式。

在导入一个包时，Python 会根据 sys.path 中的目录来寻找这个包中所包含的子目录。

目录只包含一个__init__.py 的文件时才会被认作是一个包，该文件为一个空文件即可，不需要进一步操作。

用户可以每次只导入一个其中的特定模块。示例代码如下：

```
import db.student
print(db.student.study("李四"))


import db.student as st
print(st.study("李四"))
```

还有一种导入子模块的方法。示例代码如下：

```
from db.student import study

print(study("李四"))


from db import student

print(student.study("李四"))
```

3.3.11 类和对象

关于类和对象的讲解视频可扫描二维码观看。

Python 设计之初就是一种面向对象的语言。正因如此，在 Python 中创建一个类和对象十分容易。

在计算机的世界中，对象是一个十分重要的概念。对象是程序组织代码的方法，它可以将复杂的想法拆分开，使其变得容易被理解。

在 Python 中，对象是由类定义的，可以把类当成一种把对象分组归类的方法。

Python 中的类提供了面向对象编程的所有基本功能：类的继承、封装和多态。

案例：通过一个人要开车从 A 点到 B 点比较面向对象与面向过程的区别。

面向过程方式如图 3.33 所示。

图 3.33 面向过程方式

面向对象方式如图 3.34 所示。

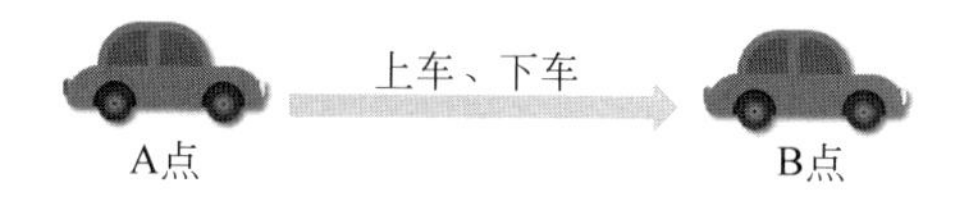

图 3.34 面向对象方式

1. 类与对象

在 Java 的世界中，万物皆对象，对象是类的一个实例，它有状态和行为。

类是一个模板，它描述一类对象的行为和状态，对象是具体的事物；类是对于对象的抽象；类可以看成一类对象的模板，对象可以看成该类的一个具体实例；类是用于描述同一类型对象的一个抽象概念，类则是定义了这一类对象所应具有的共同属性和方法。

例如，一条狗是一个对象。它的属性为颜色、名字、品种，行为为叫、吃、跑、摇尾巴。

类与对象的关系示例如图 3.35 所示。

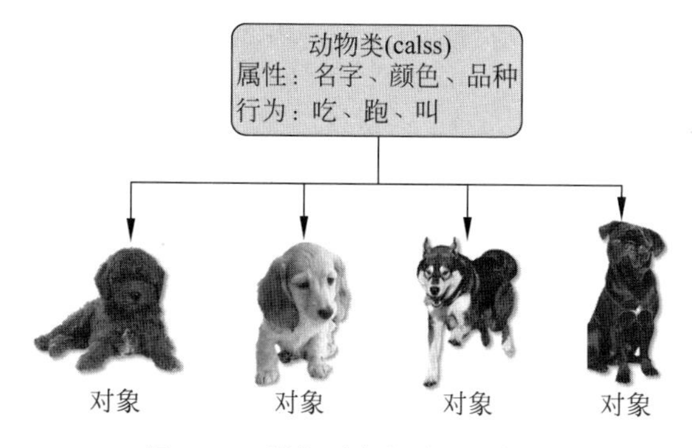

图 3.35 类与对象的关系示例图

2. 面向对象的特性

对象是模拟真实世界，对数据和程序进行封装。

```
对象 = 属性 + 方法
```

需要用类来创建一个对象，就像要用图纸来造房子一样。

面向对象编程的3大特性是封装、继承、多态。

(1) 封装：把自己的属性和行为封装起来，并提供公共接口给调用者使用。

(2) 继承：子类对父类的继承，子类拥有父类的属性和行为。

(3) 多态：父类在子类中的多种形态。

3. 类的定义

类是一个独立存储属性和方法的空间，可使用运算符"."来调用类的属性和方法。示例代码如下：

```
class Person:
    name = "张三"
    sex = "女"
    age = 20

    def eat(self):
        print(self.name, "在吃饭")


# 调用类
a = Person()
print(a.name)
a.eta()
```

输出结果：

```
张三
张三   在吃饭
```

3.3.12 封装

关于封装的讲解视频可扫描二维码观看。

面向对象编程的一个重要特征就是数据封装。封装是把内部细节私有化，通过公共接口把入口和出口暴露出去来实现封装效果。

示例代码如下：

```
class Person:
    __name = "张三"
    __age = 18

    # 封装细节的方法
    def __privateMethod(self):
        return [self.__name, self.__age]

    # 暴露给调用者
    def method(self):
```

```
        return self.__privateMethod()


p = Person()
print(p.method())
```

输出结果：

```
['张三',18]
```

1. 私有属性

Python 默认的方法和成员变量都是公开的，Python 的私有属性和方法并没有像其他语言一样用 public、private 等关键词来修饰。

不加任何下画线表示公开变量，它的作用域在整个项目中均有效，例如，x ="变量"。

双下画线(__)表示私有变量，只有内部可以访问，外部不可以访问，例如，__xx ="私有变量"。

示例代码如下：

```
class Person:
    name = "张三"                    # 公开属性
    __age = 18                       # 私有属性


p = Person()
print("公开属性类外可以调用: ", p.name)
print("私有属性类外不可以调用: ", p.__age)
```

输出结果：

```
公开属性类外可以调用: 张三
Traceback (most recent call last):
    File "D:/Users/Python/PythonSpark/Test.py", line 8, in <module>
    print("私有属性类外不可以调用: ", p.__age)
AttributeError: 'Person' object has no attribute '__age'
```

注意，当使用 PyCharm 进行 Python 开发时，如果需要在类中定义方法，若该方法不涉及对属性的操作，那么 PyCharm 会提示 Method xxx may be 'static'。因为 PyCharm 会认为该方法是一个静态方法，而不是类方法，所以提示在该方法前添加@staticmethod 装饰器进行装饰。

2. self

self 代表类的实例。类的方法与普通的函数只有一个特殊的区别，它们必须有一个额外的第一个参数名称，按照惯例它的名称是 self。

示例代码如下：

```
class Test:
    def prt(self):
        print(self)


t = Test()
t.prt()

t2 = Test()
t2.prt()
```

输入结果：

```
<__main__.Test object at 0x0000000001DD9400>
<__main__.Test object at 0x0000000001DE4550>
```

从执行结果可以很明显地看出，self 代表的是类的实例，代表当前对象的地址。

3.3.13 构造函数

关于构造函数的讲解视频可扫描二维码观看。

构造函数也称为构造器，是创建对象时会被自动调用的。系统默认将提供一个无参的构造函数。

因为类可以起到模板的作用，所以在创建实例时，可以把一些自认为必须绑定的属性强制写进去。通过定义一个特殊的__init__()方法，在创建实例时，对属性进行赋值，称为初始化。

构造函数有以下特点：

(1) 在一个类中，只能定义一个结构函数。

(2) 重新定义结构函数时可以使用__init__(self,arg1,arg2,…)函数。

(3) arg1,arg2,…是传入的形参，用于初始化成员变量。

(4) 在构造函数中定义的变量为成员变量(全局变量)，可以在类中任意一处使用。例如，self.name = "小猫咪"。

(5) 在对象被创建时自动调用构造函数。

1. 默认构造函数

示例代码如下：

```
class Person:
    def __init__(self):
        print("无参构造函数是默认方式")
```

```
# 创建对象时调用无参构造函数
Person()
```

输出结果：

```
无参构造函数是默认方式
```

2. 有参构造函数

示例代码如下：

```
class Person:
    def __init__(self, name):
        print(f"姓名：{name}")


Person("张三")
```

输出结果：

```
姓名：张三
```

3. 使用结构函数中的全局变量

示例代码如下：

```
class Person:
    def __init__(self, name):
        self.name = name

    def sleep(self):
        return f"{self.name}在睡觉"


p = Person("张三")
print(p.sleep())
```

输出结果：

```
张三在睡觉
```

4. 传入不定长参数

示例代码如下：

```
class Person:
    def __init__(self, *val):
        self.val = val

    def sleep(self):
        return self.val


p = Person("张三", "李四", "王五")
print(p.sleep())
```

输出结果：

```
('张三', '李四', '王五')
```

3.3.14 继承

关于继承的讲解视频可扫描二维码观看。

继承指的是类与类之间的关系，用来解决代码重用问题。继承有以下特点。

(1) 定义继承可直接在类名的括号中进行，只需加上所要继承的类即可。例如：

```
class Student(Person):
```

(2) 在 Python 中被继承的类称为父类，继承的类称为子类。

(3) 在 Python 中允许多继承。

(4) 在继承中，子类拥有父类中的成员变量和成员函数。

(5) 如果子类中定义了与父类中相同的函数名，这种方式称为重写。

(6) 如果子类继承抽象类，抽象类中有抽象函数，则子类必须重写。

继承的示例代码如下：

```
class Person:
    name = ""

    def eat(self):
        return self.name + "在吃东西"


class Student(Person):
    def study(self):
        return self.name + "在学习"


s = Student()
s.name = "张三"
print(s.eat())
print(s.study())
```

输出结果：

```
张三在吃东西
张三在学习
```

1. 导入模块

import 关键字可以在不同的包中导入指定模块，实现继承关系。项目结构如图 3.36 所示。

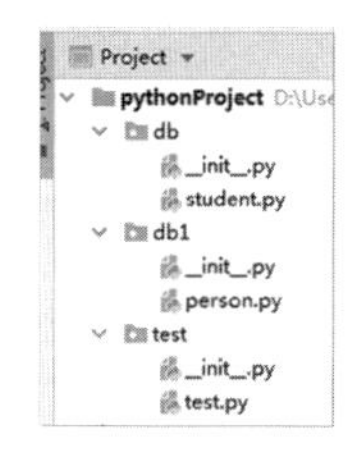

图 3.36 项目结构

示例如下：

```
person.py
class Person:
    def eat(self):
        return "吃东西"


student.py
import db1.person as p

class Student(p.Person):
    __name = "王一"

def sleep(self):
    return self.__name


test.py
from db import student

a = student.Student()
# 公共方法或变量可以调用
print(a.sleep())
# 调用父类中的方法
print(a.eat())
```

2. 多继承

Python 与 Java 不同，Python 支持多继承，即一个类继承多个类的属性与行为。

示例代码如下：

```
class Person:
    name = ""

    def eat(self):
        return self.name + "在吃东西"


class Animal:
    def sleep(self):
        return "在睡觉"


class Student(Person, Animal):
    def study(self):
        return self.name + "在学习"


s = Student()
s.name = "张三"
print(s.eat())
print(s.study())
print(s.name, s.sleep())
```

输出结果：

```
张三在吃东西
张三在学习
张三 在睡觉
```

3. 方法重写

如果用户的父类方法功能不能满足用户的需求，用户可以在子类中重写父类中的方法，称为方法重写。

示例代码如下：

```
class Person:
    name = ""

    def eat(self):
        return self.name + "在吃东西"
```

```
class Student(Person):
    def eat(self):
        return self.name + "在学校食堂里吃东西"


s = Student()
s.name = "张三"
print(s.eat())
```

输出结果：

```
张三在学校食堂里吃东西
```

4. super()函数

super()函数是用于调用父类的一个方法。

示例代码如下：

```
class Person:
    name = ""

    def eat(self):
        return self.name + "在吃东西"

class Student(Person):
    def eat(self):
        return self.name + "在学校食堂里吃东西"

    def test(self):
        return super().eat()


s = Student()
s.name = "张三"
print(s.test())
```

输出结果：

```
张三在吃东西
```

5. 重写构造函数

子类可以没有构造函数，此时表示子类同父类的构造函数一致。

示例代码如下：

```
class Person:
    def __init__(self):
        print("父类中的构造函数")


class Student(Person):
    pass


Student()
```

输出结果：

```
父类中的构造函数
```

子类可以重写构造函数。示例代码如下：

```
class Person:
    def __init__(self):
        print("父类中的构造函数")


class Student(Person):
    def __init__(self, name):
        super().__init__()
        print("重写父类中的构造函数", name)


Student("张三")
```

输出结果：

```
父类中的构造函数
重写父类中的构造函数 张三
```

3.3.15 异常

关于异常的讲解视频可扫描二维码观看。

Python 有两种错误很容易辨认：语法错误和异常。

语法错误或者称为解析错误，是初学者经常遇到的错误。语法错误是语法上的错误，通常表现为少冒号、关键字输错，这类错误在解析前会由解析器进行自动检查。

异常就是一个事件，该事件会在程序执行的过程中发生，并影响程序的正常执行。

例如，下例会出现多种不同的异常。

```
# 下标越界异常
a = (1, 2, 5)
try:
    print(a[5])
except IndexError as e:
    print("下标越界", e)

# 值转换错误异常
s = "3.14"
try:
    i = int(s)
except ValueError as e:
    print("值转换错误", e)


# key值错误异常
a = {"name": "张三", "age": 20}
try:
    print(a["name1"])
except KeyError as e:
    print("key值错误异常", e)


# 分母为0异常
try:
    a = 10
    b = 0
    c = a / b
except ZeroDivisionError as e:
    print("分母不能为零: ", e)
```

输出结果：

```
下标越界 tuple index out of range
值转换错误 invalid literal for int() with base 10: '3.14'
key值错误异常 'name1'
分母不能为零: division by zero
```

1. 异常处理

异常捕捉可以使用 try…except 语句。

语法格式如图 3.37 所示。

首先，执行 try 子句，如果没有异常发生，则忽略 except 子句，try 子句执行后结束程序的执行。如果在执行 try 子句的过程中发生异常，那么 try 子句余下的部分将被忽略，执行 except 子句中的语句。如果异常的类型和 except 之后的名称相符，那么对应的

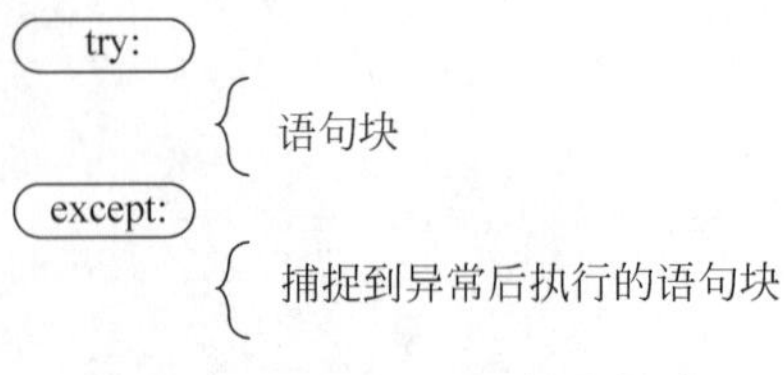

图 3.37　try…except 语法格式

except 子句将被执行。如果一个异常没有与任何 except 子句匹配，那么这个异常将会被传递到上层的 try 子句中。

2. 处理多个异常

一个 try 语句可能包含多个 except 子句，分别处理不同的特定的异常，最多只有一个分支会被执行。

处理程序将只针对对应的 try 子句中的异常进行处理，而不是其他 try 子句中的处理程序的异常。

示例代码如下：

```
while True:
    try:
        x = int(input("请输入一个数字: "))
        val = 10 / x
        print("结果: ", val)
    except ValueError as e:
        print("你输入的不是数字,错误码为: ", e)
    except ZeroDivisionError as e:
        print("分母不能为零,错误码为: ", e)
```

输出结果：

```
请输入一个数字:0
分母不能为零,错误码为: division by zero
请输入一个数字:ddf
你输入的不是数字,错误码为: invalid literal for int() with base 10: 'ddf'
请输入一个数字:0
分母不能为零,错误码为: division by zero
请输入一个数字:
```

3. else 语句

如果没有错误发生，则可以在 except 语句块后面加一个 else 语句。当没有错误发生时，会自动执行 else 语句。

示例代码如下：

```
while True:
    try:
        x = int(input("请输入一个数字: "))
        val = 10 / x
        print("结果: ", val)
    except ValueError as e:
        print("你输入的不是数字,错误码为: ", e)
    except ZeroDivisionError as e:
        print("分母不能为零,错误码为: ", e)
    else:
        print("系统正常,没有异常")
```

输出结果:

```
请输入一个数字: 8
结果: 1.25
系统正常,没有异常
请输入一个数字:
```

4. finally 语句

finally 语句是最终语句,表示无论如何都要执行。如果加上了 finally 语句,不管 except 语句是否被执行,finally 语句都将会被执行。

在 try…except…finally 中,finally 语句可以省略,也可以加上,但只能有一个 finally 语句。

示例代码如下:

```
while True:
    try:
        x = int(input("请输入一个数字: "))
        val = 10 / x
        print("结果: ", val)
    except ValueError as e:
        print("你输入的不是数字,错误码为: ", e)
    except ZeroDivisionError as e:
        print("分母不能为零,错误码为: ", e)
    else:
        print("系统正常,没有异常")
    finally:
        print("无论如何都执行")
```

输出结果:

```
请输入一个数字: 8
结果: 1.25
系统正常,没有异常
```

```
无论如何都执行
请输入一个数字: 0
分母不能为零,错误码为: division by zero
无论如何都执行
请输入一个数字:
```

5. Exception 异常

Python 的错误其实也是类，所有的错误类型都继承自 Exception，所以在使用 Exception 时需要注意，它不但能够捕获该类型的错误，还能把子类也"一网打尽"。

示例代码如下：

```
while True:
    try:
        x = int(input("请输入一个数字: "))
        val = 10 / x
        print("结果: ", val)
    except Exception as e:
        print("Exception 异常: ", e)
    except ValueError as e:
        print("你输入的不是数字,错误码为: ", e)
    except ZeroDivisionError as e:
        print("分母不能为零,错误码为: ", e)
    else:
        print("系统正常,没有异常")
    finally:
        print("无论如何都执行")
```

输出结果：

```
请输入一个数字: 0
Exception 异常: division by zero
无论如何都执行
请输入一个数字: dd
Exception 异常: invalid literal for int() with base 10: 'dd'
无论如何都执行
请输入一个数字:
```

上述例子中，Exception 异常出现在 ValueError 和 ZeroDivisionError 异常之前。由于 Exception 异常是所有异常的父类，因此，在 Exception 异常时就会被拦截。后面的 ValueError 和 ZeroDivisionError 异常不会被执行。由于 Exception 异常父类的特性，在实践中，Exception 异常一般用于所有异常之后，用来拦截没有考虑到位的异常，从而保证系统的安全性。

6．抛出异常

抛出异常是指自己不处理异常，使用 raise 语句将异常抛出去，由调用者自己处理。Python 使用 raise 语句抛出一个指定的异常。raise 语句是唯一一个参数指定的要抛出的异常，它必须是一个异常的实例或异常类。

示例代码如下：

```
def sex():
    a = input("请输入性别：")
    if a != "男" and a != "女":
        raise Exception("抛出异常")
    print(a)


try:
    sex()
except Exception as e:
    print("异常信息：", e)
```

输出结果：

```
请输入性别：公
异常信息：抛出异常
```

7．自定义异常

可以通过创建一个新的异常类从而拥有自己的异常，自定义异常类可以继承自 Exception 类，可以直接继承也可以间接继承。

示例代码如下：

```
class GenderException(Exception):
    pass


# 定义 sex()函数
def sex():
    a = input("请输入性别：")
    if a != "男" and a != "女":
        raise GenderException("性别不详")
    print(a)


try:
    sex()
except GenderException as e:
    print("异常信息：", e)
```

输出结果：

```
请输入性别：公
异常信息：性别不详
```

3.3.16 操作 MySQL

关于操作 MySQL 的讲解视频可扫描二维码观看。

1. 安装连接 MySQL 的驱动

MySQL 是最流行的关系数据库管理系统，Python 连接到 MySQL 数据库就需要安装 MySQL 官方提供的 mysql-connector 驱动。

mysql-connector 驱动可以通过 pip 命令进行安装，如图 3.38 所示。

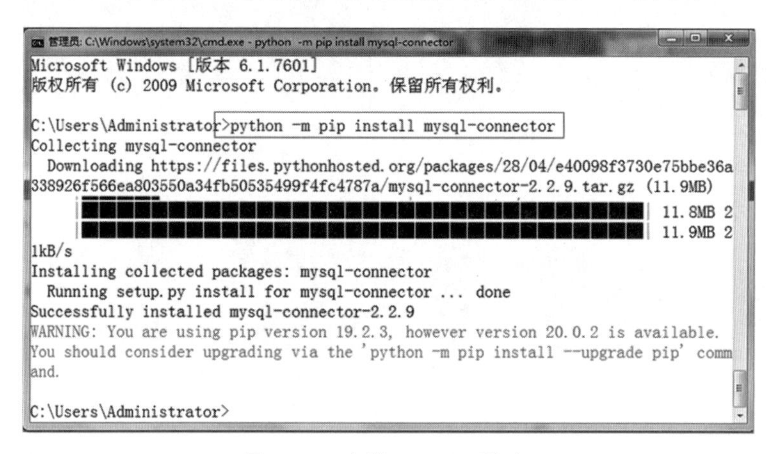

图 3.38 安装 MySQL 驱动

2. 创建数据库连接

示例代码如下：

```
import mysql.connector as my

# 第一步：建立数据库连接
mydb = my.connect(
    host = "localhost",   # 连接地址
    user = "root",        # 用户
    password = "123456"   # 密码
)

myCursor = mydb.cursor()

# 第二步：执行数据库操作，创建数据库
myCursor.execute("create database xuedao charset = utf8")
```

执行结果如图 3.39 所示。

3. 创建数据表

创建数据表需要使用 create table 语句。在创建数据表前，需要确保数据库已经存在。以下创建一个名为 student 的数据表。

示例代码如下：

```
import mysql.connector as my

# 第一步：如果直接连接数据库，可以把数据库写到 connect()中
mydb = my.connect(
    host = "localhost",   # 连接地址
    user = "root",        # 用户
    password = "123456",  # 密码
    database = "xuedao"
)

myCursor = mydb.cursor()

# 第二步：执行数据库操作，创建数据库
myCursor.execute(
    create table student (
        name varchar(50),
        sex varchar(20),
        age int
    )
)
```

执行结果如图 3.40 所示。

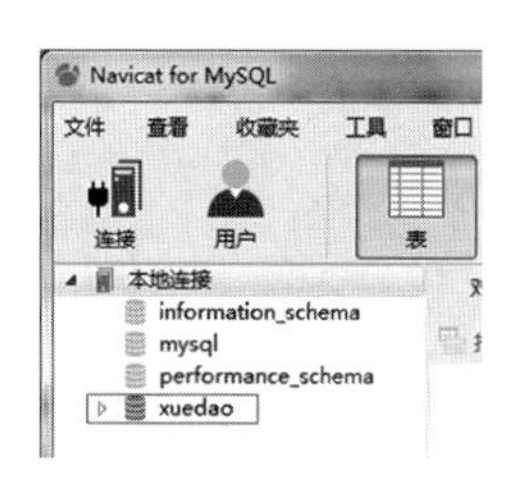

图 3.39 创建数据库连接执行结果

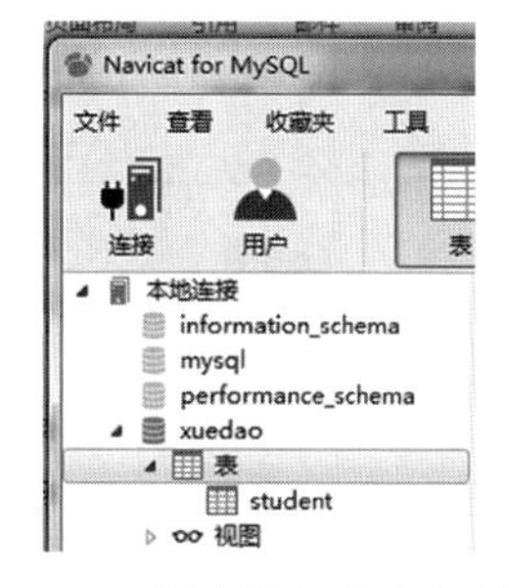

图 3.40 创建数据表执行结果

4. 插入数据

插入数据使用 insert into 语句，其中%s 是占位符，它与第二个参数中、元组中的元素位置匹配。

示例代码如下：

```
import mysql.connector as my

# 第一步：如果直接连接数据库,可以把数据库写到connect()中
mydb = my.connect(
    host = "localhost",  # 连接地址
    user = "root",       # 用户
    password = "123456", # 密码
    database = "xuedao"
)

myCursor = mydb.cursor()
# 第二步：插入一条数据到数据表
sql = "insert into student values( %s, %s, %s)"
dataVal = ("李四", "女", 18)
myCursor.execute(sql, dataVal)
# 第三步：提交数据到数据库
mydb.commit()
```

执行结果如图3.41所示。

5. 批量插入数据

批量插入数据使用executemany()方法,该方法的第二个参数是一个元组列表,包含所要插入的数据。

示例代码如下：

```
import mysql.connector as my

# 第一步：如果直接连接数据库,可以把数据库写到connect()中
mydb = my.connect(
    host = "localhost",  # 连接地址
    user = "root",       # 用户
    password = "123456", # 密码
    database = "xuedao"
)

myCursor = mydb.cursor()

# 第二步：插入一条数据到数据库
sql = "insert into student values( %s, %s, %s)"
dataVal = [("张一", "女", 8),
           ("张二", "男", 28),
           ("张三", "女", 31),
           ("张四", "女", 22),
           ("张五", "男", 19),]

# 第三步：使用executemany()方法执行批量插入
myCursor.executemany(sql, dataVal)
# 第四步：提交数据到数据库
mydb.commit()
```

执行结果如图 3.42 所示。

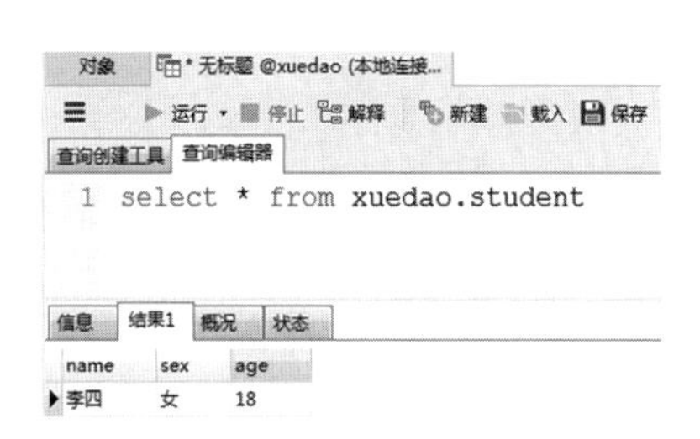

图 3.41 插入数据执行结果

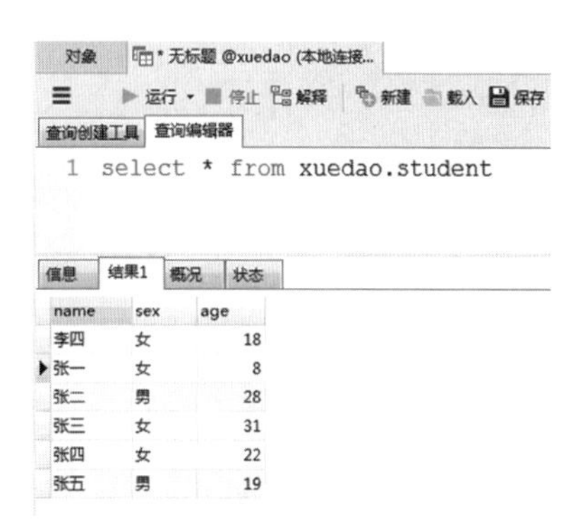

图 3.42 批量插入数据执行结果

6. 查询数据

查询数据使用 select 语句。

示例代码如下：

```
import mysql.connector as my

# 第一步: 如果直接连接数据库,可以把数据库写到 connect()中
mydb = my.connect(
    host = "localhost",     # 连接地址
    user = "root",          # 用户
    password = "123456",    # 密码
    database = "xuedao"
)

myCursor = mydb.cursor()

# 第二步: 获取全部数据
sql = "select * from student"

# 第三步: 使用 execute()执行数据查询
myCursor.execute(sql)
result = myCursor.fetchall()

# 第四步: 遍历数据结果集
print("全表输出: ")
for a in result:
    print(a[0].decode("utf-8"), a[1].decode("utf-8"), a[2])

print()
# 转出指定字段
sql2 = "select name, sex from student"
```

```
myCursor.execute(sql2)
result2 = myCursor.fetchall()
print("指定字段输出:")
for a in result2:
    print(a[0].decode("utf-8"), a[1].decode("utf-8"))


print()
# 读取第一条数据
sql3 = "select * from student"
myCursor.execute(sql3)
result3 = myCursor.fetchone()
print(result3[0], result3[1], result3[2])
```

输出结果:

```
全表输出:
李四 女 18
张一 女 8
张二 男 28
张三 女 31
张四 女 22
张五 男 19

指定字段输出:
李四 女
张一 女
张二 男
张三 女
张四 女
张五 男

bytearray(b'\xe6\x9d\x8e\xe5\x9b\x9b') bytearray(b'\xe5\xa5\xb3') 18
```

7. where 语句

如果要读取指定条件的数据,可以使用 where 语句。

```
import mysql.connector as my

# 第一步:如果直接连接数据库,可以把数据库写到 connect()中
mydb = my.connect(
    host = "localhost",   # 连接地址
    user = "root",        # 用户
    password = "123456",  # 密码
    database = "xuedao"
)

myCursor = mydb.cursor()
```

```
sql = "select * from student where name = '张一'"

myCursor.execute(sql)
result = myCursor.fetchall()
for a in result:
    print(a[0].decode("utf-8"), a[1].decode("utf-8"), a[2])

# 第二步：可以使用通配符 % 进行模糊查询
print()
sql2 = "select * from student where name like '%张%'"
myCursor.execute(sql2)
result2 = myCursor.fetchall()
for a in result2:
    print(a[0].decode("utf-8"), a[1].decode("utf-8"), a[2])
```

输出结果：

```
张一 女 8

张一 女 8
张二 男 28
张三 女 31
张四 女 22
张五 男 19
```

为了防止数据库查询发生 SQL 注入的攻击，可以使用%s 占位符来转义查询的条件。

execute()执行时需要传入两个参数：第一个是参数化的 SQL 语句；第二个是对应的实际参数值。函数内部会对传入的参数值进行相应的处理，以防止 SQL 注入。传入一个列表之后，MySQLdb 模块内部会将列表序列化成一个元组，然后调用 escape()函数把注入的 SQL 按空格分隔后，将正确的值赋给 SQL 语句。

示例代码如下：

```
import mysql.connector as my

mydb = my.connect(
    host = "localhost",    # 连接地址
    user = "root",         # 用户
    password = "123456",   # 密码
    database = "xuedao"
)

myCursor = mydb.cursor()

sql = "select * from student where name like %s"
data = ("%张%", )
myCursor.execute(sql, data)
result = myCursor.fetchall()
for a in result:
    print(a[0].decode("utf-8"), a[1].decode("utf-8"), a[2])
```

输出结果：

```
张一 女 8
张二 男 28
张三 女 31
张四 女 22
张五 男 19
```

8. 排序

查询结果排序可以使用 order by 语句，默认的排序方式为升序，关键字为 asc，如果要设置降序排序，可以设置关键字 desc。

示例代码如下：

```
import mysql.connector as my

# 如果直接连接数据库，可以把数据库写到 connect()中
mydb = my.connect(
    host = "localhost",    # 连接地址
    user = "root",         # 用户
    password = "123456",   # 密码
    database = "xuedao"
)

myCursor = mydb.cursor()

sql = "select * from student order by age desc"
myCursor.execute(sql)
result = myCursor.fetchall()
for a in result:
    print(a[0].decode("utf-8"), a[1].decode("utf-8"), a[2])

print()
# 如果要设置查询的数据量，可以通过 limit 语句来指定，例如，获取 student 表中
# 年龄最大的 3 位同学的详细信息
sql2 = "select * from student order by age desc limit 3"
myCursor.execute(sql2)
result = myCursor.fetchall()
for a in result:
    print(a[0].decode("utf-8"), a[1].decode("utf-8"), a[2])
```

输出结果：

```
张三 女 31
张二 男 28
张四 女 22
张五 男 19
```

```
李四 女 18
张一 女 8

张三 女 31
张二 男 28
张四 女 22
```

9. 删除语句

要慎重使用删除语句。删除语句要确保指定了 where 条件语句,否则会导致整表的数据被删除。

为了防止数据库查询时发生 SQL 注入的攻击,可以使用%s 占位符来转义删除语句的条件。

示例代码如下:

```
import mysql.connector as my

# 第一步: 如果直接连接数据库,可以把数据库写到 connect()中
mydb = my.connect(
    host = "localhost",    # 连接地址
    user = "root",         # 用户
    password = "123456",   # 密码
    database = "xuedao"
)

myCursor = mydb.cursor()

sql = "delete from student where name = % s"
data = ("张三",)
myCursor.execute(sql, data)
mydb.commit()

myCursor2 = mydb.cursor()
sql2 = "select * from student"
myCursor2.execute(sql2)
result = myCursor2.fetchall()
for a in result:
    print(a[0].decode("utf - 8"), a[1].decode("utf - 8"), a[2])
```

输出结果:

```
李四 女 18
张一 女 8
张二 男 28
张四 女 22
张五 男 19
```

3.4 本章小结

本章讲解了 Python 3 简介、环境搭建，以及基础语法的讲解，帮助学习者为后续深入学习 Spark 生态系统打下坚实基础。

3.5 课后习题

一、填空题

1. 在 Python 中，布尔类型的值是________和________。

2. Python 可以使用________、________和________来表示字符串，引号的开始与结束必须是相同的类型。

3. ________函数用于将元组或字符串转换为列表。

4. 在 Python 定义的 6 个标准类型分别是 Number、String、Tuple、________、________和________。

5. Python 的基础类型可以分为________和________两大类。

二、判断题

1. Python 中的变量不需要声明，每个变量在使用前都必须赋值，变量赋值以后该变量才会被创建。（ ）

2. break 语句用来终止循环语句，可以使用在循环中，也可以使用在循环外。（ ）

3. continue 语句用来跳出本次循环，告诉当前循环略过当前语句，然后继续进行下一轮循环。（ ）

4. pass 语句是空语句，为了保护程序结构的完整性，在循环语句中必须要有 pass 语句。（ ）

5. 在 Python 中，return 语句用于结束当前方法和返回值。（ ）

三、选择题

1. （ ）函数可以移除字符中所有的空格。

A. lstrip()　　B. startwith()　　C. endswith()　　D. replace()

2. 下列选项中，（ ）不属于 Python 语句。

A. pass　　B. break　　C. println()　　D. return

3. 已知列表 x=list(range(9))，执行语句 del x[:2]之后，x 的值是（ ）。

A. [1,3,5,7,9]　　B. [2,4,6,8]

C. [2,3,4,5,6,7,8]　　D. [0,1,2,3,4,5,6,7,8]

4. 运行下列程序后，输出结果是（ ）。

```
list = ["Python", "Java", "C++"]
print(len(list))
```

A. 1　　B. 2　　C. 3　　D. 13

5. 下列选项中，属于不可变类型的是(　　)。

A. str="Python"　　　　B. list=["Python","Java"]

C. dict={"name":"Python"}　　　　D. set={"Java","Python","Scala"}

四、编程题

1. 自定义函数计算三角形面积，将计算结果返回给调用者。

2. 利用函数编写计算方法，要求任意输入一个数(x)和步长(l)，判断 0 到 x 之间步长为 l 的所有数之和，并返回给调用者。

3. 如果有一组学生考试成绩数据，编写程序筛选出每位学生的成绩等级(筛选规则：学习成绩大于或等于 90 分的同学用 A 表示，60～89 分的用 B 表示，60 分以下的用 C 表示)。

4. 一个球从 100 米高度自由落下，每次落地后会反跳回原高度的一半再落下，求它从开始下落到第 10 次落地时，共经过多少米。

3.6　实训

1. 实训目的

掌握 Python 语言的基础语法。

2. 实训任务

利用 Python 语言编写基于控制台的商品购物系统，要求该系统包括商品插入、商品查询和商品筛选等模块，并提供安全退出系统的机制，系统运行效果如图 3.43 所示。

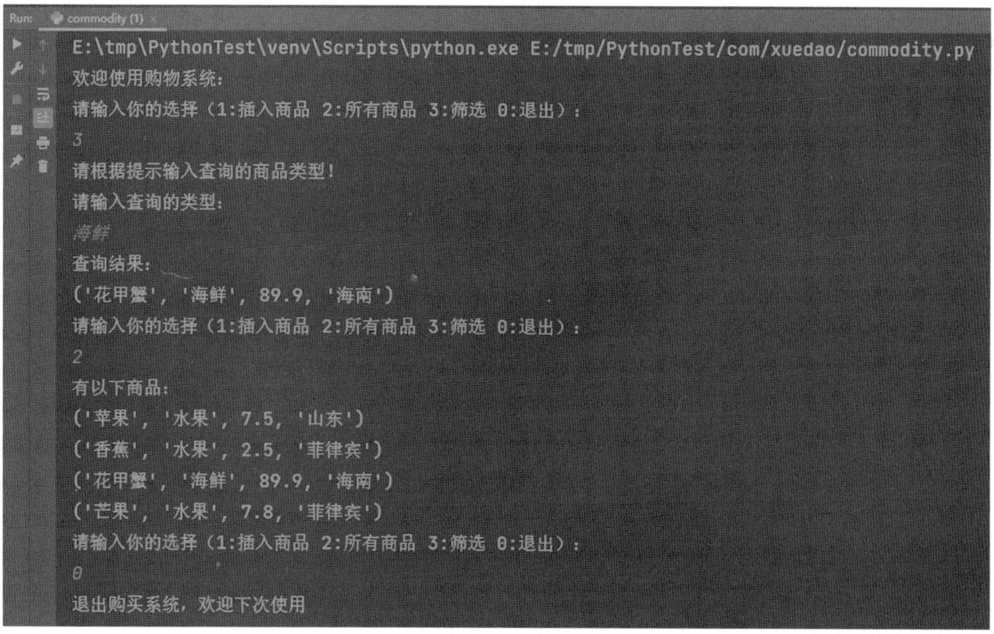

```
Run: commodity (1)
E:\tmp\PythonTest\venv\Scripts\python.exe E:/tmp/PythonTest/com/xuedao/commodity.py
欢迎使用购物系统:
请输入你的选择（1:插入商品 2:所有商品 3:筛选 0:退出）:
3
请根据提示输入查询的商品类型!
请输入查询的类型:
海鲜
查询结果:
('花甲蟹', '海鲜', 89.9, '海南')
请输入你的选择（1:插入商品 2:所有商品 3:筛选 0:退出）:
2
有以下商品:
('苹果', '水果', 7.5, '山东')
('香蕉', '水果', 2.5, '菲律宾')
('花甲蟹', '海鲜', 89.9, '海南')
('芒果', '水果', 7.8, '菲律宾')
请输入你的选择（1:插入商品 2:所有商品 3:筛选 0:退出）:
0
退出购买系统，欢迎下次使用
```

图 3.43　系统运行效果

3. 实训步骤

(1)创建数据模型。

在 MySQL 数据库中创建 xuedao 数据库，设置编码集为 UTF-8，如图 3.44 所示。

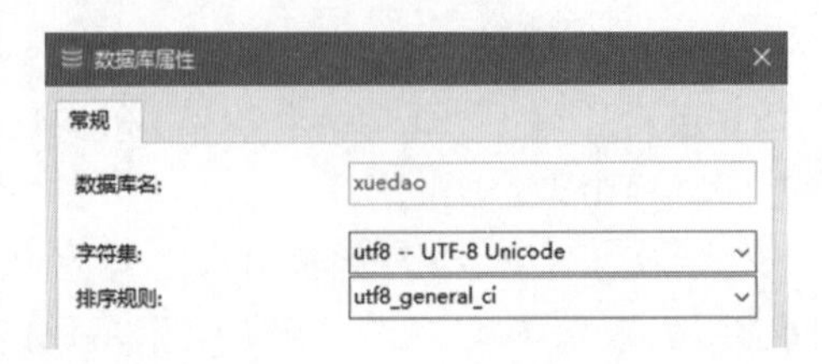

图 3.44　xuedao 数据库

在 xuedao 数据库中创建 commodity 表，表结构如图 3.45 所示。

对象　commodity @xuedao (Local...

新建　保存　另存为　添加栏位　插入栏位　删除栏位　主键　上移　下移

栏位　索引　外键　触发器　选项　注释　SQL 预览

名	类型	长度	小数点	不是 null
name	varchar	50	0	☐
type	varchar	20	0	☐
price	double	0	0	☐
made	varchar	20	0	☐

图 3.45　commodity 表的结构

往 commodity 表中随意插入一些数据用于数据测试，如图 3.46 所示。

name	type	price	made
苹果	水果	7.5	山东
香蕉	水果	2.5	菲律宾
香蕉	水果	3	海南
花甲蟹	海鲜	89.9	海南
芒果	水果	7.8	菲律宾

图 3.46　测试数据

(2) 在 PyCharm 开发工具中创建项目，并在项目中创建 commodity. py 文件，在 commodity. py 文件中编写业务逻辑，具体代码如下所示。

```
import mysql.connector as my


class Goods:
```

```
# 查询所有商品
def query(self):
    mydb = my.connect(
        host = "localhost", user = "root",
        password = "123456", database = "xuedao"
    )
    mc = mydb.cursor()
    sql = "select * from commodity"
    mc.execute(sql)
    result = mc.fetchall()
    print("有以下商品:")
    for a in result:
        print(a)
    mydb.close()

# 根据类型查询商品
def typeQuery(self):
    mydb = my.connect(
        host = "localhost", user = "root",
        password = "123456", database = "xuedao"
    )
    mc = mydb.cursor()
    sql = "select * from commodity where type = %s"
    print("请输入查询的类型:")
    t = input()
    dataVal = (t,)
    mc.execute(sql, dataVal)
    result = mc.fetchall()
    print("查询结果:")
    for a in result:
        print(a)
    mydb.close()

# 插入商品
def insert(self):
    mydb = my.connect(
        host = "localhost", user = "root",
        password = "123456", database = "xuedao"
    )
    mc = mydb.cursor()
    sql = "insert into commodity values(%s, %s, %s, %s)"
    print("请输入商品名称(字符串类型):")
    n = input()
    print("请输入商品类型(字符串类型):")
    t = input()
    print("请输入商品价格(数值类型):")
    p = input()
    price = float(p)
    print("请输入商品产地(字符串类型):")
```

```
        m = input()
        dataVal = (n, t, price, m)
        mc.execute(sql, dataVal)
        mydb.commit()
        mydb.close()


# 程序主入口
if __name__ == '__main__':
    print("欢迎使用购物系统：")
    g = Goods()
    flag = True
    while flag:
        print("请输入你的选择(1:插入商品 2:所有商品 3:筛选 0:退出)：")
        i = input()
        if i == "1":
            print("请根据提示插入商品信息!")
            try:
                g.insert()
            except Exception as e:
                print("插入失败!")
        elif i == "2":
            g.query()
        elif i == "3":
            print("请根据提示输入查询的商品类型!")
            g.typeQuery()
        elif i == "0":
            flag = False
            print("退出购买系统,欢迎下次使用")
        else:
            print("没有该选项,请重新输入!")
```

第 4 章

Hadoop开发环境

4.1 Hadoop 生态圈工具

开发人员通常要使用开发工具，不同的工具有不同的用途。例如，开发人员可能会用 Eclipse 编写代码，用 MySQL 或者 Oracle 存储数据，这里工具都有特定的用处。然而 Hadoop 生态圈相对而言却有些复杂。那么，Hadoop 生态圈是什么呢？

Hadoop 是一个由 Apache 基金会开发的分布式系统基础架构，用户可以在不了解分布式底层细节的情况下去开发分布式程序，充分利用集群的威力进行数据存储和数据计算。Hadoop 框架中最核心的设计是 HDFS 和 MapReduce。HDFS 为海量的数据提供了分布式存储，MapReduce 则对数据进行处理。Hadoop 框架是 Hadoop 生态圈的基础，许多工具都是基于 Hadoop 框架中分布式文件存储系统运行的，包括 Hive、Pig、HBase 等工具，所以通常人们说的 Hadoop 就是说 Hadoop 生态圈。

Hadoop 生态圈好比一个厨房，需要各种厨具。锅、碗、瓢、盆各有各的用处，相互之间又有重合。例如，可以用汤锅当作碗来吃饭、喝汤，也可以用小刀削土豆皮，但是每个工具都有自己的特性。虽然利用这些工具都可以达到最终目的，但未必都是最佳的选择。Hadoop 生态圈里的这些工具就像厨房里的各种厨具，它们都是基于“厨房”（Hadoop 框架）存在的，它们在这个圈里发挥着各自的作用，组成了 Hadoop 生态系统。

Hadoop 生态系统组件如图 4.1 所示。下面介绍其中的几种。

1. Hadoop

Hadoop 实现了一个分布式文件系统（Hadoop Distributed File System，HDFS）。HDFS 具有高容错性的特点，可提供高吞吐量访问应用程序的数据，通常将它部署在低廉

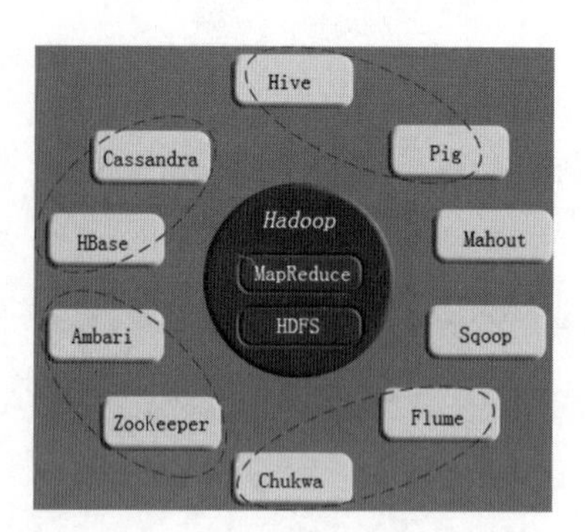

图 4.1 Hadoop 生态系统组件

的 PC 上,适合应用于有超大数据集的应用程序。

2. Hive

Hive 是基于 Hadoop 的一个数据仓库工具,可以将结构化的数据文件映射为一张数据库表,并提供类似 SQL 的查询功能,其本质是将 SQL 转换为 MapReduce 程序。

Hive 的特点如下。

可扩展性:Hive 可以自由地扩展集群的规模,一般情况下不需要重启服务。

延展性:Hive 支持用户自定义函数,用户可以根据自己的需求来实现自己的函数。

容错性:节点出现问题时 SQL 仍可完成执行,容错性良好。

3. Pig

Pig 是一种集数据流和运行环境为一体的数据集。它是一种高级过程语言,适合于使用 Hadoop 和 MapReduce 平台来查询大型半结构化数据集。Pig 通过脚本语言方式简化 Hadoop 的使用,为复杂的海量数据并行计算提供了一个简单的操作和编程接口。

4. Sqoop

Sqoop 是一款开源工具,主要用于在 Hadoop 与关系数据库(MySQL、Oracle 等)间进行数据的传递。Sqoop 项目开始于 2009 年,最早是作为 Hadoop 的一个第三方模块存在,后来为了实现使用者能够快速部署,以及开发人员能够更快速地迭代开发,Sqoop 开始成为一个 Apache 基金会项目。

5. Flume

Flume 是 Apache 公司提供的一个高可用的、高可靠的、分布式的海量日志采集、聚合和传输的系统。Flume 支持在日志系统中定制各类数据发送方,用于收集数据。同时,Flume 具有对数据进行简单处理,并写到各种数据接收方的能力。

6. ZooKeeper

ZooKeeper 是一个开放源代码的分布式应用程序协调服务,是 Google 公司的

Chubby 开源的实现，是 Hadoop 和 HBase 的重要组件，是一个为分布式应用提供一致性服务的软件。ZooKeeper 提供的功能包括配置维护、名字服务、分布式同步、组服务等。

7. HBase

HBase 是一个开源的非关系分布式数据库(NoSQL)。它参考了 Google 公司的 BigTable 建模，实现的编程语言为 Java。它是 Apache 基金会 Hadoop 项目的一部分，运行于 HDFS 上，为 Hadoop 提供类似于 BigTable 规模的服务。HBase 在列上实现了 BigTable 论文中提到的压缩算法、内存操作和布隆过滤器。HBase 的表能够作为 MapReduce 任务的输入和输出，可以通过 Java API 来存取数据，也可以通过 REST、Avro 或者 Thrift 的 API 来访问。HBase 弥补了 Hive 不能随机读写的缺陷。

4.2 环境搭建

关于环境搭建的讲解视频可扫描二维码观看。

0.23 之前版本和 0.23 之后版本的 Hadoop 集群都存在着同一个问题——单点问题，其中以 NameNode 的单点问题尤为严重。因为 NameNode 保存了整个 HDFS 的元数据信息，所以 NameNode 一旦宕机，那么整个 HDFS 将无法访问。同时 Hadoop 生态系统中依赖于 HDFS 的各个组件，包括 MapReduce、Hive、Pig 以及 HBase 等工具也都无法正常工作。与此同时，重新启动 NameNode 和进行数据恢复的过程也较为耗时。这些问题在给 Hadoop 的使用者带来困扰的同时，也极大地限制了 Hadoop 的使用场景。所幸在 Hadoop 2.0 中 NameNode 和 ResourceManger 的单点问题都得到了解决，在经过多个版本的迭代和发展后，目前已经能用于生产环境。

生产环境中的 Hadoop 大数据集群是由多台服务器组成的集群。为了方便学习和教学，这里采用在 VMware 平台中搭建虚拟机的方式模拟 Hadoop 大数据集群。要想实现 Hadoop 大数据集群环境，最少需要 4 台虚拟机，其中一台 Master 虚拟机为集群管理节点，3 台 Slave 虚拟机进行数据存储。Hadoop 大数据集群如图 4.2 所示。

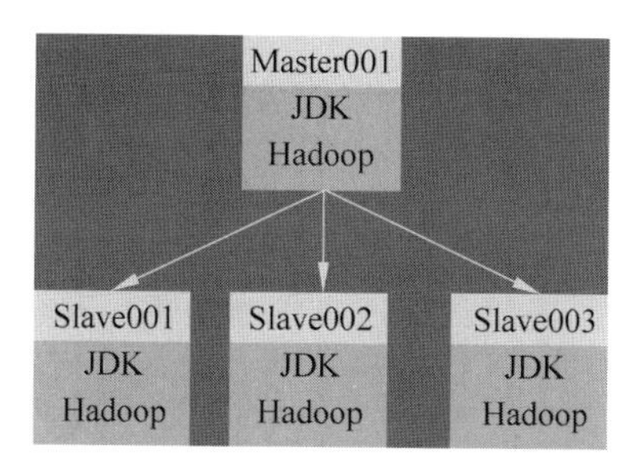

图 4.2 Hadoop 大数据集群

安装非高可用大数据集群的步骤为：安装 JDK，安装 Hadoop，复制虚拟机，设置免密，安装 ZooKeeper，启动 Hadoop 集群等。Linux 系统的虚拟机安装可参考 2.1 节。

4.2.1 Linux虚拟机基础配置

大数据集群用于存储和计算大数据，在生产过程中大数据集群可分为高可用集群和非高可用集群两种。本书为了让读者更好地专注于业务逻辑的开发，将以非高可用集群为例。为了实现非高可用集群，必须要有一台Master虚拟机和多台Slave虚拟机（其中IP地址第三段“153”需要跟自己的VMware工具平台网段一致，可以通过在VMware工作平台中选择“编辑”→“虚拟网络编辑器”→VMware8→“子网”命令来查看）。具体配置如表4.1所示。

表4.1 各个虚拟机的主机名、IP地址

主 机 名	IP地址
Master001	192.168.153.101
Slave001	192.168.153.201
Slave002	192.168.153.202
Slave003	192.168.153.203

首先在一台虚拟机中设置基础信息，假设这台虚拟机为Master001。在基础信息中需要进行主机名、IP地址和名称解析等配置。这些配置文件只有root用户才有改写权限，所以需要使用root用户登录来编写这些配置文件。

修改主机名。通过编辑hostname文件，将hostname文件中的所有内容替换成新的主机名即可，具体操作如下：

```
[root@localhost ~]# vi /etc/hostname
```

改写：

```
Master001
```

设置静态IP。通过编辑ifcfg-ens33文件来设置IP地址，具体操作如下：

```
[root@localhost ~]# vi /etc/sysconfig/network-scripts/ifcfg-ens33
```

改写：

```
ONBOOT = yes
BOOTPROTO = static
```

插入：

```
IPADDR = 192.168.153.101
NETMASK = 255.255.255.0
GATEWAY = 192.168.153.2
DNS1 = 8.8.8.8
```

hosts文件是Linux系统中负责IP地址与域名快速解析的文件，需要配置其他几个虚拟机的主机名和IP地址来快速访问集群中的其他虚拟机。

具体操作如下：

```
[root@localhost ~]# vi  /etc/hosts
```

插入：

```
192.168.153.101   Master001
192.168.153.201   Slave001
192.168.153.202   Slave002
192.168.153.203   Slave003
```

只修改IP地址，可以重启网络服务，即可以生效，操作如下：

```
[root@localhost ~]# systemctl restart network
```

如果修改了主机名，必须重启虚拟机才能生效，操作如下：

```
[root@localhost ~]# reboot
```

验证设置是否成功。启动成功后信息栏从[root@localhost ~]#变为[root@Master001 ~]#，这时主机名修改成功。

验证IP地址设置是否成功。可以通过ip addr命令查看IP地址，如果出现ens33网络名称和IP地址，说明静态IP设置成功，这时可以使用ping命令进一步验证是否能联通内网。

具体操作如下：

```
[root@Master001 ~]# ip addr
1: lo: <LOOPBACK,UP,LOWER_UP> mtu 65536 qdisc noqueue state UNKNOWN group default qlen 1000
...
2: ens33: <BROADCAST,MULTICAST,UP,LOWER_UP> mtu 1500 qdisc pfifo_fast state UP group
default qlen 1000
    link/ether 00:0c:29:a7:74:34 brd ff:ff:ff:ff:ff:ff
    inet 192.168.153.111/24 brd 192.168.153.255 scope global noprefixroute ens33
    ...

[root@Master001 ~]# ping 192.168.153.1
    PING 192.168.153.1 (192.168.153.1) 56(84) bytes of data.
    64 bytes from 192.168.153.1: icmp_seq=1 ttl=128 time=0.450 ms
    ...
    64 bytes from 192.168.153.1: icmp_seq=4 ttl=128 time=0.522 ms
    ^C
    --- 192.168.153.1 ping statistics ---
    4 packets transmitted, 4 received, 0% packet loss, time 4019ms
    rtt min/avg/max/mdev = 0.450/0.501/0.572/0.055 ms
```

验证外网是否联通。VMware 平台中的虚拟机是通过与虚拟机共享主机的 IP 地址来访问外网的，虚拟机要连接网络必须保证物理机能够正常访问网络。虚拟机是否能访问外网可以通过 ping 命令来验证，例如 ping www.baidu.com 能正常连接，说明外网可以正常访问。

```
[root@Master001 ~]# ping www.baidu.com
    PING www.baidu.com (180.97.33.107) 56(84) bytes of data.
    64 bytes from 180.97.33.107: icmp_seq=1 ttl=128 time=36.2 ms
    ...
    64 bytes from 180.97.33.107: icmp_seq=6 ttl=128 time=41.2 ms
    ^C
    --- www.baidu.com ping statistics ---
    6 packets transmitted, 6 received, 0% packet loss, time 5729ms
    rtt min/avg/max/mdev = 36.278/38.147/41.229/1.858 ms
```

4.2.2 Xshell 工具

Xshell 是系统的用户界面，为用户提供了与内核进行交互操作的一种接口，它接收用户输入的命令并把它送入内核去执行。可以把 Xshell 理解为一个客户端，可以通过这个客户端来远程操作 Linux 系统；就像用 Navicat 去连接 MySQL 服务器一样，可以远程操作 MySQL 数据库。

1. 安装 Xshell

在安装文件目录中找到 Xme4.exe 文件，并双击该文件进行安装。

选择 I accept the terms of the license agreement 单选按钮，单击 Next 按钮，如图 4.3 所示。

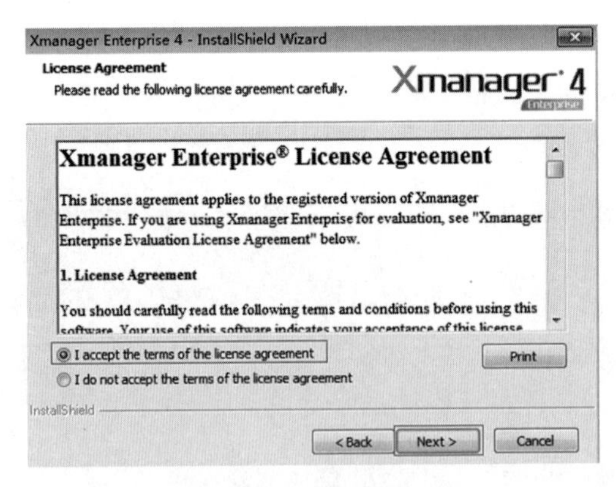

图 4.3 选择同意协议

输入用户名、公司名和密钥，单击 Next 按钮，如图 4.4 所示。

修改安装地址，单击 Next 按钮，如图 4.5 所示。

选择经典安装模式，单击 Next 按钮，如图 4.6 所示。

后面的操作均为默认选项，当出现 InstallShield Wizard Complete 界面后单击 Finish 按钮即可。

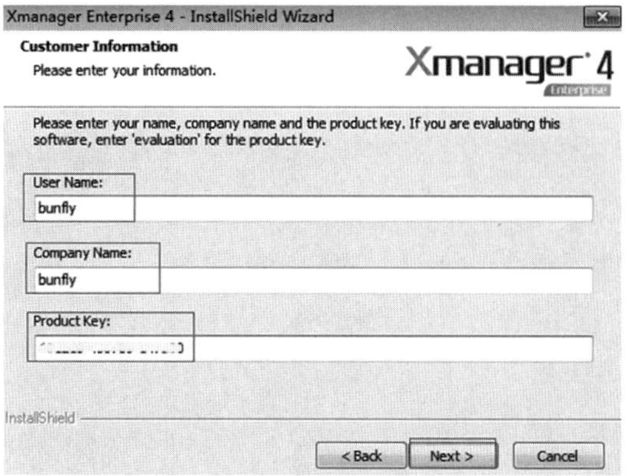

Xmanager Enterprise 4 - InstallShield Wizard

Customer Information

Please enter your information.

Xmanager 4 Enterprise

Please enter your name, company name and the product key. If you are evaluating this software, enter 'evaluation' for the product key.

User Name:

bunfly

Company Name:

bunfly

Product Key:

InstallShield

< Back Next > Cancel

图 4.4 设置用户名、公司名和密钥

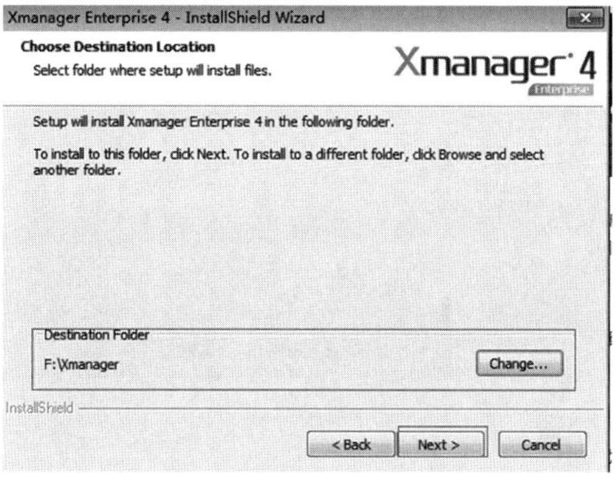

Xmanager Enterprise 4 - InstallShield Wizard

Choose Destination Location

Select folder where setup will install files.

Xmanager 4 Enterprise

Setup will install Xmanager Enterprise 4 in the following folder.

To install to this folder, click Next. To install to a different folder, click Browse and select another folder.

Destination Folder

F:\Xmanager

Change...

InstallShield

< Back Next > Cancel

图 4.5 修改安装地址

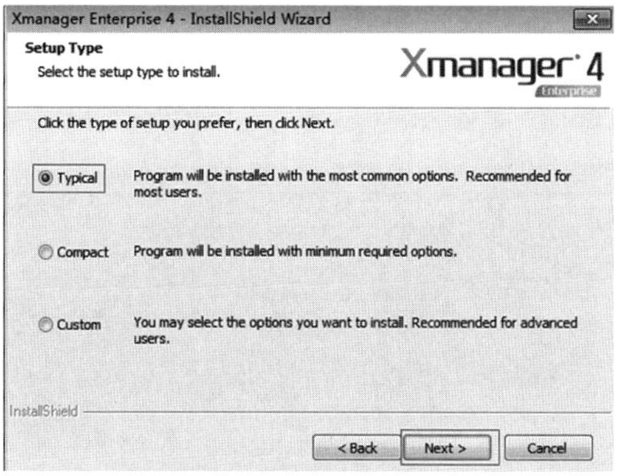

Xmanager Enterprise 4 - InstallShield Wizard

Setup Type

Select the setup type to install.

Xmanager 4 Enterprise

Click the type of setup you prefer, then click Next.

Typical Program will be installed with the most common options. Recommended for most users.

Compact Program will be installed with minimum required options.

Custom You may select the options you want to install. Recommended for advanced users.

InstallShield

< Back Next > Cancel

图 4.6 选择安装模式

2. 连接 Xshell

双击 Xshell 图标，单击“新建”按钮，打开 Xshell 终端，如图 4.7 所示。

配置需要连接的虚拟机 IP 地址、用户名和密码。

这里使用 root 用户登录，连接成功后将进入 root 用户的家目录，如图 4.8 和图 4.9 所示。

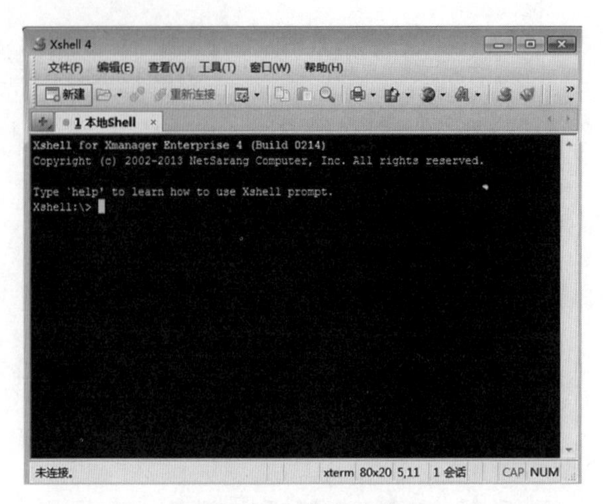

图 4.7 Xshell 界面

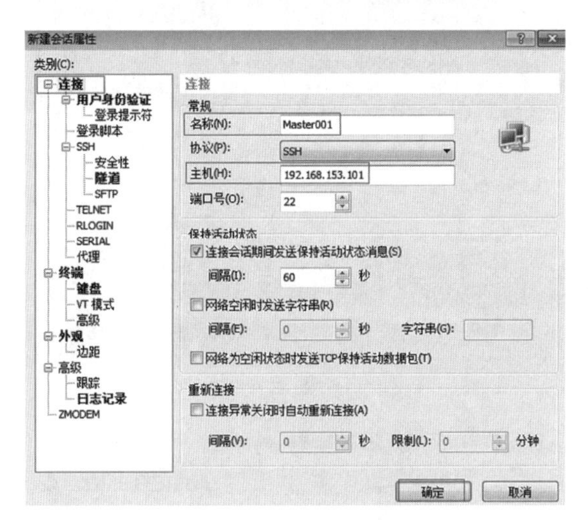

图 4.8 连接虚拟机

图 4.9 设置用户名和密码

选择"文件"→"打开"命令，弹出"会话"对话框，选择所创建的用户，单击"连接"按钮，远程连接指定的 Linux 系统。如果信息栏出现用户、主机名等相关信息，则表示远程连接成功。

切换到家目录，在家目录下创建一个名叫 software 的文件夹，用于管理安装文件。

```
[root@Master001 ~]# cd ~
[root@Master001 ~]# mkdir software
```

进入 software 目录。

```
[root@Master001 ~]# cd software
[root@Master001 software]#
```

3. 利用 Xftp 工具上传文件

Xftp 是 Xmanager 中的工具，用于向服务器上传或下载数据的客户端。

双击 Xftp 图标打开软件，首次打开 Xftp 软件会弹出"会话"对话框，单击"新建"按钮，弹出"新建会话属性"对话框，输入名称、主机、用户名和密码，单击"确定"按钮完成新用户的创建。

选择"文件"→"打开"命令，弹出"会话"对话框，选择所创建的用户，单击"连接"按钮，远程连接指定的 Linux 系统。

图 4.10 中，左边界面是物理机中的界面，右边界面是虚拟机中的界面，下面界面是传输数据的进度条界面。可以在物理机中找到要上传的文件，通过双击或者拖曳的方式将文件上传到虚拟机中。

将 hadoop-2.6.5.tar.gz 和 jdk-8u131-linux-x64.tar.gz 安装包文件上传到虚拟机 software 文件夹中，如图 4.10 所示。

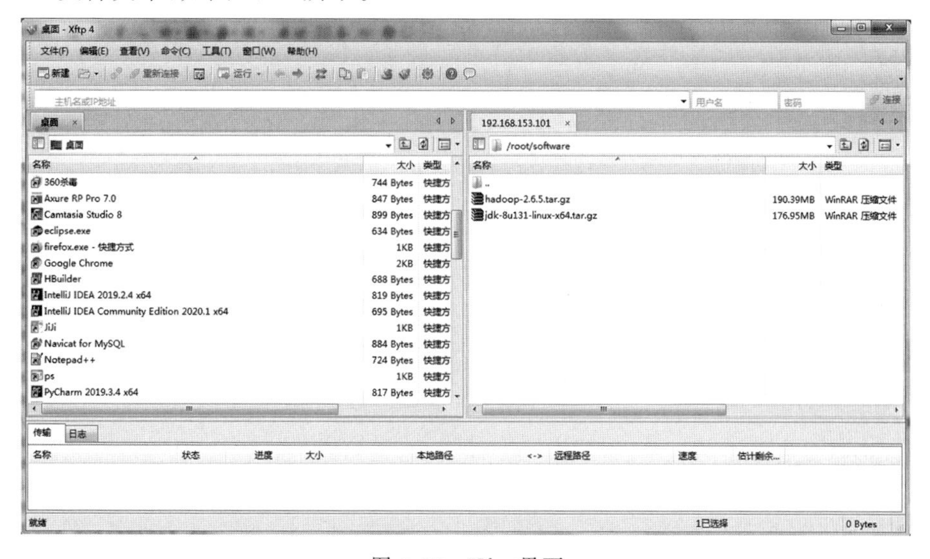

图 4.10　Xftp 界面

4.2.3 安装JDK

1. 解压安装包

在 Xshell 中输入 ls 命令可以查看 Xftp 上传的文件内容，通过 tar 命令解压 jdk-8u131-linux-x64.tar.gz 压缩文件，操作如下：

```
[root@Master001 software]$ ls
    jdk-8u131-linux-x64.tar.gz
    hadoop-2.6.5.tar.gz

[root@Master001 software]$ tar -zxf jdk-8u131-linux-x64.tar.gz
[root@Master001 software]$ ls
    jdk-8u131-linux-x64.tar.gz
    hadoop-2.6.5.tar.gz
    jdk1.8.0_131
```

2. 复制 JDK 安装目录

进入 jdk1.8.0_131 目录，使用 pwd 命令打印 JDK 安装路径，利用鼠标选择复制路径。

```
[root@Master001 software]$ cd jdk1.8.0_131/
[root@Master001 jdk1.8.0_131]$ pwd
    /root/software/jdk1.8.0_131
```

3. 配置环境变量

Linux 系统中环境变量分为两种：全局变量和局部变量。profile 文件是全局变量配置文件，只有管理员用户才拥有对 profile 文件的写入权限。因此，编写 profile 文件需要切换到 root 用户，因为在全局变量中配置的环境变量对所有用户都有效。.bashrc 文件是局部变量配置文件，在.bashrc 文件中配置的环境变量只对当前用户有效。

这里配置的是全局环境变量。操作如下：

```
[root@Master001 ~]# vi /etc/profile
```

插入：

```
#java
export JAVA_HOME=/root/software/jdk1.8.0_131
export PATH=$PATH:$JAVA_HOME/bin
```

4. 使环境变量生效

```
[root@Master001 ~]# source /etc/profile
```

5. 验证 JDK 是否安装成功

输入 java 或者 java -version，如果出现 Java 命令的详细说明或者出现 JDK 版本号，则表示安装成功；如果出现-bash：dddd：command not found，则表示安装失败。

4.2.4 安装 Hadoop

1. 解压安装包

切换到 Hadoop 用户，并进入 software 目录，使用 ls 命令可以查看 Xftp 上传的文件内容，通过 tar 命令解压 hadoop-2.6.5.tar.gz 压缩文件。操作如下：

```
[root@Master001 software] $ ls
    jdk-8u131-linux-x64.tar.gz     jdk1.8.0_131
    hadoop-2.6.5.tar.gz
[root@Master001 software] $ tar -zxf hadoop-2.6.5.tar.gz
[root@Master001 software] $ ls
    jdk-8u131-linux-x64.tar.gz     jdk1.8.0_131
    hadoop-2.6.5.tar.gz            hadoop-2.6.5
```

2. 复制 Hadoop 安装目录

进入 hadoop-2.6.5 目录，使用 pwd 命令打印 Hadoop 安装路径，利用鼠标选择复制路径。

```
[root@Master001 software] $ cd hadoop-2.6.5
[root@Master001 hadoop-2.6.5] $ pwd
    /root/software/hadoop-2.6.5
```

3. 配置 Hadoop 环境变量

```
[root@Master001 ~]# vi /etc/profile
```

插入：

```
#hadoop
export HADOOP_HOME=/root/software/hadoop-2.6.5
export PATH=$PATH:$HADOOP_HOME/bin
export PATH=$PATH:$HADOOP_HOME/sbin
```

4. 使环境变量生效

```
[root@Master001 ~]# source /etc/profile
```

5. 验证 Hadoop 是否安装成功

输入 hadoop 命令，如果出现 hadoop 命令相关的详细信息，则表示安装成功；如果出现-bash：dddd：command not found，则表示安装失败。

6. 配置 core-site.xml 文件

切换到 Hadoop 配置目录，进入 hadoop-2.6.5/etc/hadoop/目录，编辑 core-site.xml 文件。

```
[root@Master001 ~]$ cd software/hadoop-2.6.5/etc/hadoop/
[root@Master001 hadoop]$ ls
    core-site.xml        mapred-site.xml     salves
    hadoop-env.cmd       hdfs-site.xml            yarn-site.xml
    ...
[root@Master001 hadoop]$ vi core-site.xml
```

插入：

```
<configuration>
    <!-- 指定 HDFS 存储入口 -->
    <property>
        <name>fs.defaultFS</name>
        <value>hdfs://Master001:9000</value>
    </property>
    <!-- 指定 Hadoop 临时目录 -->
    <property>
        <name>hadoop.tmp.dir</name>
        <value>/root/software/hadoop-2.6.5/tmp</value>
    </property>
</configuration>
```

7. 配置 hadoop-env.sh 文件

编辑 hadoop-env.sh 文件，修改 java_home 地址。java_home 地址是解压的 JDK 地址，配置 java_home 是为了使用 Java。

```
[root@Master001 hadoop]$ vi hadoop-env.sh
```

修改：

```
# The java implementation to use.
export JAVA_HOME=/root/software/jdk1.8.0_131
```

8. 配置 hdfs-site.xml 文件

hdfs-site.xml 文件是 Hadoop 2.0 以后版本的必备配置文件之一，可以在 hdfs-site.xml 文件中配置集群名字空间、访问端口、URL 地址、故障转移等。

```
[root@Master001 hadoop]# vi hdfs-site.xml
```

插入：

```
<configuration>
    <!-- 设备备份数量 -->
    <property>
        <name>dfs.replication</name>
        <value>3</value>
    </property>
</configuration>
```

9. 配置 mapred-site.xml 文件

在 Hadoop 包中是没有 mapred-site.xml 文件的，需要通过 mapred-site.xml.template 模板文件复制 mapred-site.xml 文件。操作如下：

```
[root@Master001 hadoop]# cp mapred-site.xml.template mapred-site.xml
[root@Master001 hadoop]# vi mapred-site.xml
```

插入：

```
<configuration>
    <!-- 设置 jar 程序启动 Runner 类的 main()方法运行在 yarn 集群中 -->
    <property>
        <name>mapreduce.framework.name</name>
        <value>yarn</value>
    </property>
</configuration>
```

10. 配置 slaves 文件

Hadoop 集群中所有的 DataNode 节点都需要写入 slaves 文件中，因为它是用来指定存储数据的节点文件。Master 会读取 slaves 文件以获取存储信息，并根据 slaves 文件进行资源平衡。

注意，slaves 文件名全部是小写，有很多初学者使用 vi slaves 来编辑 slaves 文件，它将会在 Hadoop 目录中重新创建一个首字母为大写的 slaves 文件，这样是错误的；slaves 文件打开后，里面有一个 localhost，这个 localhost 需要删除，如果没有删除，集群则会将 Master 当作 DataNode 节点，从而会造成 Master 虚拟机负载过重。

```
[root@Master001 hadoop]# vi salves
```

删除：

```
localhost
```

插入：

```
Slave001
Slave002
Slave003
```

11. 配置 yarn-site.xml 文件

yarn-site.xml 文件是 ResourceManager 进程相关配置文件。

```
[root@Master001 hadoop]# vi yarn-site.xml
```

插入：

```
<configuration>
    <!-- 设置对外暴露的访问地址为 Master001 -->
    <property>
        <name>yarn.resourcemanager.hostname</name>
        <value>Master001</value>
    </property>
    <!-- NodeManager 上运行的附属服务。需配置成 mapreduce_shuffle,才可运行 MapReduce 程序 -->
    <property>
        <name>yarn.nodemanager.aux-services</name>
        <value>mapreduce_shuffle</value>
    </property>
</configuration>
```

4.2.5 安装 SSH

SSH 是一种远程传输通信协议，用于在两台或多台虚拟机之间的数据传输。可以通过 yum 方式在线安装 SSH，因为 yum 是在线安装工具，所以在使用 yum 安装时必须连接网络。yum 是一个 Shell 前端软件包管理器。它能够从 yum 服务器自动下载 rpm 包，然后进行安装。一次安装便可下载完成所需要的所有安装包，不必一次次地下载，非常简单方便。

yum 工具属于 root 用户工具，所以需要切换到 root 用户进行在线安装。

```
[hadoop@Master001 hadoop]$ su -l root
    密码：*******
[root@Master001 ~]#
```

在安装 SSH 之前需要先查找 yum 库有哪些 SSH 软件的 rpm 包。

```
[root@Master001 ~]# yum list | grep ssh
    openssh.x86_64            5.3p1-84.1.el6      updates
    openssh-server.x86_64     5.3p1-123.el6_9     updates
    openssh-clients.x86_64    5.3p1-123.el6_9     updates
    ...
```

使用 yum 工具在线安装 server 和 clients 软件。

```
[root@Master001 ~]# yum install -y openssh-clients.x86_64
[root@Master001 ~]# yum install -y openssh-server.x86_64
```

安装过程如图 4.11 所示。

```
[root@Master001 ~]# yum install -y openssh-clients.x86_64
Loaded plugins: fastestmirror, security
Loading mirror speeds from cached hostfile
 * base: mirrors.sohu.com
 * extras: mirrors.sohu.com
 * updates: mirrors.sohu.com
Setting up Install Process
Resolving Dependencies
--> Running transaction check
---> Package openssh-clients.x86_64 0:5.3p1-123.el6_9 will be installed
--> Finished Dependency Resolution

Dependencies Resolved

================================================================================
 Package              Arch        Version                  Repository     Size
================================================================================
Installing:
 openssh-clients      x86_64      5.3p1-123.el6_9          updates       444 k

Transaction Summary
================================================================================
Install       1 Package(s)
```

图 4.11 SSH 安装过程

验证 SSH 是否安装成功的方法如下。

验证方法一：输入 ssh 命令，如果出现 SSH 的详细信息，则表示安装成功；如果出现 -bash：dddd：command not found，则表示安装失败。

```
[root@Master001 ~]# ssh
    usage: ssh [-1246AaCfgKkMNnqsTtVvXxYy] [-b bind_address] [-c cipher_spec]
            [-D [bind_address:]port] [-e escape_char] [-F configfile]
            [-I pkcs11] [-iidentity_file]
            [-L [bind_address:]port:host:hostport]
            [-l login_name] [-m mac_spec] [-O ctl_cmd] [-o option] [-p port]
            [-R [bind_address:]port:host:hostport] [-S ctl_path]
            [-W host:port] [-w local_tun[:remote_tun]]
            [user@]hostname [command]
```

验证方法二：使用 rpm 工具验证。输入 rpm -qa | grep ssh 命令查找已经安装的 SSH 相关程序，如果出现 server 和 clients，则表示安装成功。

```
[root@Master001 ~]# rpm -qa | grep ssh
    openssh-server-5.3p1-123.el6_9.x86_64
    openssh-clients-5.3p1-123.el6_9.x86_64
    libssh2-1.4.2-1.el6.x86_64
    openssh-5.3p1-123.el6_9.x86_64
```

4.2.6 复制虚拟机

现在已经安装好一台虚拟机，其他 4 台虚拟机可以通过复制的方式来安装。在 2.1 节中提到选择安装目录，这个安装目录就是整个虚拟机的文件目录。复制这个目录就可以创建出另一台虚拟机，但在复制目录之前需要先将虚拟机关闭。

1. 关闭虚拟机（halt 命令需要 root 权限）

```
[root@Master001 ~]# halt
```

2. 复制虚拟机

复制出其他 4 台虚拟机，并把复制的文件夹重新命名为 Master001、Slave001、Slave002、Slave003 以方便管理，如图 4.12 所示。

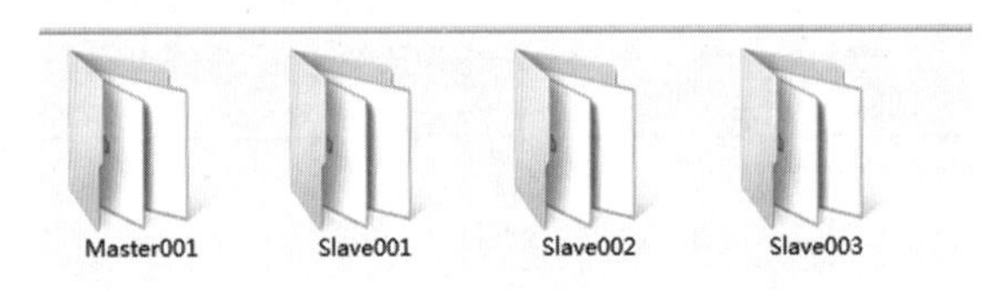

图 4.12 虚拟机文件

3. 打开虚拟机

选择“文件”→“打开”命令，弹出“打开”对话框，选择需要打开的虚拟机文件，单击“打开”按钮打开该虚拟机。为了方便管理需将虚拟机的名字修改为文件夹的名字，如图 4.13 所示。

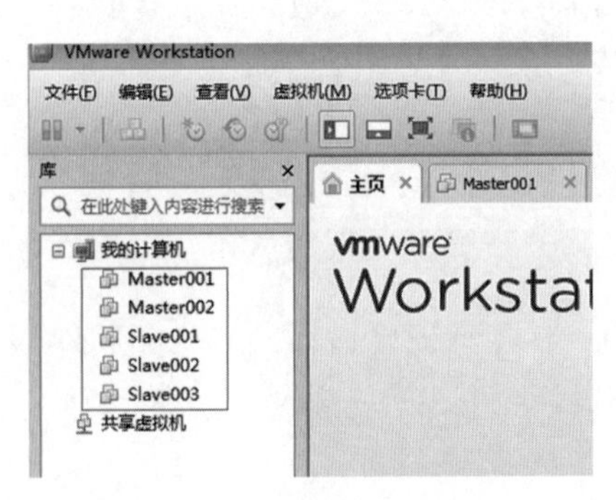

图 4.13 修改虚拟机名字

启动虚拟机，单击“我的计算机”中的虚拟机，弹出虚拟机启动界面，单击“开启此虚拟机”按钮启动虚拟机，如图 4.14 所示。

图 4.14　虚拟机启动界面

单击“我已复制该虚拟机”按钮。每台计算机都有一个唯一的 MAC 地址，虚拟机也是一样。虽然它是虚拟状态的，但它同样有内存、处理器、硬盘和 MAC 地址等。虚拟机是通过软件模拟的具有完整硬件系统功能的计算机系统，包括 MAC 地址，所以需要在启动副本虚拟机时选择单击“我已复制该虚拟机”按钮来告诉 VMware 平台这台虚拟机需要生成一个新的 MAC 地址。如果单击“我已移动该虚拟机”按钮，VMware 平台将不会为新虚拟机生成新的 MAC 地址，如图 4.15 所示。

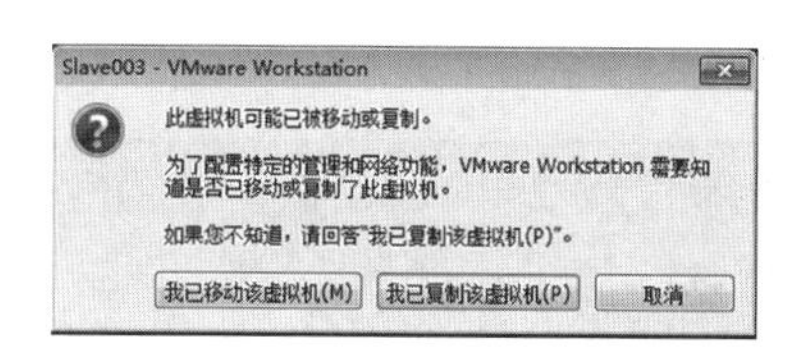

图 4.15　选择启动方式

4. 修改虚拟配置

按照约定的配置规则对 IP 地址进行修改，如图 4.16 所示。

```
[root@Master001 ~]# vi /etc/sysconfig/network-scripts/ifcfg-ens33
```

```
TYPE=Ethernet
PROXY_METHOD=none
BROWSER_ONLY=no
BOOTPROTO=static
DEFROUTE=yes
IPV4_FAILURE_FATAL=no
IPV6INIT=yes
IPV6_AUTOCONF=yes
IPV6_DEFROUTE=yes
IPV6_FAILURE_FATAL=no
IPV6_ADDR_GEN_MODE=stable-privacy
NAME=ens33
UUID=627904a1-1e0f-449a-82da-8bff9f2edff4
DEVICE=ens33
ONBOOT=yes

IPADDR=192.168.153.203
GATEWAY=192.168.153.2
NETMASK=255.255.255.0
DNS1=8.8.8.8
```

图 4.16　修改 IP 地址

修改主机名。按照之前约定的配置规则对主机名进行修改。

```
[root@Master001 ~]# vi /etc/hostname
```

改写：

```
Slave003
```

使修改生效。如果只是修改 ifcfg-ens33 文件，则重启网络服务即可使修改生效。如果修改主机名，则需要重启虚拟机才能生效。

```
[root@Master001 ~]# reboot
```

验证主机名修改是否成功。如果登录主机名变成修改的主机名，则表示主机名修改成功，如图 4.17 所示。

```
CentOS release 6.4 (Final)
Kernel 2.6.32-358.el6.x86_64 on an x86_64

Slave003 login: _
```

图 4.17　验证主机名修改是否成功

输入用户名和密码登录后，输入 ip addr 命令，如果出现修改后的网络名称和 IP 地址，则表示静态 IP 修改成功，如图 4.18 所示。

```
[root@Slave003 ~]# ip addr
1: lo: <LOOPBACK,UP,LOWER_UP> mtu 65536 qdisc noqueue sta
te UNKNOWN group default qlen 1000
    link/loopback 00:00:00:00:00:00 brd 00:00:00:00:00:00
    inet 127.0.0.1/8 scope host lo
       valid_lft forever preferred_lft forever
    inet6 ::1/128 scope host
       valid_lft forever preferred_lft forever
2: ens33: <BROADCAST,MULTICAST,UP,LOWER_UP> mtu 1500 qdis
c pfifo_fast state UP group default qlen 1000
    link/ether 00:0c:29:2a:00:a1 brd ff:ff:ff:ff:ff:ff
    inet 192.168.153.203/24 brd 192.168.153.255 scope glo
bal noprefixroute ens33
       valid_lft forever preferred_lft forever
    inet6 fe80::b62a:98b3:3863:efa2/64 scope link noprefi
xroute
       valid_lft forever preferred_lft forever
```

图 4.18　验证 IP 地址是否修改成功

4.2.7　修改其他虚拟机

按 4.2.6 节的介绍依次修改其他几台虚拟机，当所有虚拟机都修改完成后可以通过 ping 关键字验证内网是否联通。

```
[hadoop@Slave003 ~]$ ping 192.168.153.101
    PING 192.168.153.101 (192.168.153.101) 56(84) bytes of data.
    64 bytes from 192.168.153.101: icmp_seq=1 ttl=64 time=0.797 ms
    64 bytes from 192.168.153.101: icmp_seq=2 ttl=64 time=0.774 ms
    ^C
    --- 192.168.153.101 ping statistics ---
    2 packets transmitted, 2 received, 0% packet loss, time 1876ms
    rtt min/avg/max/mdev = 0.774/0.785/0.797/0.030 ms

[hadoop@Slave003 ~]$ ping Master001
    PING Master001 (192.168.153.101) 56(84) bytes of data.
```

```
64 bytes from Master001 (192.168.153.101): icmp_seq = 1 ttl = 64 time = 1.69 ms
64 bytes from Master001 (192.168.153.101): icmp_seq = 2 ttl = 64 time = 0.703 ms
^C
--- Master001 ping statistics ---
2 packets transmitted, 3 received, 0 % packet loss, time 2391ms
rtt min/avg/max/mdev = 0.703/1.061/1.697/0.452 ms
```

4.2.8 设置免密

安装 Hadoop 之前，由于集群中的大量主机进行分布式计算需要相互进行数据通信，服务器之间的连接需要通过 SSH 来进行，因此要安装 SSH 服务。默认情况下通过 SSH 登录服务器需要输入用户名和密码进行连接，如果不配置免密码登录，那么每次启动 Hadoop 都要输入密码来访问每台机器的 DataNode，因为 Hadoop 集群都有上百或者上千台机器，靠人力输入密码工作量很大，所以一般都会配置 SSH 的免密码登录。在 Hadoop 集群中 Master 虚拟机需要对所有虚拟机进行访问，了解每个虚拟机的健康状态，所以只需要对 Master 进行免密设置即可。具体操作如下。

1. 生成密钥

密钥就像进入一扇门的钥匙，生成密钥就是生成这把钥匙。由于要对 root 用户进行免密设置，因此需要切换到 root 用户，并回到该用户的家目录。

执行 ssh-keygen -t rsa -P '' 命令后将在/root/.ssh/目录下以 rsa 方式生成 id_rsa 的密钥。

```
[root@Master001 ~]# cd ~
[root@Master001 ~]# ssh-keygen -t rsa -P ''
    Generating public/private rsa key pair.
    Enter file in which to save the key (/home/hadoop/.ssh/id_rsa):
    Your identification has been saved in /home/hadoop/.ssh/id_rsa.
    Your public key has been saved in /home/hadoop/.ssh/id_rsa.pub.
    The key fingerprint is:
    2c:a9:91:36:4b:18:e6:09:60:f9:1a:22:23:3b:d6:af hadoop@Master001
    The key's randomart image is:
    +-------[ RSA 2048]-------+
    |...                      |
    |o.                       |
    |. +                      |
    |== = . o                 |
    |+ oB * o S               |
    |oo + = .                 |
    |..  +                    |
    |      .                  |
    |  E.                     |
    +-------------------------+
```

2. 对所有虚拟机进行免密设置

将密钥分发给集群中的所有虚拟机(包括自身),就可以免去输入密码去访问其他虚拟机。执行 ssh-copy-id 命令后,会将 id_rsa 中的密钥传输到目标虚拟机的/root/.ssh/authorized_keys 文件中。

```
[root@Master001 ~]# ssh-copy-id Master001
    root@master001's password:
    Now try logging into the machine, with "ssh 'Master001'", and check in:
    .ssh/authorized_keys
    to make sure we haven't added extra keys that you weren't expecting.
[root@Master001 ~]# ssh-copy-id Slave001
    root@slave001's password:
    Now try logging into the machine, with "ssh 'Slave001'", and check in:
    .ssh/authorized_keys
    to make sure we haven't added extra keys that you weren't expecting.
[root@Master001 ~]# ssh-copy-id Slave002
    root@slave002's password:
    Now try logging into the machine, with "ssh 'Slave002'", and check in:
    .ssh/authorized_keys
    to make sure we haven't added extra keys that you weren't expecting.
[root@Master001 ~]# ssh-copy-id Slave003
    root@slave003's password:
    Now try logging into the machine, with "ssh 'Slave003'", and check in:
    .ssh/authorized_keys
    to make sure we haven't added extra keys that you weren't expecting.
```

3. 验证免密设置是否成功

验证是否免密是免密设置中最关键的一步,如果不输入密码就能访问到目标虚拟机,则表示免密设置成功。

```
[root@Master001 ~]# ssh Master001
    Last login: Tue Dec 19 14:44:02 2017 from 192.168.153.1
[root@Master001 ~]# exit
    logout
    Connection to Master001 closed.
[root@Master001 ~]# ssh Slave002
    Last login: Fri Dec 15 08:38:56 2017 from 192.168.153.1
[root@Slave002 ~]# exit
    logout
    Connection to Slave002 closed.
[root@Master001 ~]# ssh Slave003
    Last login: Tue Dec 19 14:44:05 2017 from 192.168.153.1
[root@Slave003 ~]# exit
    logout
```

```
    Connection to Slave003 closed.
[root@Master001 ~]#
```

4.2.9 启动 Hadoop 集群

1. 启动 HDFS 进程

在 Master001 虚拟机上执行 hdfs namenode -format 命令对 HDFS 进行初始化，执行完成后会在指定目录生成 tmp 目录，结构如图 4.19 所示。

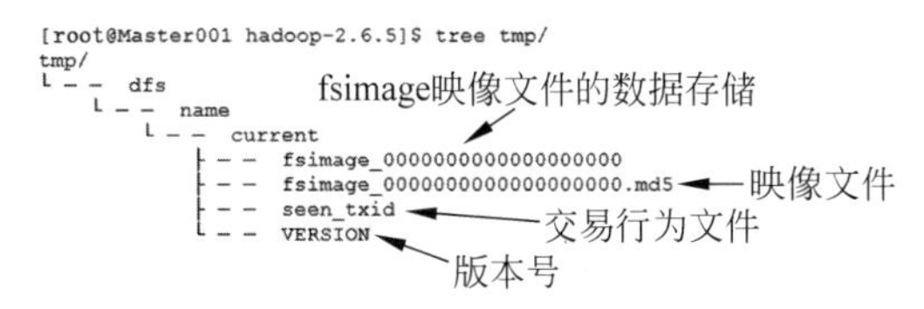

图 4.19 格式化后生成的数据目录结构

在 Master001 虚拟机上执行 start-hdfs. sh 命令，它分别在各个虚拟机启动以下进程：

```
[root@Master001 ~]# start-dfs.sh
20/07/31 22:29:21 WARN util.NativeCodeLoader: Unable to load native-hadoop library for
your platform... using builtin-java classes where applicable
Starting namenodes on [Master001]
Master001: starting namenode, logging to /root/software/hadoop-2.6.5/logs/hadoop-root-
namenode-Master001.out
Slave001: starting datanode, logging to /root/software/hadoop-2.6.5/logs/hadoop-root-
datanode-Slave001.out
Slave003: starting datanode, logging to /root/software/hadoop-2.6.5/logs/hadoop-root-
datanode-Slave003.out
Slave002: starting datanode, logging to /root/software/hadoop-2.6.5/logs/hadoop-root-
datanode-Slave002.out
Starting secondary namenodes [0.0.0.0]
0.0.0.0: starting secondarynamenode, logging to /root/software/hadoop-2.6.5/logs/hadoop
-root-secondarynamenode-Master001.out
20/07/31 22:29:41 WARN util.NativeCodeLoader: Unable to load native-hadoop library for
your platform... using builtin-java classes where applicable
[root@Master001 ~]# jps
    4370 NameNode
    4643 Jps
    4541 SecondaryNameNode
[root@Slave001 ~]# jps
    2531 Jps
    2462 DataNode
[root@Slave002 ~]# jps
    2531 Jps
```

```
    2462 DataNode
[root@Slave003 ~]# jps
    2531 Jps
    2462 DataNode
```

2. 启动 MapReduce 进程

在 Master001 虚拟机上执行 start-yarn. sh 命令，它分别在各个虚拟机启动以下进程：

```
[root@Master001 ~]# start-yarn.sh
starting yarn daemons
starting resourcemanager, logging to /root/software/hadoop-2.6.5/logs/yarn-root-resourcemanager-Master001.out
Slave002: starting nodemanager, logging to /root/software/hadoop-2.6.5/logs/yarn-root-nodemanager-Slave002.out
Slave001: starting nodemanager, logging to /root/software/hadoop-2.6.5/logs/yarn-root-nodemanager-Slave001.out
Slave003: starting nodemanager, logging to /root/software/hadoop-2.6.5/logs/yarn-root-nodemanager-Slave003.out
[root@Master001 ~]# jps
    5898 NameNode
    6075 SecondaryNameNode
    6219 ResourceManager
    6475 Jps
[root@Slave001 ~]# jps
    2625 Jps
    2561 NodeManager
    2462 DataNode
[root@Slave002 ~]# jps
    2625 Jps
    2561 NodeManager
    2462 DataNode
[root@Slave003 ~]# jps
    2625 Jps
    2561 NodeManager
    2462 DataNode
```

4.3 常见问题汇总

(1) Hadoop 安全模式异常。

报错：mkdir：Cannot create directory /one. Name node is in safe mode.

原因：Hadoop 处于安全模式下。

解决方案：bin/hadoop dfs admin -safemodeleave(离开安全模式).

(2) Hadoop 大数据集群两个 Master 均为 standby 状态。

报错：Operation category READ is not supported in state standby.

原因：Hadoop 集群异常，两个 NameNode 全部为 standby 状态。DFSZKFailoverController 进程没有启动，因为没有做 hdfs zkfc -formatZK 格式化，在 ZooKeeper 集群中没有创建 hadoop-ha 节点。正常情况下 Master 有两种状态：active（活跃状态）和 standby（备用状态），其中正常的集群中一台虚拟机的状态是 active，另一台虚拟机的状态必然是 standby。可以到 ZooKeeper 节点上通过./zkCli.sh -server 192.168.xx.xx 命令登录 ZooKeeper 服务器，通过 ls /命令查看 ZooKeeper 集群中是否有 hadoop-ha 节点。当检查有 hadoop-ha 节点后，再到任意一台 Master 虚拟机中启动服务。

解决方案：在任意一台 Master 虚拟机上执行 hdfszkfc -formatZK 命令（注：执行 hdfszkfc-formatZK 命令时，ZooKeeper 集群必须为启动状态）。

(3) ZooKeeper 异常。

异常：Starting zookeeper...already running as process 1490.

原因：在临时文件下有一个 zookeeper_server.pid 文件，这个文件是用来记录进程 id 的。由于机器意外断电异常关闭，因此导致 pid 文件残留。

解决方案：删除 zookeeper_server.pid 文件即可。

(4) 集群中 NameNode 和 DataNode 启动后又挂掉。

异常：集群中 NameNode 或 DataNode 启动后过一会儿又找不到进程。

原因：由于非法关机或其他误操作导致版本不一致。

解决方案：删除每个虚拟机中存放版本号的 tmp 文件，然后在 Master001 虚拟机执行 hdfs namenode -format 命令格式化 NameNode，然后将格式化后新生成的 tmp 复制或用 scp 方式传输到各个虚拟机。

```
[hadoop@Master001 hadoop-2.6.5]$ scp -r tmp/ Master002:~/software/hadoop-2.6.5/
[hadoop@Master001 hadoop-2.6.5]$ scp -r tmp/ Slave001:~/software/hadoop-2.6.5/
[hadoop@Master001 hadoop-2.6.5]$ scp -r tmp/ Slave002:~/software/hadoop-2.6.5/
[hadoop@Master001 hadoop-2.6.5]$ scp -r tmp/ Slave003:~/software/hadoop-2.6.5/
```

4.4 本章小结

本章主要针对 Hadoop 集群的搭建和搭建中的常见问题进行讲解。搭建 Hadoop 集群环境首先需要准备 Linux 系统虚拟机，为了能更好地看到效果，将 Linux 系统虚拟机设为 4 台，其中 1 台为主节点，其他 3 台为从节点。然后在每个虚拟机中安装 JDK、Hadoop，配置 Hadoop，最后在主节点设置免密、格式化和启动集群。集群的搭建是学习大数据技术的重点，只有做了环境准备工作，才能进行后续的深入学习。

4.5 课后习题

填空题

1. 大数据的特征是大体量、多样性、________和________。

2. Hadoop 框架的两个核心是 ________和________。

3. ________是基于 Hadoop 的一个数据仓库工具，可以将结构化的数据文件映射为一张数据库表，并提供类似 SQL 的查询功能，本质是将 SQL 转换为 MapReduce 程序。

4. HDFS 有高容错性的特点，设计用来部署在低廉的 PC 上，而且它提供高吞吐量访问应用程序的数据，适合________的应用程序。

5. ZooKeeper 是一个开放源码的________应用程序协调服务。

6. HBase 是一个开源的________数据库（NoSQL）。

第 5 章

HDFS技术

HDFS 是 Hadoop 项目的核心子项目，是分布式计算中数据存储管理的基础，是基于硬盘迭代模式访问和处理超大离线文件的需求而开发的项目，可以运行于廉价的商用服务器或 PC 上。

HDFS 有以下优点。

(1) 高容错性：上传的数据自动保存多个副本(默认为 3 个副本)。它通过增加副本的数量来增加它的容错性。如果某一个副本丢失，则 HDFS 机制会复制其他机器上的副本，而不必关注它的实现。

(2) 适合大数据的处理：能够处理千兆字节、太字节甚至拍字节级别的数据。

(3) 基于硬盘迭代的 I/O 写入：一次写入，多次读取。文件一旦写入，就不能修改，只能增加，这样可以保证数据的一致性。

(4) 可以装在廉价的机器上。

HDFS 有以下缺点。

(1) 低延时数据访问：它在低延时的情况下是不行的，它适合高吞吐率的场景，即在某一时间内写入大量的数据。对低延时要求高的情况一般使用 Spark 来完成。

(2) 小文件的存储：如果存放大量的小文件，它会大量占用 NameNode 的内存存储文件、目录、块信息，这样会对 NameNode 节点造成负担，小文件存储的寻道时间会超过文件的读取时间。这违背了 HDFS 的设计目标。

(3) 不能并发写入、文件不能随机修改：一个文件只能由一个线程写，不能由多个线程同时写；仅支持文件的追加，不支持文件的随机修改。

5.1 HDFS 架构

关于 HDFS 架构的讲解视频可扫描二维码观看。

HDFS 的高可用是 HDFS 持续为各类客户端提供读写服务的能力基础，因为客户端在对 HDFS 的读写操作之前都要访问 NameNode 服务器，客户端只有从 NameNode 获取元数据之后才能继续进行读写。所以 HDFS 的高可用关键在于 NameNode 上元数据的持续可用。Hadoop 官方提供了一种 QuorumJournalManager 来实现高可用。在高可用配置下，editlog 存放在一个共享存储的地方，这个共享存储由若干个 JournalNode 组成，一般是 3 个虚拟机(JN 集群)，每个 JournalNode 专门用于存放来自 NameNode 的编辑日志(editlog)，编辑日志由活跃状态的名称节点写入。

要有两个 NameNode 节点，二者之中只能有一个处于活跃状态，另一个是备用状态。只有活跃状态的节点才能对外提供读写 HDFS 的服务，也只有活跃状态的节点才能向 JournalNode 写入编辑日志；备用状态的名称节点只负责从 JN 集群中的 JournalNode 节点复制数据到本地存放。另外，各个 DataNode 会定期向两个 NameNode 节点报告自己的状态(心跳信息、块信息)。

一主一从的两个 NameNode 节点同时和 3 个 JournalNode 节点构成的组保持通信，活跃状态的 NameNode 节点负责往 JournalNode 集群写入编辑日志，备用状态的 NameNode 节点负责观察 JournalNode 组中的编辑日志，并且把日志拉取到备用状态节点，再加入到两节点各自的 fsimage 镜像文件。这样一来就能确保两个 NameNode 的元数据保持同步。一旦活跃状态不可用，提前配置的 Zookeeper 会把备用状态节点自动变为活跃状态，继续对外提供服务。

对于 HA 群集的正确操作至关重要，因此一次只能有一个 NameNode 节点处于活跃状态。否则，命名空间状态将在两者之间迅速产生分歧，出现数据丢失或其他不正确的结果。为了确保这个属性并防止所谓的“分裂大脑情景”，JournalNode 将只允许一个 NameNode 作为“领导者”。在故障切换期间，变为活跃状态的 NameNode 节点将简单地接管写入 JournalNode 的角色，这将有效地防止其他 NameNode 节点继续处于活动状态，允许新的节点安全地进行故障切换。HDFS 高可用架构如图 5.1 所示。

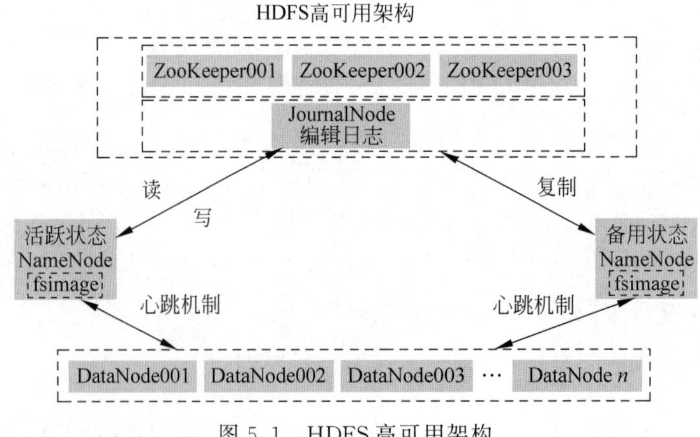

图 5.1　HDFS 高可用架构

5.2 HDFS 命令

关于 HDFS 命令的讲解视频可扫描二维码观看。

在 HDFS 中所有的 Hadoop 命令均由 bin/hadoop 脚本引发，不指定参数运行 Hadoop 脚本会打印所有命令的描述。本节将介绍常用的 HDFS 命令的操作。

5.2.1 version 命令

用法：hadoop version

version 命令可以打印 Hadoop 版本详细信息，示例如下：

```
[hadoop@Slave001 ~]$ hadoop version
    Hadoop 2.6.5
    Subversion https://github.com/apache/hadoop.git -r e8c9fe0b4c252caf2ebf14642205996
50f119997
    Compiled by sjlee on 2016-10-02T23:43Z
    Compiled with protoc 2.5.0
    From source with checksum f05c9fa095a395faa9db9f7ba5d754
    This command was run using /home/hadoop/software/hadoop-2.6.5/share/hadoop/common/
hadoop-common-2.6.5.jar
```

5.2.2 dfsadmin 命令

dfsadmin 命令可以查看集群存储空间使用情况和各个节点存储空间使用情况，示例如下：

```
[hadoop@Slave001 ~]# hadoop dfsadmin -report
    DEPRECATED: Use of this script to execute hdfs command is deprecated.
    Instead use the hdfs command for it.
    Configured Capacity: 37139136512 (34.59 GB)
    Present Capacity: 30914732032 (28.79 GB)
    DFS Remaining: 30734471168 (28.62 GB)
    DFS Used: 180260864 (171.91 MB)
    DFS Used%: 0.58%
    Under replicated blocks: 99
    Blocks with corrupt replicas: 0
    Missing blocks: 0
    -------------------------------------------------
    Live datanodes (2):
    Name: 192.168.153.201:50010 (Slave001)
    Hostname: Slave001
    Decommission Status : Normal
    Configured Capacity: 18569568256 (17.29 GB)
    DFS Used: 90128384 (85.95 MB)
    Non DFS Used: 3115909120 (2.90 GB)
```

```
DFS Remaining: 15363530752 (14.31 GB)
DFS Used% : 0.49%
DFS Remaining% : 82.73%
Configured Cache Capacity: 0 (0 B)
Cache Used: 0 (0 B)
Cache Remaining: 0 (0 B)
Cache Used% : 100.00%
Cache Remaining% : 0.00%
Last contact: Tue Dec 26 22:33:14 CST 2017

Name: 192.168.153.202:50010 (Slave002)
Hostname: Slave002
Decommission Status : Normal
Configured Capacity: 18569568256 (17.29 GB)
DFS Used: 90132480 (85.96 MB)
Non DFS Used: 3108495360 (2.90 GB)
DFS Remaining: 15370940416 (14.32 GB)
DFS Used% : 0.49%
DFS Remaining% : 82.77%
Configured Cache Capacity: 0 (0 B)
Cache Used: 0 (0 B)
Cache Remaining: 0 (0 B)
Cache Used% : 100.00%
Cache Remaining% : 0.00%
Last contact: Tue Dec 26 22:33:12 CST 2017
```

5.2.3 jar命令

jar命令是运行jar包文件的命令。用户可以把自己的MapReduce代码捆绑到jar文件中，使用jar命令使程序运行起来。

语法格式如下：

```
hadoop jar <jar> [mainClass]
```

其中，<jar>是jar包文件名称；[mainClass]是可选选项，指定运行主类。

使用hadoop jar命令可以在Hadoop集群中运行WordCount.jar程序，示例如下：

```
[hadoop@Slave001 ~]# hadoop jar WordCount.jar
```

5.2.4 fs命令

fs命令是运行通用文件系统命令。在hadoop命令后面跟上fs命令，表示对HDFS中的文件进行操作。

语法格式如下：

```
hadoop fs [GENERIC_OPTIONS] [COMMAND_OPTIONS]
```

[GENERIC_OPTIONS]：通用选项；
[COMMAND_OPTIONS]：命令选项。
fs 常用的基本选项如下。

1. cat

cat 命令可以在 HDFS 中查看指定文件或指定文件夹下所有文件内容。
语法格式如下：

```
hadoop fs -cat <hdfs:pathFile>
```

例如，查看 HDFS 中 input 目录下所有文件的内容。

```
[hadoop@Slave001 ~]# hadoop fs -cat /input/*
```

查看 HDFS 中 input 目录下 part-r-00000 文件中的内容。

```
[hadoop@Slave001 ~]# hadoop fs -cat /input/part-r-00000
```

注：
(1) /input/* 中的 * 代表所有，/input/* 代表 input 目录中的所有文件。
(2) /input/part* 代表 input 目录中文件名以 part 开始的所有文件。

2. copyFromLocal

copyFromLocal 命令类似于 put 命令，它与 put 命令的不同之处在于 copyFromLocal 命令复制的源地址必须是本地文件地址。
语法格式如下：

```
hadoop fs -copyFromLocal <local:pathFile> <hdfs:pathDirectory>
```

3. copyToLocal

copyToLocal 命令的作用与 put 命令很像，都是上传文件到 HDFS 中，它们的区别在于 copyToLocal 的源路径只能是一个本地文件，而 put 的源路径可能是多个文件，也可能是标准输入。
语法格式如下：

```
hadoop fs -copyToLocal <hdfs:pathFile> <local:pathDirectory>
```

除了限定目标路径是一个本地文件外，copyToLocal 命令和 get 命令类似。

4. cp

语法格式如下：

```
hadoop fs -cp <hdfs:pathFile> <hdfs:pathDirectory>
```

cp命令可以将HDFS中的指定文件复制到HDFS目标路径中。这个命令允许有多个源路径，但此时目标路径必须是一个目录。

示例如下：

```
[hadoop@Slave001 ~]# hadoop fs -cp /user/hadoop/file1 /user/hadoop/file2
[hadoop@Slave001 ~]# hadoop fs -cp /user/hadoop/file1 /user/hadoop/file2 /user/
hadoop/dir
```

5. du

语法格式如下：

```
hadoop fs -du <hdfs:pathDirectory>
```

du命令是显示文件或文件夹属性的命令，可以显示指定文件的大小、多个指定文件的大小、指定目录中所有文件的大小和指定多个目录中所有文件的大小。

示例如下：

```
[hadoop@Slave001 ~]# hadoop fs -du /input /output
73962       /output/relation
8829        /output/word
14215       /output/word_count
53          /input/2017-12-22.1514227013843
41          /input/2017-12-26.1514227103154
3297        /input/choose_column
```

6. dus

语法格式如下：

```
hadoop fs -dus <hdfs:pathDirectory>
```

dus命令可以显示指定文件目录的大小或者指定多个文件目录的大小。

示例如下：

```
[hadoop@Slave001 ~]$ hadoop fs -dus /input
3169072     /input
[hadoop@Slave001 ~]$ hadoop fs -dus /input /output
3169072     /input
8829        /output
```

7. expunge

expunge 命令的字面意思是“清除”，它在 Hadoop 中的作用是清空回收站。
语法格式如下：

```
hadoop fs -expunge
```

示例如下：

```
[hadoop@Slave001 ~]$ hadoop fs -expunge
17/12/26 22:31:55 INFO fs.TrashPolicyDefault: NameNode trash configuration: Deletion
interval = 0 minutes, Emptier interval = 0 minutes.
```

8. get

语法格式如下：

```
hadoop fs -get <hdfs:pathFile> <local:pathDirectory>
```

get 命令从 HDFS 中复制指定文件、指定目录下所有文件和指定多个文件到本地文件目录。执行 get 命令之前，本地文件目录必须事先存在。get 命令是一个常用的下载命令。

示例如下：

（1）在 HDFS 中复制 input 目录下 word_count 文件到本地 file 目录中。

```
[hadoop@Slave001 file]$ hadoop fs -get /input/word_count ~/file
```

（2）复制 HDFS 中 input 和 output 目录所有文件到本地 file 目录中。

```
[hadoop@Slave001 file]$ hadoop fs -get /input /output ~/file
[hadoop@Slave001 file]$ ls
input    output
[hadoop@Slave001 file]$ cd input/
[hadoop@Slave001 input]$ ls
2017-12-22.1514227013843    2017-12-26.1514227103154    choose_column
city_data  major    monitor_data  score    word
```

9. getmerge

语法格式如下：

```
hadoop fs -getmerge <hdfs:pathDirectory> <hdfs:localFile>
```

getmerge 命令将 HDFS 中指定目录下的所有文件加载到本地文件中。如果文件名不存在，则在本地创建新文件；如果文件名存在，则覆盖原文件内所有内容。

示例如下：

```
[hadoop@Slave001 file]$ hadoop fs -getmerge /output/word_count ~/file/output
[hadoop@Slave001 file]$ ls
file     output
[hadoop@Slave001 file]$ cat output
Just   出现：1 次
...
Not   出现：1 次
Noticing   出现：1 次
```

10. ls

语法格式如下：

```
hadoop fs -ls <hdfs:pathDirectory>
```

ls 命令在 HDFS 中显示指定文件的详细内容。如果是目录，则直接返回其子文件的列表。

详细内容包括权限、用户、文件所在组、文件大小、创建日期和路径等信息。

示例如下：

（1）显示 HDFS 中 Word 文件的详细属性。

```
[hadoop@Slave001 file]$ hadoop fs -ls /input/word
-rw-r--r--    3 hadoop   supergroup     8829 2017-12-25 22:15 /input/word
```

（2）显示 HDFS 中 input 目录下所有文件的详细属性。

```
[hadoop@Slave001 file]$ hadoop fs -ls /input
Found 4 items
-rw-r--r--    3 hadoop supergroup    482 2017-12-26 00:19 /input/major
-rw-r--r--    3 hadoop supergroup    2954128 2017-12-25 04:33 /input/monitor
-rw-r--r--    3 hadoop supergroup    56812 2017-12-25 23:40 /input/score
-rw-r--r--    3 hadoop supergroup    8829 2017-12-25 22:15 /input/word
```

11. lsr

语法格式如下：

```
hadoop fs -lsr <hdfs:pathDirectory>
```

lsr 命令是 ls -R 的简写，用来递归显示 HDFS 中指定目录下所有子文件。

示例如下：

```
[hadoop@Slave001 file]$ hadoop fs -lsr /input
lsr: DEPRECATED: Please use 'ls -R' instead.
-rw-r--r--   3 hadoop supergroup   53 2017-12-26 02:36 /input/151422013843
-rw-r--r--   3 hadoop supergroup   41 2017-12-26 02:38 /input/151422103154
-rw-r--r--   3 hadoop supergroup   3297 2017-12-25 23:05 /input/choose
-rw-r--r--   3 hadoop supergroup   14540 2017-12-25 04:52 /input/city_data
-rw-r--r--   3 hadoop supergroup   482 2017-12-26 00:19 /input/major
-rw-r--r--   3 hadoop supergroup   2954128 2017-12-25 04:33 /input/monitor
-rw-r--r--   3 hadoop supergroup   56812 2017-12-25 23:40 /input/score
-rw-r--r--   3 hadoop supergroup   8829 2017-12-25 22:15 /input/word
```

12. mkdir

语法格式如下：

```
hadoop fs -mkdir <paths>
```

mkdir命令可以在HDFS中创建新目录，但它只能创建一级目录。创建多级目录时上一级目录必须先存在，或者使用-p参数。

示例如下：

(1) 使用mkdir命令在HDFS的input目录下创建一个file目录。

```
[hadoop@Slave001 ~]$ hadoop fs -mkdir /input/file
[hadoop@Slave001 ~]$ hadoop fs -ls /input
Found 4 items
drwxr-xr-x   - hadoop supergroup   0 2017-12-26 23:30 /input/file
-rw-r--r--   3 hadoop supergroup   482 2017-12-26 00:19 /input/major
-rw-r--r--   3 hadoop supergroup   56812 2017-12-25 23:40 /input/score
-rw-r--r--   3 hadoop supergroup   8829 2017-12-25 22:15 /input/word
```

(2) 使用mkdir命令在HDFS的input目录下创建一个file2目录，在output目录下也创建一个file2目录。

```
[hadoop@Slave001 ~]$ hadoop fs -mkdir /input/file2 /output/file2
[hadoop@Slave001 ~]$ hadoop fs -ls /input /output
Found 6 items
drwxr-xr-x   - hadoop supergroup   0 2017-12-26 23:30 /input/file
drwxr-xr-x   - hadoop supergroup   0 2017-12-26 23:32 /input/file2
...
-rw-r--r--   3 hadoop supergroup   8829 2017-12-25 22:15 /input/word
Found 10 items
drwxr-xr-x   - hadoop supergroup   0 2017-12-25 23:41 /output/averager
drwxr-xr-x   - hadoop supergroup   0 2017-12-25 23:06 /output/choose
...
drwxr-xr-x   - hadoop supergroup   0 2017-12-26 23:32 /output/file2
```

（3）使用 mkdir 命令在 HDFS 中创建一个多级目录/file/file1/file2/file3。

```
[hadoop@Slave001 ~]$ hadoop fs -mkdir -p /file/file1/file2/file3
[hadoop@Slave001 ~]$ hadoop fs -ls -R /file
drwxr-xr-x   - hadoop supergroup      0 2017-12-26 23:35 /file/file1
drwxr-xr-x   - hadoop supergroup      0 2017-12-26 23:35 /file/file1/file2
drwxr-xr-x   - hadoop supergroup      0 2017-12-26 23:35 /file/file1/file2/file3
```

13. mv

语法格式如下：

```
hadoop fs -mv <hdfs:sourcepath> [hdfs:sourcepath …] <hdfs:targetPath>
```

mv 命令可以在 HDFS 中将文件从源路径移动到目标路径，这个命令允许有多个源路径，此时目标路径必须是一个目录。

示例如下：

（1）将 HDFS 中的/input/major 文件移动到/file/file1/file2 中。

```
[hadoop@Slave001 ~]$ hadoop fs -mv /input/major /file/file1/file2
[hadoop@Slave001 ~]$ hadoop fs -ls /file/file1/file2
Found 2 items
drwxr-xr-x   - hadoop supergroup    0 2017-12-26 23:35 /file/file1/file2/file3
-rw-r--r--   3 hadoop supergroup  482 2017-12-26 00:19 /file/file1/file2/major
```

（2）使用 mv 命令将 HDFS 中的/input/score 文件和/input/word 文件移动到/file/file1/file2/file3 目录中。

```
[hadoop@Slave001 ~]$ hadoop fs -mv /input/score /input/word /file/file1/file2/file3
[hadoop@Slave001 ~]$ hadoop fs -ls /file/file1/file2/file3
Found 2 items
-rw-r--r--   3 hadoop supergroup   56812 2017-12-25 23:40 /file/file1/file2/file3/
score
-rw-r--r--   3 hadoop supergroup   8829 2017-12-25 22:15 /file/file1/file2/
file3/word
[hadoop@Slave001 ~]$ hadoop fs -ls /input
Found 7 items
-rw-r--r--   3 hadoop supergroup    14543 2017-12-25 04:52 /input/city_data
...
drwxr-xr-x   - hadoop supergroup      0 2017-12-26 23:32 /input/file2
```

14. put

语法格式如下：

```
hadoop fs -put <local:pathFile> [local:pathFile] <hdfs:pathDirctory>
```

put 命令可以从本地文件系统中复制单个或多个源路径到目标文件系统。HDFS 中接收文件的目录必须事先存在。

示例：从本地上传 city_data 文件和 monitor_data 文件到 HDFS 的 test 目录中。

```
[hadoop@Slave001 ~]$ ls
aaaip9.jar   city_data   file   monitor_data   rrwquy.jar
[hadoop@Slave001 ~]$ hadoop fs -mkdir /test
[hadoop@Slave001 ~]$ hadoop fs -put city_datamonitor_data /test
[hadoop@Slave001 ~]$ hadoop fs -ls /test
Found 2 items
-rw-r--r--   3 hadoop supergroup   145430 2017-12-26 23:48 /test/city_data
-rw-r--r--   3 hadoop supergroup  2954128 2017-12-26 23:48 /test/monitor_data
```

15. rm

语法格式如下：

```
hadoop fs -rm <hdfs:pathFile> [hdfs:pathFile]
```

rm 命令是用于删除一个指定的文件或多个指定文件的命令，并且加上-r 参数可以删除指定目录。

示例如下：

```
[hadoop@Slave001 ~]$ hadoop fs -ls /test
Found 2 items
-rw-r--r--   3 hadoop supergroup   145430 2017-12-26 23:48 /test/city_data
-rw-r--r--   3 hadoop supergroup  2954128 2017-12-26 23:48 /test/monitor_data
[hadoop@Slave001 ~]$ hadoop fs -rm /test/city_data /test/monitor_data
17/12/26 23:52:19 INFO fs.TrashPolicyDefault: NameNode trash configuration: Deletion
interval = 0 minutes, Emptier interval = 0 minutes.
Deleted /test/city_data
17/12/26 23:52:20 INFO fs.TrashPolicyDefault: NameNode trash configuration: Deletion
interval = 0 minutes, Emptier interval = 0 minutes.
Deleted /test/monitor_data
```

16. rmr

语法格式如下：

```
hadoop fs -rmr <hdfs:pathDirectory> [hdfs:pathDirectory]
```

rmr 命令可以删除目录或递归删除子文件。如果使用-rmr 命令删除一个目录，不管目录下是否有其他文件，均被一并删除。

示例如下：

```
[hadoop@Slave001 ~]$ hadoop fs -ls -R /test /file
drwxr-xr-x   - hadoop supergroup   0 2017-12-26 23:35 /file/file1
drwxr-xr-x   - hadoop supergroup   0 2017-12-26 23:40 /file/file1/file2
...
-rw-r--r--   3 hadoop supergroup   482 2017-12-26 00:19 /file/file1/file2/major
-rw-r--r--   3 hadoop supergroup   36365 2017-12-20 21:51 /file/input
[hadoop@Slave001 ~]$ hadoop fs -rmr /test /file
rmr: DEPRECATED: Please use 'rm -r' instead.
17/12/26 23:55:49 INFO fs.TrashPolicyDefault: NameNode trash configuration: Deletion
interval = 0 minutes, Emptier interval = 0 minutes.
Deleted /test
17/12/26 23:55:49 INFO fs.TrashPolicyDefault: NameNode trash configuration: Deletion
interval = 0 minutes, Emptier interval = 0 minutes.
Deleted /file
[hadoop@Slave001 ~]$ hadoop fs -ls -R /test /file
ls: `/test': No such file or directory
ls: `/file': No such file or directory
```

17. tail

语法格式如下：

```
hadoop fs -tail [-f] <hdfs:pathFile>
```

tail 命令可以将文件尾部 1KB 的内容输出到标准输出。并且 tail 命令支持-f 选项，加上-f 选项表示实时显示文件内容。

示例如下：

```
[hadoop@Slave001 ~]$ hadoop fs -tail /input/city_data
90100751295   PMS_淳溪长一村4#   淳溪供电所   南京
90100751318   PMS_新杨4#(加工厂边)   淳溪供电所   南京
......
90100796714   PMS_固城湖佳苑#1   南京市高淳区供电公司   南京
90100796715   PMS_固城湖佳苑#2   南京市高淳区供电公司   南京
```

18. text

语法格式如下：

```
hadoop fs -text <hdfs:pathFile>
```

text 命令可以将 HDFS 中的源文件以文本格式输出。

19. touchz

语法格式如下：

```
hadoop fs -touchz <hdfs:newFile>
```

touchz 命令可以在 HDFS 中创建一个 0B 的空文件。

示例如下：

```
[hadoop@Slave001 ~]$ hadoop fs -touchz /newfile
[hadoop@Slave001 ~]$ hadoop fs -ls /newfile
-rw-r--r--   3 hadoop supergroup   0 2017-12-27 00:01 /newfile
```

5.3 API 的使用

HDFS 是一个分布式文件系统。既然是文件系统，就可以对其文件进行操作。例如，新建文件、删除文件、读取文件内容等。Python 操作 HDFS 常用的模块有 hdfs 和 pyhdfs 两种，下面将分别讲解如何使用 Python 模块对 HDFS 中的文件进行操作。

5.3.1 hdfs 模块

关于 hdfs 模块的讲解视频可扫描二维码观看。

hdfs 模块是 Python 提供的第三方库模块，它提供了直接对 Hadoop 中 HDFS 操作的能力，hdfs 模块是 HDFS 的 API 和命令行接口。

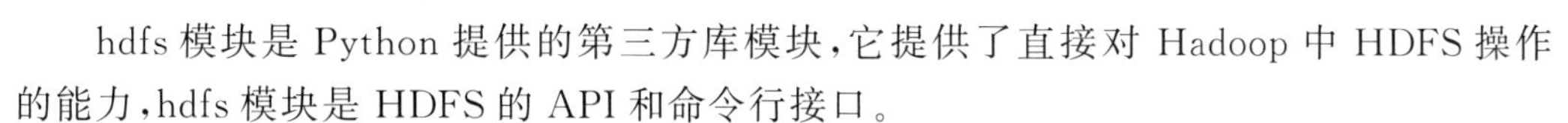

1. 安装 hdfs 模块

在使用 hdfs 模块前需要安装 hdfs 模块，在 Python 中所有的第三方模块均采用 pip 命令安装。

在 Windows 下使用 pip 命令安装 hdfs 模块有以下两种方式。

(1) 命令行方式安装：在 Windows 任务栏的搜索文本框中输入“运行”后按 Enter 键，弹出“运行”对话框，在对话框中输入 cmd 后按 Enter 键，进入管理员终端交互界面，如图 5.2 所示。

```
管理员: C:\Windows\system32\cmd.exe
Microsoft Windows [版本 6.1.7601]
版权所有 (c) 2009 Microsoft Corporation。保留所有权利。

C:\Users\Administrator>pip install hdfs
```

图 5.2 命令行方式安装 hdfs 模块

(2) PyCharm 方式安装：在 Terminal 窗口中输入 pip install hdfs 命令，如图 5.3 所示。

图 5.3 PyCharm 方式安装 hdfs 模块

验证 hdfs 模块安装是否成功：在控制台终端输入 pip list，如果查看到安装的 hdfs 模块则说明安装成功，如图 5.4 所示。

```
管理员: C:\Windows\system32\cmd.exe

C:\Users\Administrator>pip list
Package          Version
---------------- -----------
-xpython         4.0.7.post2
future           0.18.2
hdfs             2.5.8
idna             2.9
```

图 5.4 查看安装结果

2. 连接 HDFS

hdfs 模块中的 Client 类非常关键，使用这个类可以实现连接 HDFS 的 NameNode，对 HDFS 上的文件进行查、读、写等操作。

参数解析如下。

url：主机名或 IP 地址，后跟 NameNode 的端口号，例如，url＝"http://192.168.153.101:50070"。还可以指定多个以逗号分隔的 URL 连接高可用集群，例如 url＝["http://192.168.153.101:50070"," http://192.168.153.102:50070"]。

proxy：指定代理，默认为 None。

root：指定根路径，其将作为传递给客户端所有 HDFS 的前缀。

timeout：设置连接超时，已转发到请求处理程序，如果达到超时，则将引发适当的异常。

session：设置发出所有请求的实例。

连接 HDFS 实例如下：

```
class HDFSTest():
    def __init__(self):
        self.client = Client(url = "http://192.168.153.101:50070")
        print("返回操作 HDFS 对象: ", self.client)
```

3. status()函数

status()函数用于查看文件或者目录的状态，有两个接收参数：hdfs_path 参数是要查看的 HDFS 路径；strict 参数用于是否开启严格模式，严格模式下目录或文件不存在则返回 raise，否则返回 None。

status()函数示例如下：

```
class HDFSTest():
    def __init__(self):
        self.client = Client(url = "http://192.168.153.101:50070")

    def status(self):
        c = self.client
        print(c.status(hdfs_path = "/input", strict = False))
if __name__ == '__main__':
    h = HDFSTest()
    h.status()
```

输出结果说明如下。

如果 strict=False，/input 文件不存在，则返回结果为 None。

如果 strict=True，/input 文件不存在，则返回结果为：

```
hdfs.util.HdfsError: File does not exist: /input
```

如果/input 文件存在，则返回结果为：

```
{'accessTime': 0, 'blockSize': 0, 'childrenNum': 0, 'fileId': 16403, 'group': 'supergroup',
'length': 0, 'modificationTime': 1594872452916, 'owner': 'hadoop', 'pathSuffix': '',
'permission': '755', 'replication': 0, 'storagePolicy': 0, 'type': 'DIRECTORY'}
```

4. content()函数

content()函数用于列出目录或文件详情，有两个接收参数：hdfs_path 参数是要查看的 HDFS 路径；strict 参数用于是否开启严格模式，严格模式下目录或文件不存在则返回 raise，否则返回 None。

content()函数示例如下：

```
class HDFSTest():
    def __init__(self):
        self.client = Client(url = "http://192.168.153.101:50070")
    def content(self):
        c = self.client
        print(c.content(hdfs_path = "/", strict = True))
        print(c.content(hdfs_path = "/input", strict = True))
        print(c.content(hdfs_path = "/output", strict = True))
if __name__ == '__main__':
    h = HDFSTest()
    h.content()
```

结果如图 5.5 所示。

```
HDFSTest
"D:\Program Files\python\python.exe" D:/Users/Python/PythonTest/test2/HDFSTest.py
{'directoryCount': 8, 'fileCount': 3, 'length': 5667, 'quota': 9223372036854775807, 'spaceConsumed': 14603, 'spaceQuota': -1}
{'directoryCount': 1, 'fileCount': 0, 'length': 0, 'quota': -1, 'spaceConsumed': 0, 'spaceQuota': -1}
{'directoryCount': 4, 'fileCount': 0, 'length': 0, 'quota': -1, 'spaceConsumed': 0, 'spaceQuota': -1}
```

目录个数 包含当前目录和子目录　指定目录的所有文件数　指定目录大小　定额　空间消耗　空间配额

图 5.5　content()函数示例结果

5. list()函数

list()函数用于列出指定目录下的所有文件，有两个接收参数：hdfs_path 参数是要查看的 HDFS 路径；status 参数传入布尔类型值，如果值为 True 表示将以元组方式返回当前目录下的所有文件的文件名和文件的状态，如果值为 False 表示只查看指定目录下的所有文件不返回其状态。

list()函数示例如下：

```
class HDFSTest():
    def __init__(self):
        self.client = Client(url = "http://192.168.153.101:50070")
    def list(self):
        c = self.client
        array = c.list(hdfs_path = "/", status = True)
        for a in array:
            print(a)
if __name__ == '__main__':
    h = HDFSTest()
    h. list()
```

结果如图 5.6 所示。

```
HDFSTest
"D:\Program Files\python\python.exe" D:/Users/Python/PythonTest/test2/HDFSTest.py
('input', {'accessTime': 0, 'blockSize': 0, 'childrenNum': 0, 'fileId': 16403, 'group': 'supergroup', 'length'
('outpu', {'accessTime': 0, 'blockSize': 0, 'childrenNum': 0, 'fileId': 16404, 'group': 'supergroup', 'length'
('output', {'accessTime': 0, 'blockSize': 0, 'childrenNum': 3, 'fileId': 16387, 'group': 'supergroup', 'length
('profile', {'accessTime': 1594863524488, 'blockSize': 134217728, 'childrenNum': 0, 'fileId': 16398, 'group':
('python_hdfs', {'accessTime': 0, 'blockSize': 0, 'childrenNum': 2, 'fileId': 16393, 'group': 'supergroup', 'l
Process finished with exit code 0
```

图 5.6　list()函数示例结果

6. 列出指定目录下所有文件及子文件

hdfs 模块中没有提供对指定目录下所有文件及子文件的函数，但可以通过组合函数方式实现该功能。

第一步：使用 status()函数获取指定路径的文件状态，利用字段获取 type 的值，如果值为 DIRECTORY 说明是目录，如果值为 FILE 说明是文件。

第二步：根据获取的文件状态来区别是文件还是目录。

第三步：如果是文件则直接输出文件的路径，如果是目录则递归调用 lists()函数，再次执行第一步的内容。

示例如下：

```
class HDFSTest():
    def __init__(self):
        self.client = Client(url = "http://192.168.153.101:50070")
    # 判断是目录还是文件
    def dirOrFile(self, path):
        c = self.client
        dict = c.status(hdfs_path = path, strict = True)
        type = dict["type"]
        return type

    # 列出指定目录下的所有文件
    def lists(self, path):
        c = self.client
        array = c.list(hdfs_path = path, status = False)
        for a in array:
            if path == "/":
                b = path + a
                type = self.dirOrFile(b)
                if type == "FILE":
                    print("文件: ", b)
                else:
                    print("目录: ", b)
                    self.lists(b)
            else:
                b = path + "/" + a
                type = self.dirOrFile(b)
                if type == "FILE":
                    print("文件: ", b)
                else:
                    print("目录: ", b)
                    self.lists(b)
if __name__ == '__main__':
    h = HDFSTest()
    h.lists("/input")
```

7. makedirs()函数

makedirs()函数用于在 HDFS 中远程创建目录，支持目录递归创建。有两个接收参数：hdfs_path 参数是要创建的 hdfs 路径；permission 参数用于对新创建的目录设置权限。

makedirs()函数示例如下：

```
class HDFSTest():
    def __init__(self):
        self.client = Client(url = "http://192.168.153.101:50070")
    # 在 HDFS 中创建新目录
    def mkdir(self, path, per):
        c = self.client
        c.makedirs(hdfs_path = path, permission = per)
if __name__ == '__main__':
    h = HDFSTest()
    h.mkdir("/tmp", 777)
```

结果如图 5.7 所示。

```
[hadoop@Master001 ~]$ hadoop fs -ls -R /
20/07/17 05:04:32 WARN util.NativeCodeLoader: Unable to load native-hadoop library
a classes where applicable
drwxr-xr-x   - hadoop supergroup          0 2020-07-16 04:46 /output
drwxrwxrwx   - hadoop supergroup          0 2020-07-17 05:04 /python_hdfs
-rw-r--r--   3 hadoop supergroup        871 2020-07-16 06:07 /python_hdfs/date
-rwxrwxrwx   2 hadoop supergroup       2398 2020-07-16 05:59 /python_hdfs/profile
drwxrwxrwx   - dr.who supergroup          0 2020-07-17 05:04 /python_hdfs/tmp
```

图 5.7　makedirs()函数示例结果

注意，当使用 PyCharm 远程创建目录时会出现 hdfs. util. HdfsError: Permission denied: user=dr. who, access=WRITE, inode="/":hadoop:supergroup:drwxr-xr-x 异常，原因是使用的其他用户没有控制 HDFS 目录的权限。解决方案有多种，这里介绍一种最安全的方式，即通过集群管理员为远程操作用户创建一个独立并有权限访问的目录，之后的远程访问均在该目录下进行，具体操作步骤如下。

第一步：创建目录。

```
[root@Master001 ~]# hadoop fs -mkdir /test
[root@Master001 ~]# hadoop fs -ls /
drwxr-xr-x   - hadoop supergroup        0 2020-07-17 05:13 /test
```

第二步：设置权限。

```
[root@Master001 ~]# hadoop fs -chmod 777 /test
[root@Master001 ~]# hadoop fs -ls /
drwxrwxrwx   - hadoop supergroup     0 2020-07-17 05:13 /test
```

第三步：在 PyCharm 指定目录下创建目录。

```
c = self.client
c.makedirs(hdfs_path = "/test/tmp", permission = 777)
[root@Master001 ~]# hadoop fs -ls -R /
drwxrwxrwx   - dr.who supergroup     0 2020-07-17 05:16 /test/tmp
```

8. rename()函数

rename()函数为文件或目录重命名，接收两个参数：hdfs_src_path 参数为原始路径或名称；hdfs_dst_path 参数为修改后的文件或路径。rename()函数将 hdfs_dst_path 参数设置为与原始路径不同的路径可以实现文件的移动效果。

rename()函数示例如下：

```
class HDFSTest():
    def __init__(self):
        self.client = Client(url = "http://192.168.153.101:50070")
    # 重命名
    def rename(self, oldName, newName):
        c = self.client
        c.rename(oldName, newName)
if __name__ == '__main__':
    h = HDFSTest()
    h.rename("/test/tmp", "/test/tmp2")
```

输出结果：

```
[root@Master001 ~]# hadoop fs -ls /test
drwxrwxrwx   - dr.who supergroup          0 2020-07-17 05:16 /test/tmp
[root@Master001 ~]# hadoop fs -ls /test
drwxrwxrwx   - dr.who supergroup          0 2020-07-17 05:16 /test/tmp2
```

9. resolve()函数

resolve()函数返回指定路径的绝对路径，返回值为 str 类型，接收一个参数：hdfs_path 参数是指定的 HDFS 路径。

resolve()函数示例如下：

```
class HDFSTest():
    def __init__(self):
        self.client = Client(url = "http://192.168.153.101:50070")
    # 返回绝对路径
    def resolve(self):
        c = self.client
        print(c.resolve("/test/tmp2"))
if __name__ == '__main__':
    h = HDFSTest()
    h.resolve()
```

结果如图 5.8 所示。

```
Run: HDFSTest
"D:\Program Files\python\python.exe"
/test/tmp2
```

图 5.8 resolve()函数示例结果

10. set_replication()函数

set_replication()函数用于设置文件在 HDFS 上的副本数量，Hadoop 集群模式下的副本默认保存 3 份，接收两个参数：hdfs_path 参数是 HDFS 中文件的路径；replication 参数是文件的副本数量。

set_replication()函数示例如下：

```
class HDFSTest():
    def __init__(self):
        self.client = Client(url = "http://192.168.153.101:50070")
    # 设置文件在 HDFS 上的副本数量
    def set_replication(self, hdfs_path, replication):
        c = self.client
        c.set_replication(hdfs_path, replication)
if __name__ == '__main__':
    h = HDFSTest()
    h.set_replication("/test/profile_2", 2)
```

结果如图 5.9 所示。

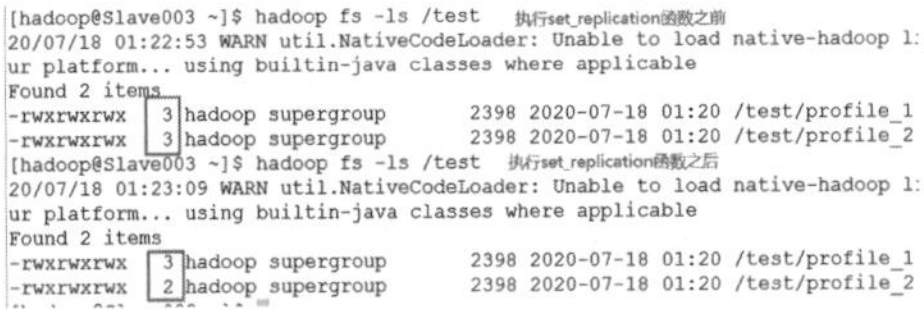

```
[hadoop@Slave003 ~]$ hadoop fs -ls /test    执行set_replication函数之前
20/07/18 01:22:53 WARN util.NativeCodeLoader: Unable to load native-hadoop l:
ur platform... using builtin-java classes where applicable
Found 2 items
-rwxrwxrwx   3 hadoop supergroup       2398 2020-07-18 01:20 /test/profile_1
-rwxrwxrwx   3 hadoop supergroup       2398 2020-07-18 01:20 /test/profile_2
[hadoop@Slave003 ~]$ hadoop fs -ls /test    执行set_replication函数之后
20/07/18 01:23:09 WARN util.NativeCodeLoader: Unable to load native-hadoop l:
ur platform... using builtin-java classes where applicable
Found 2 items
-rwxrwxrwx   3 hadoop supergroup       2398 2020-07-18 01:20 /test/profile_1
-rwxrwxrwx   2 hadoop supergroup       2398 2020-07-18 01:20 /test/profile_2
```

图 5.9　set_replication()函数示例结果

11. read()函数

read()函数用于读取文件的信息，与 hadoop fs -cat hdfs_path 类似。参数如下。

hdfs_path：HDFS 路径。

offset：读取位置。

length：读取长度。

encoding：指定编码。

chunk_size：字节的生成器，必须和 encoding 一起使用满足 chunk_size 设置，即 yield。

delimiter：设置分隔符，必须和 encoding 一起设置。

progress：读取进度回调函数，读取一个 chunk_size 回调一次。

read()函数示例 1：以下例子只能读取英语文件内容，中文内容将以十六进制方式呈现。

```
class HDFSTest():
    def __init__(self):
```

```
        self.client = Client(url = "http://192.168.153.101:50070")
    # 读取文件信息
    def read1(self, path):
        c = self.client
        with c.read(hdfs_path = path) as obj:
            for i in obj:
                print(i)
if __name__ == '__main__':
    h = HDFSTest()
    h.read1("/test/data")
```

结果如图 5.10 所示。

```
HDFSTest
"D:\Program Files\python\python.exe" D:/Users/Python/PythonTest/test2/HDFSTest.py
b'\xe6\xb5\x8b\xe8\xaf\x95\xe6\x95\xb0\xe6\x8d\xae\n'   中文十六进制输出
b'test data\n'
b'\n'
b'\xe4\xb9\x9d\xe5\xb0\x9a\xe7\xa7\x91\xe6\x8a\x80\xe6\xac\xa2\xe8\xbf\x8e\xe6\x82\xa8\n'
b'Welcome to JiuShang Technology\n'
```

图 5.10 read()函数示例 1 结果

read()函数示例 2：读取指定文件的内容，并设置编码级。

```
class HDFSTest():
    def __init__(self):
        self.client = Client(url = "http://192.168.153.101:50070")
    # 读取文件信息,并设置编码级
    def read2(self, path):
        c = self.client
        with c.read(hdfs_path = path, encoding = "utf8") as obj:
            for i in obj:
                print(i)
if __name__ == '__main__':
    h = HDFSTest()
    h.read2("/test/data")
```

结果如图 5.11 所示。

```
Run: HDFSTest
"D:\Program Files\python\python.exe" D:/Users/Python/PythonTest/test2/HDFSTest.py
测试数据
test data

九尚科技欢迎您
Welcome to JiuShang Technology
```

图 5.11 read()函数示例 2 结果

read()函数示例 3：从头到尾读取长度为 6B 的数据，如果 length 为 None 将读取整个文件。

```
class HDFSTest():
    def __init__(self):
        self.client = Client(url = "http://192.168.153.101:50070")
    def read3(self, path):
        c = self.client
        with c.read(hdfs_path = path, encoding = "utf8", length = 8) as obj:
            for i in obj:
                print(i)
if __name__ == '__main__':
    h = HDFSTest()
    h.read3("/test/data")
```

结果如图 5.12 所示。

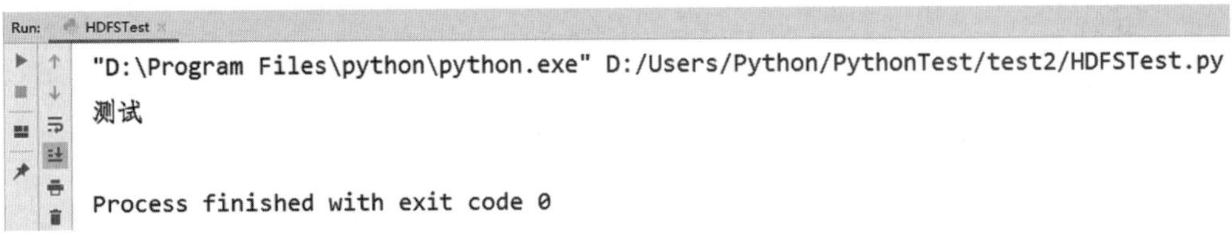

```
Run:  HDFSTest
"D:\Program Files\python\python.exe" D:/Users/Python/PythonTest/test2/HDFSTest.py
测试

Process finished with exit code 0
```

图 5.12　read()函数示例 3 结果

read()函数示例 4：从 length 为 6B 位置开始，读取 length 为 20B 长度的数据。

```
class HDFSTest():
    def __init__(self):
        self.client = Client(url = "http://192.168.153.101:50070")
    # 从 6 位置读取 20 长度数据
    def read4(self, path):
        c = self.client
        with c.read(hdfs_path = path, encoding = "utf8", offset = 6, length = 20) as obj:
            for i in obj:
                print(i, end = "")
if __name__ == '__main__':
    h = HDFSTest()
    h.read4("/test/data")
```

结果如图 5.13 所示。

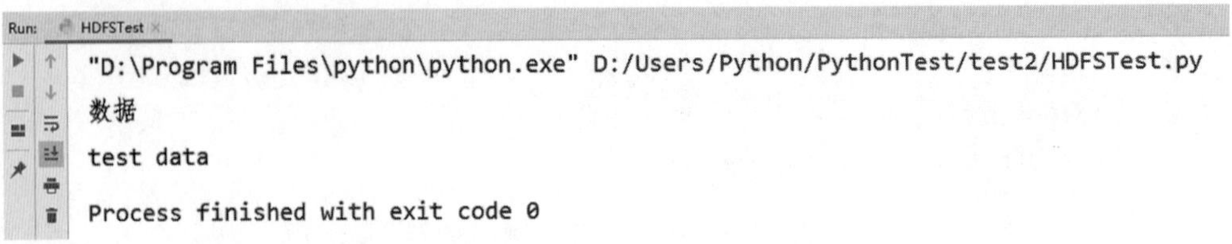

```
Run:  HDFSTest
"D:\Program Files\python\python.exe" D:/Users/Python/PythonTest/test2/HDFSTest.py
数据
test data
Process finished with exit code 0
```

图 5.13　read()函数示例 4 结果

read()函数示例 5：设置按指定分隔符分隔读取内容，默认分隔符为\n。

```
class HDFSTest():
    def __init__(self):
        self.client = Client(url = "http://192.168.153.101:50070")
    def read5(self, path):
        c = self.client
        p = c.read(hdfs_path = path, encoding = "utf8", delimiter = " ")
        with p as d:
            for i in d:
                print(i)
if __name__ == '__main__':
    h = HDFSTest()
    h.read5("/test/data")
```

结果如图 5.14 所示。

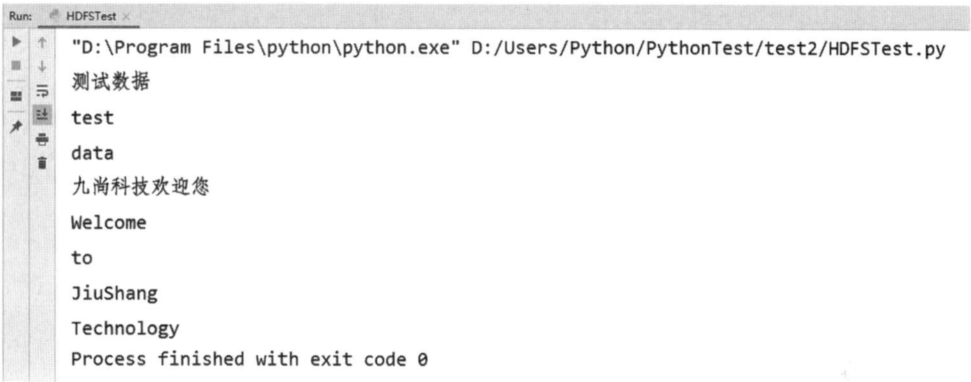

```
Run: HDFSTest
"D:\Program Files\python\python.exe" D:/Users/Python/PythonTest/test2/HDFSTest.py
测试数据
test
data
九尚科技欢迎您
Welcome
to
JiuShang
Technology
Process finished with exit code 0
```

图 5.14　read()函数示例 5 结果

12. download()函数

download()函数从 HDFS 中下载文件到本地。参数如下。

hdfs_path：HDFS 路径。

local_path：下载的本地路径。

overwrite：是否覆盖，默认为 False。

n_threads：启动线程数量，默认为 1，不启用多线程。

temp_dir：下载过程中文件的临时路径。

download()函数示例：在 PyCharm 中下载数据到 Windows 本地。

```
class HDFSTest():
    def __init__(self):
        self.client = Client(url = "http://192.168.153.101:50070")
    def download(self, hdfs, local):
        c = self.client
```

```
        c.download(hdfs_path = hdfs, local_path = local)
if __name__ == '__main__':
    h = HDFSTest()
    h.download("/test/data", "D:/tmp")
```

结果如图 5.15 所示。

图 5.15 download()函数示例结果

13. upload()函数

upload()函数从本地上传文件到 HDFS,等同于 hadoop fs -copyFromLocal local_file hdfs_path。参数如下。

hdfs_path: HDFS 路径。

local_path: 本地文件路径。

n_threads: 并行线程的数量,默认为 1。

temp_dir: 文件已经存在的情况下的临时路径。

chunk_size: 设置块大小,默认值为 2 ** 16。

progress: 报告进度的回调函数,默认值为 None。

cleanup: 上传错误时是否删除已经上传的文件,默认值为 True。

upload()函数示例如下:

```
class HDFSTest():
    def __init__(self):
        self.client = Client(url = "http://192.168.153.101:50070")
    def upload(self, hdfs, local):
        c = self.client
        c.upload(hdfs_path = hdfs, local_path = local)
if __name__ == '__main__':
    h = HDFSTest()
    h.upload("/test/new_test.txt","D:/tmp/test.txt")
```

结果如图 5.16 所示。

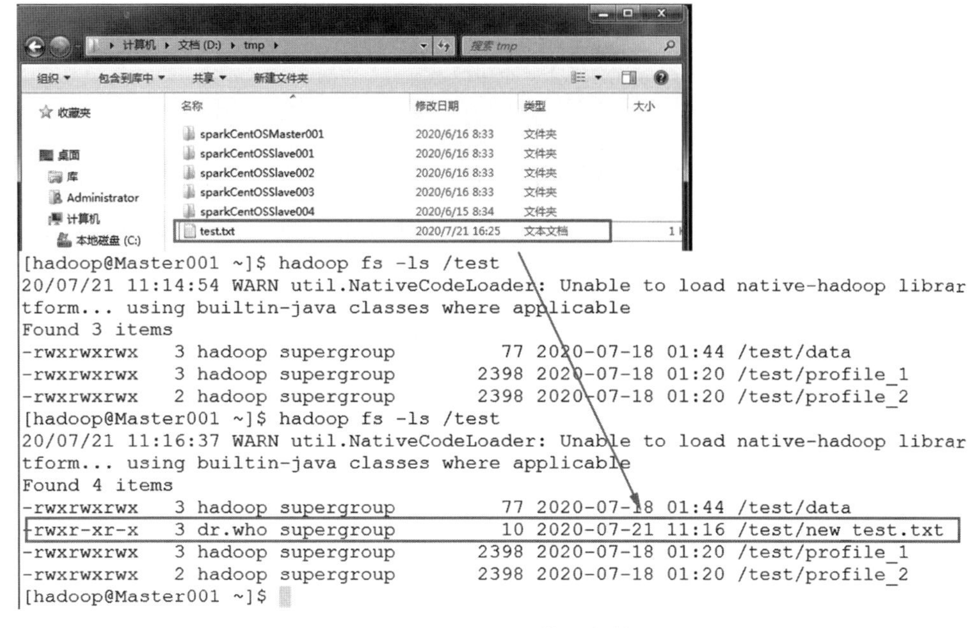

图 5.16 upload()函数示例结果

14. set_permission()函数

set_permission()函数用于修改权限，与 hadoop fs -chmod 777 hdfs_path 类似，接收两个参数：hdfs_path 参数为 HDFS 中要被修改的文件路径；permission 参数为文件被修改后的权限。

set_permission()函数示例如下：

```
class HDFSTest():
    def __init__(self):
        self.client = Client(url = "http://192.168.153.101:50070")
    def set_permission(self, path, p):
        c = self.client
        c.set_permission(hdfs_path = path, permission = p)
if __name__ == '__main__':
    h = HDFSTest()
    h.set_permission("/test/new_test.txt", 777)
```

结果如图 5.17 所示。

```
[hadoop@Master001 ~]$ hadoop fs -ls /test
20/07/21 11:30:05 WARN util.NativeCodeLoader: Unable to load native-hadoop libra
tform... using builtin-java classes where applicable
Found 3 items
-rwxr-xr-x   3 dr.who supergroup         10 2020-07-21 11:16 /test/new_test.txt
-rwxrwxrwx   3 hadoop supergroup       2398 2020-07-18 01:20 /test/profile_1
-rwxrwxrwx   2 hadoop supergroup       2398 2020-07-18 01:20 /test/profile_2
[hadoop@Master001 ~]$ hadoop fs -ls /test
20/07/21 11:32:16 WARN util.NativeCodeLoader: Unable to load native-hadoop libra
tform... using builtin-java classes where applicable
Found 3 items
-rwxrwxrwx   3 dr.who supergroup         10 2020-07-21 11:16 /test/new_test.txt
-rwxrwxrwx   3 hadoop supergroup       2398 2020-07-18 01:20 /test/profile_1
-rwxrwxrwx   2 hadoop supergroup       2398 2020-07-18 01:20 /test/profile_2
```

图 5.17 set_permission()函数示例结果

15. delete()函数

delete()函数用于删除指定的文件及目录，接收 3 个参数。

hdfs_path：指定需要删除的文件及目录的路径。

recursive：是否递归删除指定的文件及目录，默认值为 False。

ship_trash：是否将删除的文件移到回收站，而不是直接删除，默认值为 True。

delete()函数示例如下：

```
class HDFSTest():
    def __init__(self):
        self.client = Client(url = "http://192.168.153.101:50070")
    def delete(self, path, r):
        c = self.client
        c.delete(hdfs_path = path, recursive = r)
if __name__ == '__main__':
    h = HDFSTest()
    h.delete("/test/tmp", True)
```

结果如图 5.18 所示。

```
[hadoop@Master001 ~]$ hadoop fs -ls -R /test
20/07/21 12:21:11 WARN util.NativeCodeLoader: Unable to load native-hadoop library
tform... using builtin-java classes where applicable
-rwxrwxrwx   3 dr.who supergroup          10 2020-07-21 11:16 /test/new_test.txt
drwxrwxrwx   - hadoop supergroup           0 2020-07-21 12:17 /test/tmp
-rwxrwxrwx   3 hadoop supergroup        2398 2020-07-18 01:20 /test/tmp/profile_1
-rwxrwxrwx   2 hadoop supergroup        2398 2020-07-18 01:20 /test/tmp/profile_2
[hadoop@Master001 ~]$ hadoop fs -ls -R /test
20/07/21 12:21:33 WARN util.NativeCodeLoader: Unable to load native-hadoop library
tform... using builtin-java classes where applicable
-rwxrwxrwx   3 dr.who supergroup          10 2020-07-21 11:16 /test/new_test.txt
[hadoop@Master001 ~]$
```

图 5.18　delete()函数示例结果

5.3.2　pyhdfs 模块

关于 pyhdfs 模块的讲解视频可扫描二维码观看。

pyhdfs 模块是 Python 提供的第三方库模块，它提供了直接对 Hadoop 中 HDFS 操作的能力，pyhdfs 模块是 HDFS 的 API 和命令行接口。

1. 安装 pyhdfs 模块

使用 pyhdfs 模块前需要安装 pyhdfs 模块，在 Python 中所有的第三方模块均采用 pip 安装。

在 Windows 下使用 pip 命令安装 pyhdfs 模块有以下两种方式。

（1）命令行方式安装：运行→cmd→pip install pyhdfs，如图 5.19 所示。

（2）PyCharm 方式安装：在 Terminal 界面输入 pip install pyhdfs 命令，如图 5.20 所示。

验证 pyhdfs 模块是否安装成功：在控制台终端输入 pip list，如果查看到安装的 pyhdfs 模块则说明安装成功，如图 5.21 所示。

```
管理员: C:\Windows\system32\cmd.exe
Microsoft Windows [版本 6.1.7601]
版权所有 (c) 2009 Microsoft Corporation。保留所有权利。

C:\Users\Administrator>pip install pyhdfs
```

图 5.19 命令行方式安装 pyhdfs 模块

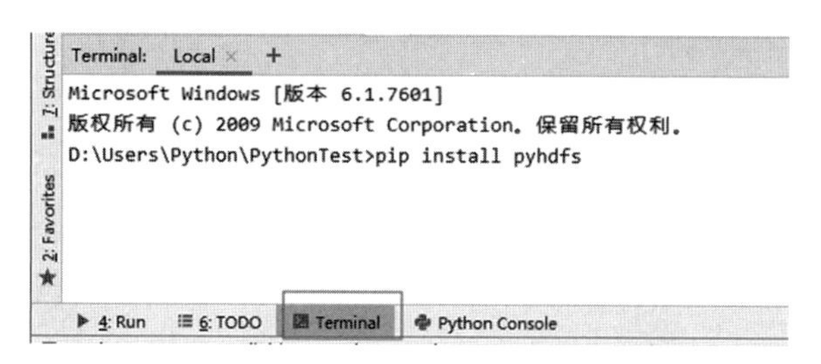

图 5.20 PyCharm 方式安装 pyhdfs 模块

```
管理员: C:\Windows\system32\cmd.exe
Microsoft Windows [版本 6.1.7601]
版权所有 (c) 2009 Microsoft Corporation。保留所有权利。

C:\Users\Administrator>pip list
Package          Version
---------------- -----------
-xpython         4.0.7.post2
altgraph         0.17
asgiref          3.2.7
PyHDFS           0.3.1
```

图 5.21 查看安装结果

2. 连接 HDFS

pyhdfs 模块中的 HdfsClient 类非常关键。使用这个类可以实现连接 HDFS 的 NameNode,对 HDFS 上的文件进行查、读、写等操作。

参数解析如下。

hosts：主机名或 IP 地址,与 port 之间需要用逗号隔开,如 hosts="192.168.153.101:9000",支持高可用集群,例如,["192.168.153.101,9000","192.168.153.102,9000"]。

randomize_hosts：随机选择 host 进行连接,默认为 True。

user_name：连接的 Hadoop 平台的用户名。

timeout：每个 NameNode 节点连接等待的秒数,默认为 20s。

max_tries：每个 NameNode 节点尝试连接的次数,默认为 2。

retry_delay：在尝试连接一个 NameNode 节点失败后,尝试连接下一个 NameNode 的时间间隔,默认为 5s。

requests_session：设置连接 HDFS 的 HTTPRequest 请求的模式为 session。

代码示例如下：

```
import pyhdfs
class HDFSTest2:
    def __init__(self):
        self.client = pyhdfs.HdfsClient(hosts = "192.168.153.101,50070", user_name =
"hadoop")
    def test(self):
        print(self.client)
if __name__ == '__main__':
    h = HDFSTest2()
    h.test()
```

结果如图 5.22 所示。

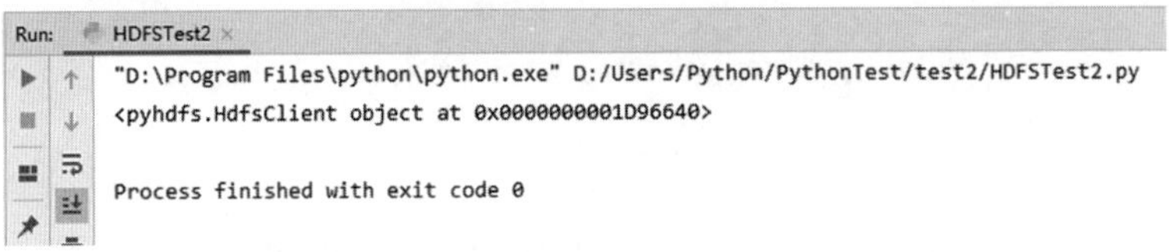

```
Run: HDFSTest2
"D:\Program Files\python\python.exe" D:/Users/Python/PythonTest/test2/HDFSTest2.py
<pyhdfs.HdfsClient object at 0x000000001D96640>

Process finished with exit code 0
```

图 5.22　输出结果

注意，在 Windows 下使用 PyCharm 中 pyhdfs 模块连接 HDFS 时，需要设置 Windows 中的 hosts 文件，否则将无法在连接集群中根据节点名字找到从节点，如图 5.23 所示。

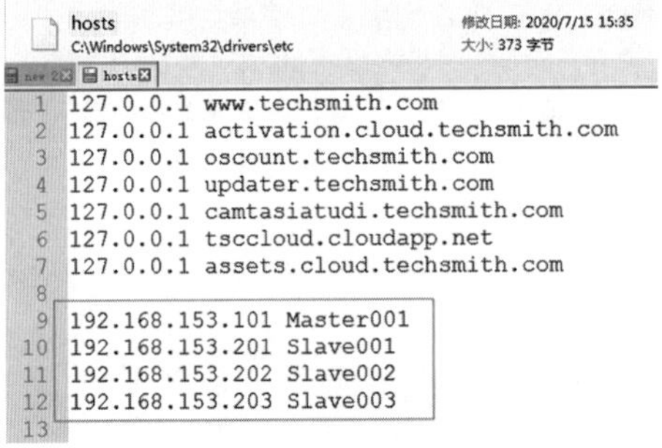

```
hosts                              修改日期: 2020/7/15 15:35
C:\Windows\System32\drivers\etc    大小: 373 字节
1  127.0.0.1 www.techsmith.com
2  127.0.0.1 activation.cloud.techsmith.com
3  127.0.0.1 oscount.techsmith.com
4  127.0.0.1 updater.techsmith.com
5  127.0.0.1 camtasiatudi.techsmith.com
6  127.0.0.1 tsccloud.cloudapp.net
7  127.0.0.1 assets.cloud.techsmith.com
8
9  192.168.153.101 Master001
10 192.168.153.201 Slave001
11 192.168.153.202 Slave002
12 192.168.153.203 Slave003
13
```

图 5.23　设置 hosts 文件

3. get_home_directory()函数

get_home_directory()函数用于返回所连接集群的根目录。

get_home_directory()函数示例如下：

```
class HDFSTest2:
    # 获取对 HDFS 操作的对象
    def __init__(self):
        self.client = pyhdfs.HdfsClient(hosts = "192.168.153.101, 50070", user_name =
"hadoop")
    # 返回这个用户的根目录
    def get_home_directory(self):
```

```
        c = self.client
        print(c.get_home_directory())
if __name__ == '__main__':
    h = HDFSTest2()
    h.get_home_directory()
```

结果如图 5.24 所示。

```
Run:  HDFSTest2
"D:\Program Files\python\python.exe"
/user/hadoop        HDFS中根目录

Process finished with exit code 0
```

图 5.24　get_home_directory()函数示例结果

4. get_active_namenode()函数

get_active_namenode()函数用于返回当前活动的 NameNode 的地址。

get_active_namenode()函数示例如下：

```
class HDFSTest2:
    # 获取对 HDFS 操作的对象
    def __init__(self):
        self.client = pyhdfs.HdfsClient(hosts = "192.168.153.101,50070", user_name =
"hadoop")
    # 返回可用的 NameNode 节点
    def get_active_namenode(self):
        c = self.client
        nameNode = c.get_active_namenode()
        print(nameNode)
if __name__ == '__main__':
    h = HDFSTest2()
    h.get_active_namenode()
```

结果如图 5.25 所示。

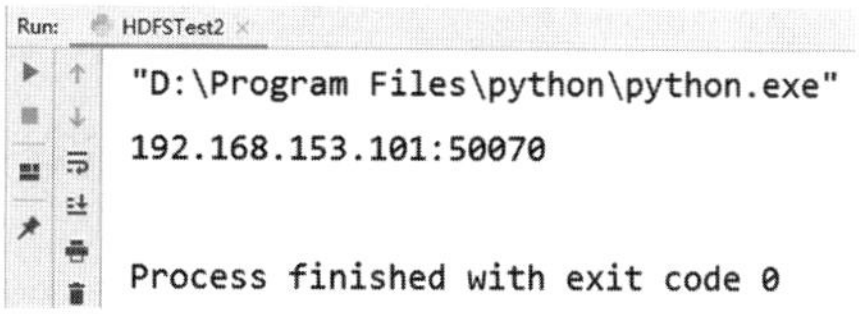

```
Run:  HDFSTest2
"D:\Program Files\python\python.exe"
192.168.153.101:50070

Process finished with exit code 0
```

图 5.25　get_active_namenode()函数示例结果

5. listdir()函数

listdir()函数用于返回指定目录下的所有文件，由于 pyhdfs 可以设置访问的用户，因此在操作 HDFS 中的文件时不需要设置其他用户的权限。listdir()函数中 path 参数是指定的 HDFS 路径。

listdir()函数示例如下：

```
class HDFSTest2:
    # 获取对 HDFS 操作的对象
    def __init__(self):
        self.client = pyhdfs.HdfsClient(hosts = "192.168.153.101,50070", user_name =
"hadoop")

    # 查询 HDFS 中根目录下的所有文件
    def listdir(self, hdfsPath):
        c = self.client
        dir = c.listdir(path = hdfsPath)
        for d in dir:
            print(d, end = "\t")
if __name__ == '__main__':
    h = HDFSTest2()
    h.listdir("/")
```

结果如图 5.26 所示。

```
Run:  HDFSTest2
"D:\Program Files\python\python.exe" D:/Users
outpu   output  profile python_hdfs test
Process finished with exit code 0
```

图 5.26　listdir()函数示例结果

6. open()函数

open()函数用于远程打开 HDFS 中的文件，返回 IO[bytes]类型，利用 read()函数读取指定文件的数据，返回 AnyStr 类型。

open()函数示例如下：

```
class HDFSTest2:
    # 获取对 HDFS 操作的对象
    def __init__(self):
        self.client = pyhdfs.HdfsClient(hosts = "192.168.153.101,50070", user_name =
"hadoop")
    # 打开 hdfs 中文件
    def open(self, filDir):
        c = self.client
        file = c.open(path = filDir)
        print(file.read().decode(encoding = "utf8"))
if __name__ == '__main__':
    h = HDFSTest2()
    h.open("/input/data")
```

结果如图 5.27 所示。

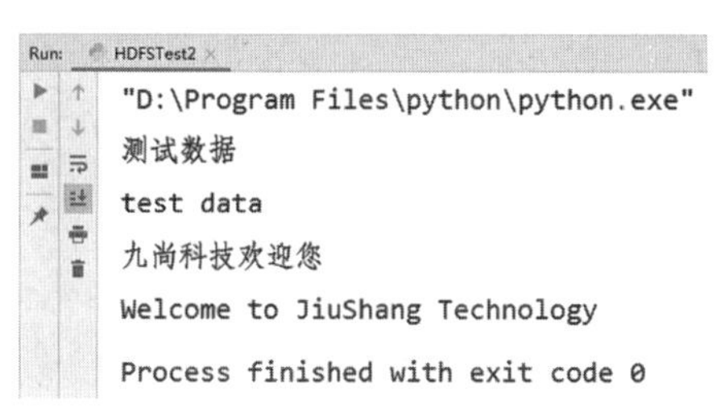

图 5.27 open()函数示例结果

7. copy_from_local()函数

copy_from_local()函数用于从本地上传文件到集群，接收两个参数：localsrc 参数用于设置本地文件路径；dest 参数用于设置 HDFS 中文件路径，如果 dest 参数对应的路径不存在则创建一个新路径。

copy_from_local()函数示例如下：

```
class HDFSTest2:
    # 获取对 HDFS 操作的对象
    def __init__(self):
        self.client = pyhdfs.HdfsClient(hosts = "192.168.153.101,50070", user_name =
"hadoop")
    # 从本地上传文件至集群
    def copy_from_local(self, local, hdfsPath):
        c = self.client
        c.copy_from_local(localsrc = local, dest = hdfsPath)
if __name__ == '__main__':
    h = HDFSTest2()
    h.copy_from_local("D:/tmp/test.txt", "/input/dd/newTest")
```

输出结果：

```
[hadoop@Slave003 ~]$ hadoop fs -ls /input
-rw-r--r--   3 hadoop supergroup       77 2020-07-23 04:20 /input/data
[hadoop@Slave003 ~]$ hadoop fs -ls /input
-rw-r--r--   3 hadoop supergroup       77 2020-07-23 04:20 /input/data
-rwxr-xr-x   3 hadoop supergroup       10 2020-07-24 06:12 /input/newTest
[hadoop@Slave003 ~]$ hadoop fs -ls -R /input
-rw-r--r--   3 hadoop supergroup       77 2020-07-23 04:20 /input/data
drwxr-xr-x   - hadoop supergroup        0 2020-07-24 06:14 /input/dd
-rwxr-xr-x   3 hadoop supergroup       10 2020-07-24 06:14 /input/dd/newTest
-rwxr-xr-x   3 hadoop supergroup       10 2020-07-24 06:12 /input/newTest
```

8. copy_to_local()函数

copy_to_local()函数用于从集群的 HDFS 中下载文件到本地，接收两个参数：src 参数为 hdfs 中的文件路径；localdest 参数为本地的文件存储路径。

copy_to_local()函数示例如下：

```
class HDFSTest2:
    # 获取对 HDFS 操作的对象
    def __init__(self):
        self.client = pyhdfs.HdfsClient(hosts = "192.168.153.101,50070", user_name =
"hadoop")
    # 从集群下载文件到本地
    def copy_to_local(self, hdfsPath, local):
        c = self.client
        c.copy_to_local(src = hdfsPath, localdest = local)
if __name__ == '__main__':
    h = HDFSTest2()
    h.copy_to_local("/input/data", "D:/tmp")
```

9. mkdirs()函数

mkdirs()函数用于在集群的 HDFS 中创建新目录，path 参数用于传入需要创建的路径。

mkdirs()函数示例如下：

```
class HDFSTest2:
    # 获取对 HDFS 操作的对象
    def __init__(self):
        self.client = pyhdfs.HdfsClient(hosts = "192.168.153.101,50070", user_name =
"hadoop")
    # 创建新目录
    def mkdirs(self, hdfsPath):
        c = self.client
        c.mkdirs(path = hdfsPath)
if __name__ == '__main__':
    h = HDFSTest2()
    h.mkdirs("/input/tmp")
```

结果如图 5.28 所示。

```
[hadoop@Slave003 ~]$ hadoop fs -ls -R /input
20/07/24 06:46:54 WARN util.NativeCodeLoader: Unable to load native-hadoop library
iltin-java classes where applicable
-rw-r--r--   3 hadoop supergroup         77 2020-07-23 04:20 /input/data
drwxr-xr-x   - hadoop supergroup          0 2020-07-24 06:14 /input/dd
-rwxr-xr-x   3 hadoop supergroup         10 2020-07-24 06:14 /input/dd/newTest
-rwxr-xr-x   3 hadoop supergroup         10 2020-07-24 06:12 /input/newTest
drwxr-xr-x   - hadoop supergroup          0 2020-07-24 06:45 /input/tmp
[hadoop@Slave003 ~]$
```

图 5.28　mkdirs()函数示例结果

10. exists()函数

exists()函数用于查看指定的文件或目录是否存在，如果存在则返回 True，否则返回 False。

exists()函数示例如下：

```
class HDFSTest2:
    # 获取对 HDFS 操作的对象
    def __init__(self):
        self.client = pyhdfs.HdfsClient(hosts = "192.168.153.101,50070", user_name =
"hadoop")
    # 查看文件是否存在
    def exists(self, hdfsPath):
        c = self.client
        result = c.exists(path = hdfsPath)
        print("结果: ", result)
if __name__ == '__main__':
    h = HDFSTest2()
    h.exists("/input")
```

结果如图 5.29 所示。

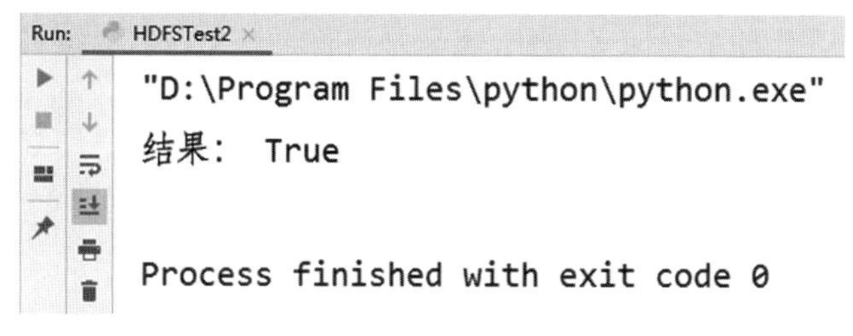

图 5.29 exists()函数示例结果

11. get_file_status()函数

get_file_status()函数用于返回指定 HDFS 路径的路径对象，path 参数为 HDFS 文件或目录路径。

get_file_status()函数示例如下：

```
class HDFSTest2:
    # 获取对 HDFS 操作的对象
    def __init__(self):
        self.client = pyhdfs.HdfsClient(hosts = "192.168.153.101,50070", user_name =
"hadoop")
    def get_file_status(self, hdfsPath):
        c = self.client
        status = c.get_file_status(hdfsPath)
```

```
            print(status["type"])
            if status["type"] == "DIRECTORY":
                print(f"{hdfsPath}: 该文件是目录!")
            elif status["type"] == "FILE":
                print(f"{hdfsPath}: 该文件是文件!")
if __name__ == '__main__':
    h = HDFSTest2()
    h.get_file_status("/input/data")
```

结果如图 5.30 所示。

```
Run:  HDFSTest2
"D:\Program Files\python\python.exe"
FILE
/input/data: 该文件是文件!

Process finished with exit code 0
```

图 5.30 get_file_status()函数示例结果

12. delete()函数

delete()函数用于删除 HDFS 文件，该函数只能删除文件或者空目录，如果删除的目录下有文件的目录，将抛出 HdfsPathIsNotEmptyDirectoryException 异常。

delete()函数示例如下：

```
class HDFSTest2:
    # 获取对 HDFS 操作的对象
    def __init__(self):
        self.client = pyhdfs.HdfsClient(hosts = "192.168.153.101,50070", user_name =
"hadoop")
    def delete(self):
        c = self.client
        c.delete("/input")
if __name__ == '__main__':
    h = HDFSTest2()
    h.delete()
```

5.4 本章小结

HDFS 是 Hadoop 核心之一，是 Hadoop 中的分布式文件系统，用于存储大量数据。首先，本章通过对 HDFS 中基本概念和特点的概述，让读者对 Hadoop 分布式文件系统有基本的认识。其次，对 HDFS 命令的讲解让读者熟悉开发或运维环境下的操作。最后，对 HDFS API 的讲解让读者熟悉生产模式下的开发方式。本章为重点，学好本章内容有助于 Hadoop 生态圈其他工具的学习。

5.5　课后习题

一、填空题

1. HDFS 的存储单位为块，每个块的默认大小为________。

2. 进行 HDFS 负载均衡时，不能导致数据块备份________。

3. 搭建大数据集群时，________和 core-site. xml 文件是用于对 HDFS 进行设置的文件。

4. 使用 start-dfs. sh 命令启动集群时会启动________、________和________进程。

5. 大数据集群中，数据会自动保存多个副本，通过增加副本的形式提高大数据集群的________。

二、判断题

1. Hadoop 是一个由 Apache 基金会所开发的分布式系统基础架构。　(　　)

2. Hadoop 的框架的两个核心是 HDFS 和 MapReduce。　(　　)

3. HDFS 是分布式文件系统，用于存储数据。　(　　)

4. HDFS 是分布式计算中数据存储管理的基础。　(　　)

5、HDFS 以流式数据访问模式来存储超大文件，运行于商用硬件集群上。　(　　)

6. HDFS 是以通过移动计算而不是移动数据的方法来做数据计算的框架。　(　　)

7. HDFS 的构造思路是，一次写入，多次读取，文件一旦定稿，就不能被修改。

(　　)

三、选择题

1. 在搭建 Hadoop 集群环境中，(　　)文件不属于 HDFS 配置的文件。

A. hadoop-env. sh　　B. core-site. xml

C. hdfs-site. xml　　D. slaves

2. 在大数据集群中设置免密，以下描述正确的是(　　)。

A. 不设置免密，集群就不能正常运行

B. 由于 Hadoop 集群在运行时 Master 虚拟机需要对 Slave 虚拟机进行监控，如果使用密码登录将大大降低集群效率，因此需要设置免密

C. 设置免密时，需要将 Master 虚拟机生成的密钥文件分发到 Slave 虚拟机

D. 设置免密是为了方便操作集群时可以快速地切换到另一个虚拟机

3. HDFS 是分布式计算中数据存储管理的基础，以下对 HDFS 特点的描述有误的是(　　)。

A. 高容错性　　B. 适合批处理

C. 适合存放大量小文件　　D. 成本低

4. 以下对 HDFS 特点的描述有误的是(　　)。

A. 低延时数据访问，不适合实时要求高的场所

B. 对计算机的性能要求比较高

C. 适合超大文件

D. 不能并发写入，不能随机修改

5. 以下对 NaomeNode 进程的描述正确的是(　　)。

A. NameNode 进程节点是用接收 Client 提交的请求，并处理请求

B. NameNode 进程节点是用来存储真实数据的

C. NameNode 进程节点是用来存储元数据和真实数据的

D. 一个集群中可以同时存储多个 NameNode 进程

6. 以下对 SecondaryNameNode 进程的描述正确的是(　　)。

A. SecondaryNameNode 进程是一个辅助进程，它用于定期合并 NameNode 生成的快照文件

B. SecondaryNameNode 进程是一个辅助进程，它可以帮助 NameNode 管理集群

C. SecondaryNameNode 进程没有作用

D. ScondaryNameNode 进程是一个辅助进程，它可以帮助 NamaNode 进程接收请求和处理请求

7. 以下对 DataNode 进程的描述正确的是(　　)。

A. DataNode 进程是用于接收 Client 的请求并处理请求的进程

B. DataNode 进程是数据节点进程，它主要作用是用来存储真实数据

C. DataNode 进程是数据节点进程，它用于存储元数据

D. 在大数据集群中只能有一台虚拟机上有 DataNode 进程

8. (　　)命令不属于 HDFS 的命令。

A. hadoop fs -cat　　　　B. hadoop fs -ls

C. hadoop fs -put　　　　D. hadoop fs -tail

四、编程题

1. 利用 HDFS API 编写代码，HDFS 中创建/input/test 目录和/output/test 目录，并将 Word. txt 文件传到 input/test 目录中，把 Word2. txt 文件传到 output/test 目录中，并分区显示 Word. txt 和 Word2. txt 文件，最后删除 input 和 output 目录，要求在一个作业程序中完成。

2. 利用 HDFS API 编写代码，在 HDFS 中实现选择创建目录、创建文件并写入内容、读取指定文件内容、显示指定目录下所有文件、删除目录等功能。

5.6 实训

1. 实训目的

掌握 pyhdfs 模块的应用。

2. 实训任务

利用 HDFS API 编写代码在 HDFS 中创建 input 目录、从本地加载/etc/profile 文件

到 HDFS 中，并验证是否加载成功。

3. 实训步骤

使用 pyhdfs 操作大数据集群中的 HDFS，可以通过 PyCharm 工具远程连接方式操作 HDFS；也可以在大数据集群中创建扩展名为.py 的文件，通过 Python 命令的方式操作 HDFS。前者用于开发环境，便于大数据开发工程师的程序编写，如果需要在生产环境中自动化地操作 HDFS 则需要使用后者。

(1) 在大数据集的任意一台 Slave 虚拟机中创建 hdfs.py 文件，并修改权限为可执行文件。

```
[root@Slave001 ~]# touch hdfs.py

[root@Slave001 ~]# chmod u+x hdfs.py

[root@Slave001 ~]# ll hdfs.py
-rwxr--r--. 1 root root 0 8月  26 22:01 hdfs.py
```

(2) 在 hdfs.py 文件中编写代码。

```
# -*- coding:UTF-8 -*-
import pyhdfs


class HDFSTest:
    def __init__(self):
        self.client = pyhdfs.HdfsClient(hosts="192.168.153.111,50070", user_name=
"root")

    # 从本地上传数据到 HDFS 中
    def uploadData(self, local, hdfsPath):
        c = self.client
        c.copy_from_local(localsrc=local, dest=hdfsPath)

    # 验证是否上传成功
    def verify(self, hdfsPath):
        c = self.client
        b = c.exists(path=hdfsPath)
        if b:
            print("文件上传成功")
        else:
            print("文件上下失败")


if __name__ == '__main__':
    h = HDFSTest()
```

```
# 第一步：设置输入源和目标路径
inputSrc = "/etc/profile"
output = "hdfs:///input" + inputSrc
# 第二步：从本地上传数据到 HDFS 中
h.uploadData(local = inputSrc, hdfsPath = output)
# 第三步：验证上传是否成功
h.verify(output)
```

（3）在大数据集群中运行 hdfs.py 文件。

```
[root@Slave001 ~]# python3 hdfs.py
文件上传成功
```

第 6 章 MapReduce技术

6.1 MapReduce 工作原理

关于 MapReduce 工作原理的讲解视频可扫描二维码观看。

6.1.1 MapReduce 作业流程

MapReduce 作业流程如图 6.1 所示。

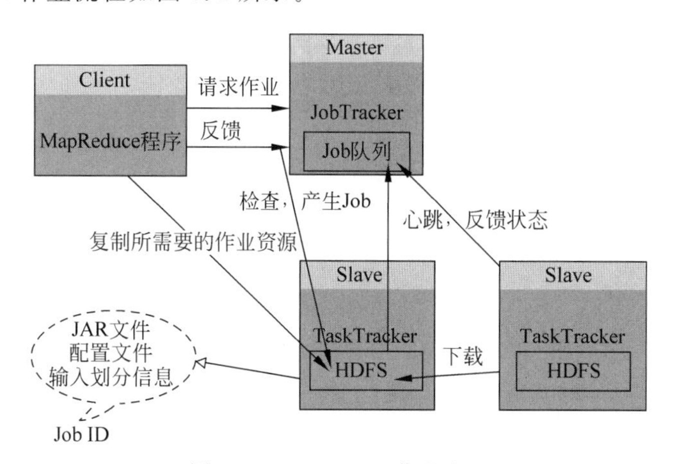

图 6.1 MapReduce 作业流程

MapReduce 作业流程分析如下。

(1) 在客户端启动一个作业。

(2) 向 JobTracker 请求一个 Job ID。

(3) 将运行作业所需要的资源文件复制到 HDFS 上,包括 MapReduce 程序打包的 jar 文件、配置文件和客户端计算所得的输入划分信息。这些文件都存放在 JobTracker 专门为该作业创建的文件夹中,文件夹名为该作业的 Job ID。JAR 文件默认会有 10 个副本(mapred. submit. replication 属性控制),输入划分信息告诉 JobTracker 应该为当前作业启动多少个 Map 任务等信息。

(4) JobTracker 接收到作业后,将其放在一个作业队列中,等待作业调度器对其进行调度,当作业调度器根据自己的调度算法调度到该作业时,会根据输入划分信息为每个划分创建一个 Map 任务,并将 Map 任务分配给 TaskTracker 执行。对于 Map 任务和 Reduce 任务,TaskTracker 根据主机核的数量和内存的大小有固定数量的 Map 槽和 Reduce 槽。这里需要强调的是,Map 任务不是随随便便地分配给某个 TaskTracker 的。这里有个概念:数据本地化(data-local),意思是将 Map 任务分配给含有该 Map 处理数据块的 TaskTracker,同时将程序 JAR 包复制到该 TaskTracker 上来运行,这是"运算移动,数据不移动"。而分配 Reduce 任务时并不考虑数据本地化。

(5) TaskTracker 每隔一段时间会给 JobTracker 发送一个心跳,告诉 JobTracker 它依然在运行,同时心跳中还携带着很多信息,比如当前 Map 任务完成的进度信息。当 JobTracker 收到作业的最后一个任务完成信息时,便把该作业设置为"成功"。当 JobClient 查询状态时,它将得知任务已完成,便显示一条消息给用户。

6.1.2 早期 MapReduce 架构存在的问题

早期的 MapReduce 架构十分清晰明了。尤其是在最初几年出现了不少成功案例,并获得了业界广泛的支持和较大的肯定,但随着分布式系统集群的规模和其工作负荷的增长,原框架的问题逐渐浮出水面,主要集中在如下几方面。

(1) JobTracker 单点故障问题。由于 JobTracker 是 MapReduce 的集中处理点,如果出现单点故障,集群将不能使用,因此集群的高可用性也就得不到保障。

(2) JobTracker 任务过重。JobTracker 节点完成了太多的任务,会造成过多的资源消耗,当 Job 任务非常多时,会造成很大的内存开销,潜在地增加了 JobTracker 节点宕机的风险。

(3) 容易造成 TaskTracker 端内存溢出。在 TaskTracker 端,是以 Map 或 Reduce 的任务数量作为资源,没有考虑内存的占用情况,如果两个大内存消耗的任务被调度到一块,则很容易出现内存溢出的问题。

(4) 容易造成资源浪费。在 TaskTracker 端,把资源强制划分为 Map 任务和 Reduce 任务,当系统中只有 Map 任务或者只有 Reduce 任务时,便会造成资源浪费。

6.2 YARN 运行概述

关于 YARN 运行概述的讲解视频可扫描二维码观看。

6.2.1 yarn 模块介绍

从业界使用分布式系统的变化趋势和 Hadoop 框架的长远发展来看,MapReduce 的

JobTracker 和 TaskTracker 机制需要大规模的调整来修复它在可扩展性、内存消耗、可靠性和性能上的缺陷。在过去的几年中，Hadoop 开发团队做了一些缺陷的修复。但是近年来缺陷修复的成本越来越高，这表明对原框架做出改变的难度越来越大。

为了从根本上解决旧 MapReduce 框架的性能瓶颈，促进 Hadoop 框架的更长远发展，从 0.23.0 版本开始，Hadoop 的 MapReduce 框架完全重构，发生了根本的变化，新的 Hadoop MapReduce 框架命名为 YARN。

YARN 是一个资源管理、任务调度的框架，主要包含三大模块：ResourceManager（RM）、NodeManager（NM）、ApplicationMaster（AM）。其中，ResourceManager 负责所有资源的监控、分配和管理；ApplicationMaster 负责每一个具体应用程序的调度和协调；NodeManager 负责每一个节点的维护工作。对于所有的应用，ResourceManager 都拥有绝对的控制权和资源的分配权。而每个 ApplicationMaster 则会和 ResourceManager 协商资源，同时和 NodeManager 通信来执行和监控任务。

1. ResourceManager

ResourceManager 负责整个集群的资源管理和分配，是一个全局的资源管理系统。NodeManager 以心跳的方式向 ResourceManager 汇报资源使用情况（目前主要是 CPU 和内存的使用情况）。ResourceManager 只接收 NodeManager 的资源回报信息，对于具体的资源处理则交给 NodeManager 处理。YARN Scheduler 根据应用的请求为其分配资源，不负责应用 Job 的监控、追踪、运行状态反馈、启动等工作。

2. NodeManager

NodeManager 是每个节点上的资源和任务管理器，是管理这台机器的代理，负责该节点程序的运行，以及该节点资源的管理和监控。YARN 集群每个节点都运行一个 NodeManager。NodeManager 定时向 ResourceManager 汇报本节点资源（CPU、内存）的使用情况和 Container 的运行状态。当 ResourceManager 宕机时 NodeManager 自动连接 ResourceManager 备用节点。

3. ApplicationMaster

用户提交的每个应用程序均包含一个 ApplicationMaster，它可以运行在 ResourceManager 以外的机器上。ApplicationMaster 有以下作用。

（1）负责与 ResourceManager 调度器协商以获取资源（用 Container 表示）。

（2）将得到的任务进一步分配给内部的任务（资源的二次分配）。

（3）与 ResourceManager 通信以启动/停止任务。

（4）监控所有任务运行状态，并在任务运行失败时重新为任务申请资源以重启任务。

6.2.2 YARN 的工作流程

运行在 YARN 上的应用程序主要分为两类：短应用程序和长应用程序。其中，短应用程序是指一定时间内可运行完成并正常退出的应用程序，如 MapReduce 作业、Tez DAG 作业等；长应用程序是指不出意外，永不终止运行的应用程序，通常是一些服务，如 Storm Service（主要包括 Nimbus 和 Supervisor 两类服务）、HBase Service（包括 HMaster 和 RegionServer 两类服务）等，它们本身作为一个框架提供编程接口以供用户使用。尽管这两类应用程序作用不同，一类直接运行数据处理程序，另一类用于部署服务（服务之上再运行数据处理程序），但运行在 YARN 上的流程是相同的。

当用户向 YARN 中提交一个应用程序后，YARN 将分两个阶段运行该应用程序：第一个阶段是启动 ApplicationMaster；第二个阶段是由 ApplicationMaster 创建应用程序，为它申请资源，并监控它的整个运行过程，直到运行完成。YARN 的工作流程如图 6.2 所示。

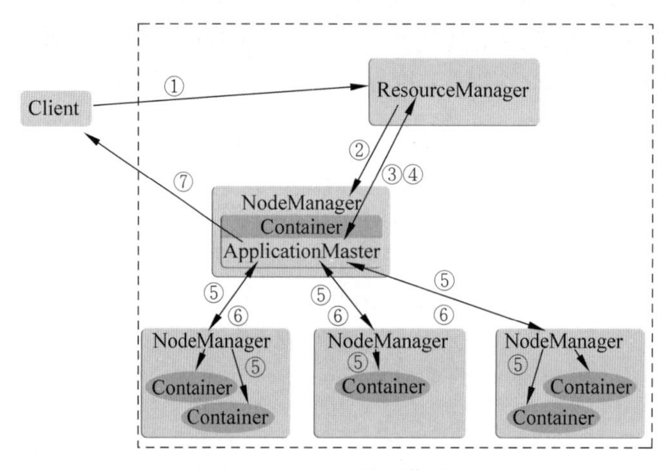

图 6.2 YARN 的工作流程

（1）Client 向 ResourceManager 提交应用程序，包括启动该应用的 ApplicationMaster 的必需信息，例如 ApplicationMaster 程序、启动 ApplicationMaster 的命令、用户程序等。

（2）ResourceManager 在 NodeManager 中启动一个 Container 用于运行 ApplicationMaster。

（3）启动中的 ApplicationMaster 向 ResourceManager 注册自己，启动成功后与 ResourceManager 保持心跳。

（4）ApplicationMaster 向 ResourceManager 发送请求，申请相应数目的 Container。

（5）ResourceManager 返回 ApplicationMaster 申请的 Container 信息。申请成功的 Container 由 ApplicationMaster 进行初始化。Container 的启动信息初始化后，ApplicationMaster 与对应的 NodeManager 通信，要求 NodeManager 启动 Container。

（6）ApplicationMaster 与 NodeManager 保持相通，从而对 NodeManager 上运行的任务进行监控和管理。Container 运行期间，ApplicationMaster 对 Container 进行监控。Container 通过 RPC 协议向对应的 ApplicationMaster 汇报自己的进度和状态等相关信息。

（7）应用运行期间 Client 直接与 ApplicationMaster 通信获取应用的状态、进度更新等信息。

(8) 应用程序运行完成后,ApplicationMaster 向 ResourceManager 注销并关闭自己,并且允许属于它的 Container 被收回。

6.3 利用 Python 进行 MapReduce 编程

关于利用 Python 进行 MapReduce 编程的讲解视频可扫描二维码观看。

6.3.1 Hadoop Streaming 概述

Hadoop Streaming 提供了一个便于进行 MapReduce 编程的工具包,使用它可以基于一些可执行命令、脚本语言或其他编程语言来实现 Mapper 和 Reducer,从而充分利用 Hadoop 并行计算框架的优势和能力来处理大数据。Streaming 方式是基于 UNIX 系统的 STDIN (标准输入)和 STDOUT (标准输出)来进行 MapReduce Job 运行的,任何支持 STDIN/STDOU 特性的编程都可以使用 Streaming 方式来实现 MapReduce Job。所以 Python 操作 MapReduce 编程模型时可以使用 Python 系统自带的 sys 模块对 HDFS 中的文件进行 STDIN/STDOU 操作。

6.3.2 Hadoop Streaming 原理

Mapper 和 Reduce 都可执行文件,它们从标准输入读入数据(一行一行地读),并把计算结果发给标准输出,Hadoop Streaming 工具会创建一个 Mapper 作业和 Reducer 作业,并把它发送给合适的集群,同时监视这个作业的整个执行过程。

如果一个可执行文件被用于 Mapper,则在 Mapper 初始化时,每一个 Mapper 任务会把这个可执行文件作为一个单独的进程启动。Mapper 任务运行时,它把输入切分成行并把每一行提供给可执行文件进程的标准输入。同时,Mapper 收集可执行文件进程标准输出的内容,并把收到的每一个行内容转换为 key/value 对,作为 Mapper 的输出。默认情况下,一行中第一个 tab 之前的部分作为 key,之后的部分(不包括 tab)作为 value。如果没有 tab,整行作为 key 值,value 值为 null。不过这可以定制。

如果一个可执行文件被用于 Reducer,每个 Reducer 任务会把这个可执行文件作为一个单独的进程启动。Reducer 任务运行时,它把输入切分成行并把每一行提供给可执行文件进程的标准输入。同时,Reduce 收集可执行文件进程标准输出的内容,并把每一行内容转换为 key/value 对,作为 Reducer 的输出。默认情况下,一行中第一个 tab 之前的部分作为 key,之后的部分(不包括 tab)作为 value。

使用 sys. stdin 读取数据源,只是这个数据源是由 Mapper 标准输出的数据。使用 Python 编写 MapReduce 代码的技巧就是在于使用了 Hadoop Streaming 工具来帮助在 Mapper 和 Reduce 之间传递数据。在 Python 中可以使用 sys. stdin 输入数据,使用 sys. stdout 输出数据,开发者只关心对数据源的处理和数据的输出格式,其他都将由 Hadoop Streaming 自动完成,如图 6.3 所示。

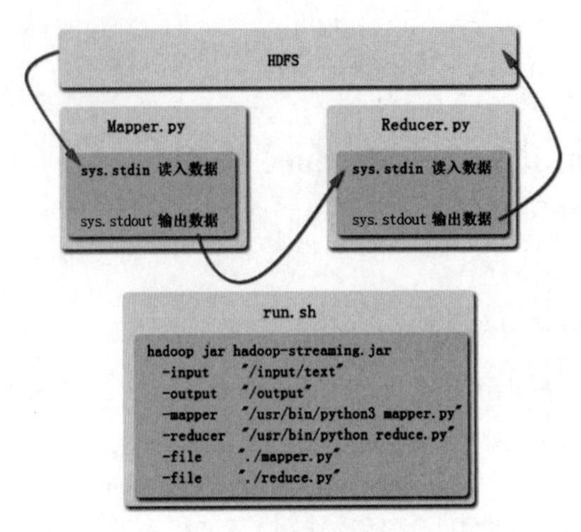

图 6.3 Hadoop Streaming 工作流程

6.3.3 Hadoop Streaming 用法

Hadoop Streaming 用法如下：

```
$ HADOOP_HOME/bin/hadoop jar \
$ HADOOP_HOME/share/hadoop/tools/lib/hadoop - streaming - x.jar \
```

选项说明如下。

-input：输入文件路径。

-output：输出文件路径。

-mapper：用户自己写的 Mapper 程序，如果有多个 Python 编译器，则需要指定编译器。

-reducer：用户自己写的 Reducer 程序，如果有多个 Python 编译器，则需要指定编译器。

-file：打包文件提交到作业中，如果在集群中执行 Map/Reduce 作业，需要加上该参数。

-D：作业中的属性设置。其常用设置如下。

- mapred. map. tasks：mapTask 数目。
- mapred. reduce. tasks：reduceTask 数目。
- stream. map. input. field. separator：输入数据的分隔符，默认均为\t。
- stream. map. output. field. separator：输出数据的分隔符，默认均为\t。
- stream. num. reduce. output. key. fields：reduceTask 输出记录数目。

6.3.4 Python 编写 MapReduce 环境搭建

Python 开发 MapReduce 代码有多种方式，可以在 Windonws 环境下用 PyCharm 编辑器开发，将开发好的代码上传集群中运行，也可以在 Linux 环境中使用 vi 或 vim 命令进行开发。这两种开发方式对开发者而言都不太友好。所以，在 Linux 系统下使用 PyCharm 编辑器开发，可更好地接近 Python 编写 MapReduce 代码的开发环境。

开始编写程序之前需要准备以下工作：安装桌面版本 Linux 系统、在 Linux 系统中安装 Python 编译器、在 Linux 系统中安装 PyCharm、在集群中配置 Python 环境、安装 Python 需要的模块。

第一步：安装桌面版本 Linux 系统。

安装桌面版本 Linux 系统与最小版本 Linux 系统（最小版本安装参照 2.1 节）的安装方式一样，只是在选择安装方式时选择 Desktop 单选按钮即可。如图 6.4 所示。

CentOS 默认安装是最小安装。您现在可以选择一些另外的软件。
◉ Desktop
○ Minimal Desktop
○ Minimal
○ Basic Server
○ Database Server
○ Web Server
○ Virtual Host
○ Software Development Workstation
请选择您的软件安装所需要的存储库。
☑ CentOS
(A) 添加额外的存储库　修改库 (M)
或者.
◉ 以后自定义 (I)　○ 现在自定义 (C)
返回 (B)　下一步 (N)

图 6.4　选择安装方式

第二步：在 Linux 系统中安装 Python 编译器。

在 Linux 系统中，一般情况下都有预装 Python 编译器，但是预装的 Python 版本一般比较低，很多 Python 的特性都不具有，如果要使用新版本的 Python 时必须重新安装，如图 6.5 所示。

```
[root@Slave003 ~]# python -V
Python 2.6.6
[root@Slave003 ~]#
```

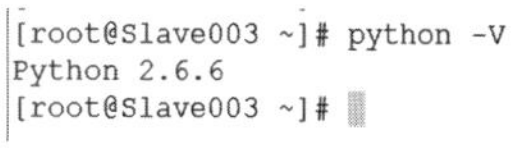

图 6.5　查看 Python 版本

注意，安装新的 Python 版本时，不需要删除旧的 Python 版本，因为 Linux 系统中有些命令需要旧的 Python 版本的支持，例如 yum。

下载 Python 安装包可以使用在 Python 官方网站下载的方式，也可以使用 wget 方式下载。

(1) 在 Python 官方网站下载的地址为 https://www.python.org/downloads/，如图 6.6 所示。

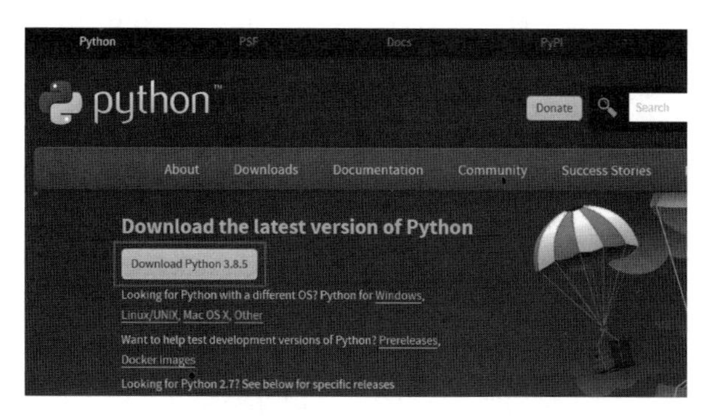

图 6.6　下载 Python

(2) 在 Linux 系统中使用 wget 工具下载资源是最常用的下载方式之一。在使用 wget 工具之前需要先安装 wget 工具,可以使用 yum 命令进行安装,操作方法如下：

```
[root@Slave004 ~]# yum install -y wget
```

验证是否安装 wget 工具：

```
[root@Slave004 ~]# rpm -qa | grep wget
wget-1.12-10.el6.x86_64
```

使用 wget 命令获取安装包：

```
[root@Slave004 ~]# wget https://www.python.org/ftp/python/3.6.2/Python-3.6.2.tgz
```

(3) 安装 Python。

将使用 wget 工具下载的 Python 包解压：

```
[root@Slave004 software]# pwd
    /root/software
[root@Slave004 software]# tar -zxvf Python-3.6.2.tgz
```

配置 configure 文件,进入 Python 解压目录,执行 configure 命令。执行 configure 命令需要 gcc 工具的支持,所以需要先安装 gcc 工具。

```
[root@Slave004 Python-3.6.2]# yum -y install gcc
```

执行 configure 命令：

```
[root@Slave004 Python-3.6.2]# ./configure
```

configure 命令执行后会在当前目录生成 Makefile 文件,该文件用于执行 make 命令解析时使用。

编译完成后不要急着执行 make 命令,因为 pip 工具在下载安装时需要 SSL 的支持,默认的 SSL 与系统自带的 SSL 不一致,会导致 pip 工具在使用过程中出现异常。

配置 SSL 证书。使用 vim 打开 Pythonxx/Modules/Setup 文件,该文件必须要执行 configure 命令才能生成。打开 Setup 文件将 SSL 的地址修改为系统自带的 SSL 地址即可。

查看 SSL 地址,如图 6.7 所示。

```
[root@Slave004 Python-3.6.2]# openssl version -a
```

修改 SSL,如图 6.8 和图 6.9 所示。

```
[root@Slave004 Python-3.6.2]# vim Modules/Setup
```

```
[root@Slave002 Python-3.6.2]# openssl version -a
OpenSSL 1.0.1e-fips 11 Feb 2013
built on: Wed Mar 22 21:43:28 UTC 2017
platform: linux-x86_64
options:  bn(64,64) md2(int) rc4(16x,int) des(idx,cisc
compiler: gcc -fPIC -DOPENSSL_PIC -DZLIB -DOPENSSL_THR
64 -DL_ENDIAN -DTERMIO -Wall -O2 -g -pipe -Wall -Wp,-D
sp-buffer-size=4 -m64 -mtune=generic -Wa,--noexecstack
SSL_BN_ASM_MONT5 -DOPENSSL_BN_ASM_GF2m -DSHA1_ASM -DSH
AES_ASM -DWHIRLPOOL_ASM -DGHASH_ASM
OPENSSLDIR: "/etc/pki/tls"
```

图 6.7 查看 SSL 地址

```
# Socket module helper for SSL support; you must comment out the other
# socket line above, and possibly edit the SSL variable:
#SSL=/usr/local/ssl
#_ssl _ssl.c \
#       -DUSE_SSL -I$(SSL)/include -I$(SSL)/include/openssl \
#       -L$(SSL)/lib -lssl -lcrypto
```

修改前

图 6.8 SSL 修改前

```
# Socket module helper for SSL support; you must comment out the other
# socket line above, and possibly edit the SSL variable:
SSL=/etc/pki/tls
_ssl _ssl.c \
       -DUSE_SSL -I$(SSL)/include -I$(SSL)/include/openssl \
       -L$(SSL)/lib -lssl -lcrypto
```

修改后

图 6.9 SSL 修改后

使用 make 命令编译源代码。执行 make 命令需要 openssl 和 openssl-devel 的支持。

```
[root@Slave004 Python-3.6.2]# yum -y install openssl.x86_64 openssl-devel.x86_64
[root@Slave004 Python-3.6.2]# make
```

make install 命令用于安装 make 命令编译好的源代码。

```
[root@Slave004 Python-3.6.2]# make install
```

使用 whereis 命令查询到 Python 3，说明 Python 3 安装成功，如图 6.10 所示。

```
[root@Slave004 Python-3.6.2]# whereis python3
python3: /usr/bin/python3 /usr/local/bin/python3.6m-config /usr/local/bin/
cal/bin/python3.6 /usr/local/bin/python3.6m /usr/local/lib/python3.6
[root@Slave004 Python-3.6.2]# whereis pip3
pip3: /usr/local/bin/pip3.6 /usr/local/bin/pip3
```

图 6.10 查询 Python 3 是否安装成功

Python 3 编译器安装完成后，默认安装在/usr/local/bin 和/usr/local/lib 目录下。如果想要卸载刚安装好的 Python 编译器，直接删除这两个目录即可，如图 6.11 所示。

```
[root@Slave004 Python-3.6.2]#
[root@Slave004 Python-3.6.2]# ls /usr/local/bin/
2to3               hdfscli-avro  mrjob-2.7  python3              python3-config
2to3-3.6           idle3         pip3       python3.6            pyvenv
chardetect         idle3.6       pip3.6     python3.6-config     pyvenv-3.6
easy_install-3.6   mrjob         pydoc3     python3.6m
hdfscli            mrjob-2       pydoc3.6   python3.6m-config
[root@Slave004 Python-3.6.2]# ls /usr/local/lib
libpython3.6m.a  pkgconfig  python3.6
[root@Slave004 Python-3.6.2]#
```

图 6.11 卸载 Python 编译器

（4）配置 Python 3 环境。

Hadoop Streaming 工具提交 MapReduce 任务时需要 Python 3 编译器的支持，集群默认是在/usr/bin 下找指定的 Python 3 编译器，而/usr/bin 中只有 Python 2 编译器，所以在运行作业时可能会出现语法错误，为了解决这个问题，需要给 Python 3 的执行命令添加软链接到/usr/bin 目录。

添加 Python 3 软链接到/usr/bin：

```
[root@Slave004 Python-3.6.2]# ln -s /usr/local/bin/python3 /usr/bin/python3
```

添加 pip3 软链接到/usr/bin：

```
[root@Slave004 Python-3.6.2]# ln -s /usr/local/bin/pip3 /usr/bin/pip3
```

第三步：在 Linux 系统中安装 PyCharm 编辑器。

PyCharm 官方网站提供的 PyCharm 编辑器为免安装版本，只需要解压即可使用。

PyCharm 官方网站下载地址为 https://www.jetbrains.com/pycharm/download/#section=linux，如图 6.12 所示。

图 6.12　下载 Linux 版 PyCharm

解压 PyCharm 编辑工具：

```
[root@Slave004 software]# tar -zxvf pycharm-community-2019.3.5.tar.gz
```

运行 PyCharm 编辑工具，如图 6.13 所示。

```
[root@Slave004 bin]# pwd
/root/software/pycharm-community-2019.3.5/bin
[root@Slave004 bin]# ./pycharm.sh
```

图 6.13　运行 PyCharm 编辑工具

配置 PyCharm 使用 Python 3 编译器，如图 6.14 和图 6.15 所示。

第四步：在集群中配置 Python 环境。

使用 Python 编写的 MapReduce 代码在大数据集群中运行时，需要有大数据集群的支持和 Python 环境的支持，所以在大数据集群中的每一个 Slave 虚拟机都需要安装 Python 编译器，如图 6.16 所示。

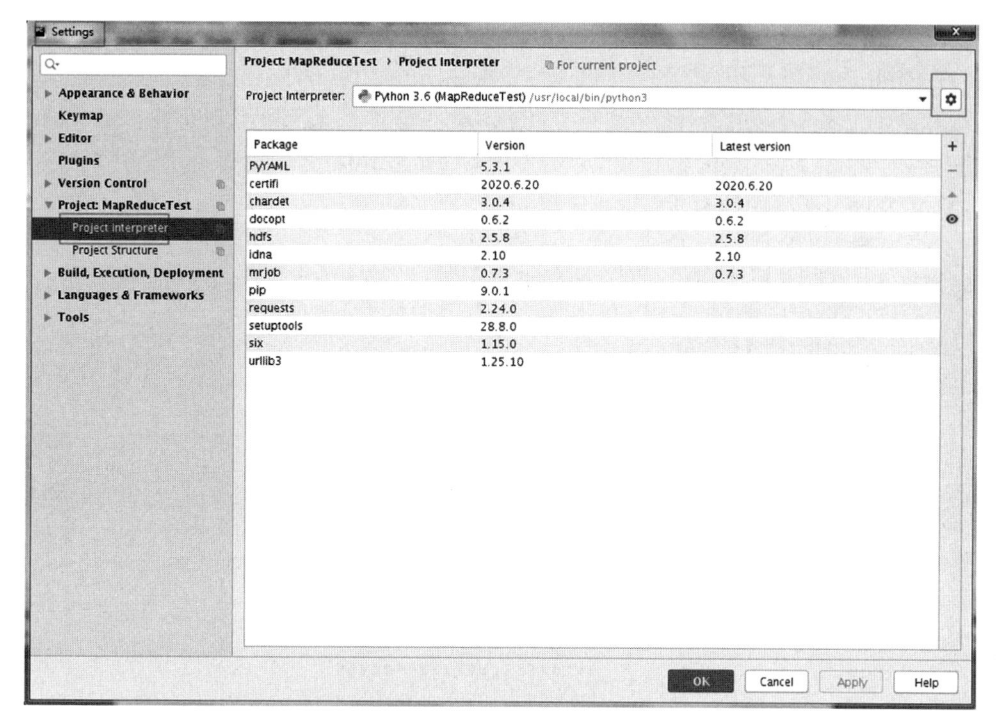

图 6.14　配置 PyCharm(1)

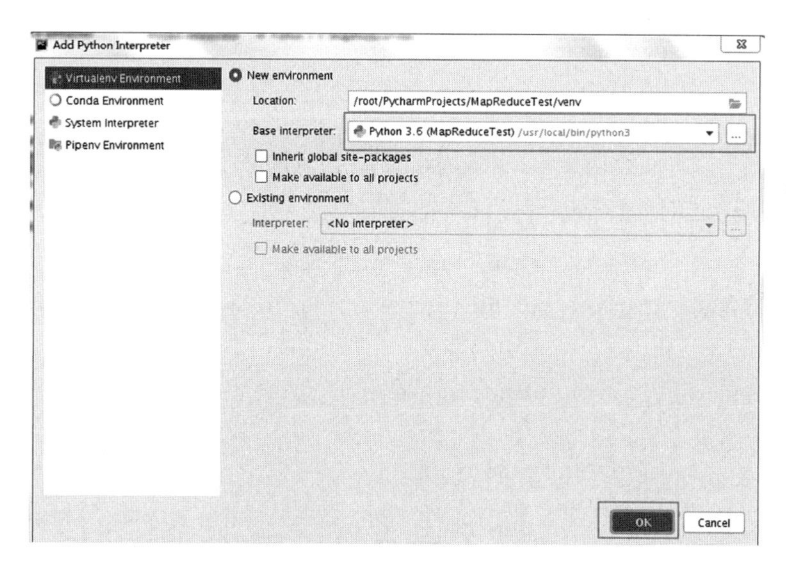

图 6.15　配置 PyCharm(2)

图 6.16　安装过程

第五步：安装 Python 需要的模块。

在 Python 编写代码和运行的过程中，需要 hdfs 和 mrjob 模块的支持，可以使用 Python 自带工具 pip 进行安装。运行 Python 程序的每个节点都需要安装 hdfs 和 mrjob 模块。

查看节点中安装的所有 Python 模块：

```
[root@Slave001 ~]# pip3 list
mrjob (0.7.3)
pip (9.0.1)
...
```

使用 pip3 命令安装 hdfs 和 mrjob 模块，如图 6.17 所示。

```
[root@Slave001 ~]# pip3 install hdfs
[root@Slave001 ~]# pip3 install mrjob
```

```
[root@Slave001 ~]# pip3 install hdfs
Collecting hdfs
  Downloading https://files.pythonhosted.org/packages
e60ddc5a/hdfs-2.5.8.tar.gz (41kB)
    100% |████████████████████████
Collecting docopt (from hdfs)
```

图 6.17　安装 hdfs 和 mrjob 模块

安装过程中可能出现资源无法下载的问题，这时可以更换下载地址重新安装。代码如下：

```
[root@Slave001 ~] pip3 install pymysql  -i url
```

其中的 url 为其他 pip 源。国内常用的 pip 源如下。

阿里云：http://mirrors.aliyun.com/pypi/simple/。

中国科技大学：https://pypi.mirrors.ustc.edu.cn/simple/。

豆瓣(douban)：http://pypi.douban.com/simple/。

清华大学：https://pypi.tuna.tsinghua.edu.cn/simple/。

中国科学技术大学：http://pypi.mirrors.ustc.edu.cn/simple/。

例如，安装 pymysql 模块的代码如下：

```
pip3 install pymysql  -i https://pypi.tuna.tsinghua.edu.cn/simple/
```

6.3.5　用 Python 编写 MapReduce 代码入门程序（词频统计）

一个完整的 MapReduce 程序大致分成三个部分：第一部分为 Mapper 文件，第二部分为 Reducer 文件，第三部分为 Hadoop Streaming 提交执行程序的脚本文件。

WordCountMapper.py 文件用于获取 HDFS 文件中的内容，按空格进行分隔从而获取每个单词，并将单词与标记写入 WordCountReducer.py 中。

```
#coding:utf-8
import sys
# 使用 sys.stdin(标准输入)获取数据集
for line in sys.stdin:
    # 去除每行数据中的前后空格
    l = line.strip()
        # 按空格分隔,返回分隔后的数据集
    words = l.split()
        # 循环数据集获取每个词,为每个词加上标记用于 Reduce 统计
    for word in words:
        # 标准输出,写入 Reduce 的输入中
        print("%s\t%s" % (word, 1))
```

WordCountReducer.py 文件用于接收 WordCountMapper.py 文件传入的数据，对每个数据进行统计，将统计结果写入 HDFS 中。

```
#coding:utf-8
import sys
# 定义字典,用于装 key/value 对数据
result = {}
for line in sys.stdin:
    # 使用制表符分隔字符串,用于找出 key/values
    kvs = line.split("\t")
        key = kvs[0]
        values = kvs[1]
  # 判断 result 字典中是否有数据,如果有则加 1,如果没有则将新数据插入字典
        if key in result:
            result[key] += 1
        else:
            result[key] = 1
# 将统计结果使用标准输出写入 HDFS
for k, v in result.items():
    print("%s\t%s" % (k, v))
```

run()文件用于启动 Hadoop Streaming 配置文件。任何可执行文件都可以被指定为 Mapper/Reducer，这些可执行文件不需要事先存放在集群上，如果在集群上还没有，则需要用-file 选择让 MapReduce 框架把可执行文件作为作业的一部分，一起打包提交。

```
HADOOP_CMD="/root/software/hadoop-2.6.5/bin/hadoop"
STREAM_JAR_PATH="/root/software/hadoop-2.6.5/share/hadoop/tools/lib/hadoop-
streaming-2.6.5.jar"
INPUT_PATH="/input/text"
OUTPUT_PATH="/output"
$HADOOP_CMD jar $STREAM_JAR_PATH \
-input $INPUT_PATH \
-output $OUTPUT_PATH \
```

```
- mapper "/usr/bin/python3 WordCountMapper.py" \
- reducer "/usr/bin/python WordCountReducer.py" \
- file "./WordCountMapper.py" \
- file "./WordCountReducer.py"
```

HDFS 中数据源的文件路径为/input/text，其数据格式如图 6.18 所示。

```
[root@Slave001 ~]# hadoop fs -cat /input/text
20/08/04 22:53:52 WARN util.NativeCodeLoader: Unable to load native-hadoop libr
iltin-java classes where applicable
2020-08-04 17:40:23,432 INFO [main] org.apache.hadoop.conf.Configuration.deprec
ted. Instead, use mapreduce.map.input.start
2020-08-04 17:40:23,432 INFO [main] org.apache.hadoop.conf.Configuration.deprec
d. Instead, use mapreduce.job.id
2020-08-04 17:40:23,433 INFO [main] org.apache.hadoop.conf.Configuration.deprec
d. Instead, use mapreduce.job.local.dir
2020-08-04 17:40:23,433 INFO [main] org.apache.hadoop.conf.Configuration.deprec
ecated. Instead, use mapreduce.task.ismap
```

图 6.18　数据源/input/text 数据格式

HDFS 中输出目录为/output，输出结果的输出格式如图 6.19 所示。

```
[root@Slave003 tmp]# hadoop fs -cat /output/p*
20/08/04 23:07:12 WARN util.NativeCodeLoader: Unable
iltin-java classes where applicable
the     1
kvstart 1
mapred.task.partition   1
17:40:23,432    2
17:40:23,433    2
17:40:23,607    1
bufvoid 1
in      1
map     2
17/6553600      1
17:40:23,947    1
done    1
bufstart        1
```

图 6.19　输出结果的数据格式

6.3.6　清洗数据

有两张表的数据格式字段不完全相同，如果想要把两个表中相同的字段清洗出来，合并成一张表，这时涉及多个目录输入的操作，Hadoop Streaming 工具中提供了多个输入目录的设置，可以使用多个-input 选项设置多个输入目录。

数据源的数据结构如图 6.20 所示。

表A：

序号	学号	姓名	平时成绩	考试成绩	综合成绩
27	201811878	莫双楠	90	90	90
28	201821461	彭福	90	72	77.4
29	201810831	卿子瑞	90	74	78.8
30	201810827	饶龙平	90	68	74.6
31	201810825	石益帆	90	74	78.8
32	201821459	谭翠兰	90	87	87.9
33	201821507	王虹君	90	87	87.9

表B：

账号	姓名	性别	单位	得分	学号	交卷时间	考试用时
6994128	杨红	女	GT18大数据201811863	62	201821459	2020/6/25/16:49	26′46″
6998290	李宇欣	男	GT18大数据201821488	92	201821450	2020/6/25/16:49	26′38″
6994323	莫楠楠	女	GT18大数据201811878	88	201821441	2020/6/25/16:49	26′32″
6994098	陈双双	女	GT18大数据201811864	50	201821432	2020/6/25/16:49	26′35″
6994568	袁晓玲	女	GT18大数据201821484	67	201821423	2020/6/25/16:45	23′08″

图 6.20　数据结构

要求将表 A 与表 B 中字段不一致的考试数据合并成一张表，输出学生姓名、学号和考试成绩三个字段。

```
# coding:utf-8
import sys

for line in sys.stdin:
    # 表 A 数据源：序号、学号、姓名、平时成绩、考试成绩、综合成绩
    # 表 B 数据源：账号、姓名、性别、单位、得分、学号、交卷时间、考试用时
    val = line.split("\t")
        if len(val) == 6:
            print(val[2], val[1], val[4], sep="\t")
        else:
            print(val[1], val[5], val[4], sep="\t")
```

上述例子中对两个表的数据进行清洗，在 Mapper 中即可完成，所以不需要使用 Reduce 操作，可以使用-D mapred. reduce. tasks=0 参数关闭 Reduce 输出。

run. sh 文件如下：

```
HADOOP_CMD="/root/software/hadoop-2.6.5/bin/hadoop"
STREAM_JAR_PATH = "/root/software/hadoop - 2.6.5/share/hadoop/tools/lib/hadoop -
streaming-2.6.5.jar"
OUTPUT_PATH="/output"
# 删除输入目录
$HADOOP_CMD fs -rm -r $OUTPUT_PATH
# 提供 Python 作业
$HADOOP_CMD jar $STREAM_JAR_PATH \
-D mapred.reduce.tasks=0 \
-input "/input/aTable" \
-input "/input/bTable" \
-output $OUTPUT_PATH \
-mapper "/usr/bin/python3 CleaningData.py" \
-file "/root/tmp/CleaningData.py"
```

运行结果如图 6.21 所示。

```
[root@Slave003 tmp]# hadoop fs -cat /output/p*
20/08/05 01:29:34 WARN util.NativeCodeLoader: U
iltin-java classes where applicable
杨红	201821459	62
李宇欣	201821450	92
莫楠楠	201821441	88
陈双双	201821432	50
莫双楠	201811878	90
彭福	201821461	72
卿子瑞	201810831	74
饶龙平	201810827	68
石益帆	201810825	74
谭翠兰	201821459	87
王虹君	201821507	87
袁晓玲	201821423	67
```

图 6.21 运行结果

6.4 mrjob模块

关于mrjob模块的讲解视频可扫描二维码观看。

6.4.1 mrjob模块概述

Hadoop为Java以外的其他语言，提供了一个友好的实现MapReduce的框架，即Hadoop Streaming。Hadoop Streaming只遵循从标准输入(STDIN)读入，写出到标准输出(STDOUT)即可，并且它还提供了丰富的参数控制来实现许多MapReduce的复杂操作。

而mrjob模块就是对Hadoop Streaming进行封装的Python模块，它是一个编写MapReduce任务的开源Python框架，因此可以不使用Hadoop Streaming命令操作MapReduce作业，更轻松、快速地完成编写MapReduce任务。

mrjob模块具有如下特点：

(1) 代码简洁，map()及reduce()函数通过一个Python文件就可以完成；

(2) 支持多步骤的MapReduce任务工作流；

(3) 支持多种运行方式，包括内嵌方式、本地环境、Hadoop、远程终端；

(4) 支持亚马逊网络数据分析服务ElasticMapReduce(EMR)；

(5) 调试方便，无须任何支持环境。

6.4.2 安装mrjob模块

mrjob模块是Python封装MapRdeuce的模块，使用Python编写MapReduce代码时需要先安装mrjob模块，并导入mrjob模块才能正确使用。

安装mrjob模块需要使用pip3工具。pip3是Python包管理工具，该工具提供了对Python包的查找、下载、安装、卸载等功能。Python 2.7.9+或Python 3.4以上版本都自带pip工具。

以下是pip3常用命令。

显示版本和路径：

```
[root@Slave003 ~]# pip3 --version
pip 20.2.1 from /usr/local/lib/python3.6/site-packages/pip (python 3.6)
```

获取帮助：

```
[root@Slave003 ~]# pip3 --help
Usage:
    pip3 <command> [options]
    Commands:
    install                    Install packages.
```

```
    download                Download packages.
    uninstall               Uninstall packages.
    ...
```

升级 pip：

```
[root@Slave003 ~]# pip3 install -U pip
Collecting pip
Downloading        https://files.        pythonhosted.        org/packages/bd/b1/
56a834acdbe23b486dea16aaf4c27ed28eb292695b90d01dff96c96597de/pip-20.2.1-py2.py3-
none-any.whl (1.5MB)
    38% |████████████▌                   | 573KB 30KB/s
    99% |████████████████████▉           | 1.5MB
    100% |████████████████████████      | 1.5MB 32KB/s
Installing collected packages: pip
Found existing installation: pip 9.0.1
Successfully uninstalled pip-9.0.1
Successfully installed pip-20.2.1
```

升级模块：升级指定的模块。可通过使用==、>=、<=、>、<来指定一个版本号。

```
[root@Slave003 ~]# pip install --upgrade mrjob
Requirement already up-to-date: mrjob in /usr/local/lib/python3.6/site-packages (0.7.3)
Requirement already satisfied, skipping upgrade: PyYAML>=3.10 in /usr/local/lib/python3.6/
site-packages (from mrjob) (5.3.1)
```

卸载模块：

```
[root@Slave003 ~]# pip3 uninstall mrjob
Found existing installation: mrjob 0.7.3
Uninstalling mrjob-0.7.3:
Would remove:
    /usr/local/bin/mrjob
    ...
    /usr/local/lib/python3.6/site-packages/mrjob/*
Proceed (y/n)? y
Successfully uninstalled mrjob-0.7.3
```

搜索模块：

```
[root@Slave003 ~]# pip3 search mrjob
mrjob (0.7.3)  - Python MapReduce framework
INSTALLED: 0.7.3 (latest)
mr3px (0.5.1)  - Line-based protocols for use with mrjob.
mr3po (0.1.0)  - Line-based protocols for use with mrjob.
```

显示指定模块安装信息：

```
[root@Slave003 ~]# pip3 show mrjob
Name: mrjob
Version: 0.7.3
Summary: Python MapReduce framework
Home-page: http://github.com/Yelp/mrjob
Author: David Marin
Author-email: dm@davidmarin.org
License: Apache
Location: /usr/local/lib/python3.6/site-packages
Requires: PyYAML
Required-by:
```

查看指定模块的详细信息：

```
[root@Slave003 ~]# pip3 show -f mrjob
Name: mrjob
Version: 0.7.3
Summary: Python MapReduce framework
Home-page: http://github.com/Yelp/mrjob
...
mrjob-0.7.3.dist-info/INSTALLER
mrjob/__pycache__/cat.cpython-36.pyc
mrjob/__pycache__/cloud.cpython-36.pyc
```

列出所有安装的模块：

```
[root@Slave003 ~]# pip3 list
Package      Version
...
mrjob        0.7.3
pip          20.2.1
PyYAML       5.3.1
```

查看可升级的模块：

```
[root@Slave003 ~]# pip3 list -o
Package    Version  Latest  Type
---------- -------  ------- -----
setuptools 28.8.0   49.2.1  wheel
```

如果要安装 mrjob 模块，应使用 pip3 install 命令安装。pip3 提供了多种方式来安装指定模块。

```
[root@Slave003 ~]# pip3 install mrjob              # 安装最新版本
[root@Slave003 ~]# pip3 install mrjob==0.7.3       # 安装指定的版本
[root@Slave003 ~]# pip3 install mrjob>=0.7.3       # 安装最小版本
```

在使用 pip3 install 命令安装模块时，默认使用国外的镜像安装，下载速度和安装稳定性都较差，可以使用-i 参数修改下载镜像。

例如：

```
pip install pymysql  - i url( 其他 pip 源)
```

以下为常见的国内镜像，使用国内镜像下载速度会快很多。

阿里云：http://mirrors.aliyun.com/pypi/simple/。

中国科技大学：https://pypi.mirrors.ustc.edu.cn/simple/。

豆瓣(douban)：http://pypi.douban.com/simple/。

清华大学：https://pypi.tuna.tsinghua.edu.cn/simple/。

中国科学技术大学：http://pypi.mirrors.ustc.edu.cn/simple/。

6.4.3 mrjob 模块的第一个例子(词频统计)

同样是词频统计，很明显使用 mrjob 模块方式要比 sys.stdin()方法处理要简单得多。mrjob 模块提供 mapper()和 reducer()封装方法对输入数据进行处理，其中 mapper()方法用于数据的映射，reducer()方法根据 mapper()输出的 key 进行分组，做 key 相同的 values 值聚合计算。

/input/text 数据源如下：

```
hadoop conf Configuration deprecation
map input start is deprecated
use mapreduce map input start
org apache hadoopmapred Task
```

WordCount.py 文件内容如下：

```
# coding:utf-8
from abc import ABC
from mrjob.job import MRJob
class WordCount(MRJob, ABC):
    def mapper(self, key, value):
        # str(value)将 value 转换为字符串
        words = str(value).split(" ")
        for word in words:
            yield word, 1
    # 一个 key 一组 value 值
    def reducer(self, key, values):
        yield key, sum(values)
if __name__ == '__main__':
    WordCount.run()
```

运行命令：

```
[root@Slave003 tmp]# python3 WordCount.py -r hadoop hdfs:///input/text -o hdfs:///output
```

输出结果:

```
[root@Slave003 tmp]# hadoop fs -cat /output/p*
"Configuration"  1
"Task"  1
"apache"  1
…
"start"  2
"use"  1
```

6.4.4 mrjob模块的运行方式

mrjob模块提供多种方式运行作业,主要分为本地运行方式、Hadoop集群运行方式和Hadoop Streaming工具运行方式。

1. 本地运行方式

本地运行方式一般用于程序测试。下例中,<符号表示将指定文件中的数据传送到程序中,>符号表示将运行结果输出到指定的文件。

```
[root@Slave003 tmp]# python3 WordCount.py < ./text  >./newText
No configs found; falling back on auto-configuration
No configs specified for inline runner
Creating temp directory /tmp/WordCount.root.20200805.140025.692579
Running step 1 of 1...
reading from STDIN
job output is in /tmp/WordCount2.root.20200805.140025.692579/output
Streaming final output from /tmp/WordCount.root.20200805.140025.692579/output...
Removing temp directory /tmp/WordCount.root.20200805.140025.692579...
[root@Slave003 tmp]# ls
    WordCount.py   text   newText
[root@Slave003 tmp]# cat newText
"is"       1
"map"      2
…
"hadoop"   2
"input"    2
```

本地模式一般用于程序的测试,它不需要到集群中进行计算,可直接在本地环境下验证程序的正确性,更大程度上节省开发时间。

本地模式中<符号可以不显式写出,程序默认没有标记的文件作为输入文件。>符号也可以使用-o符号代替,-o参数表示输出目录,计算结果将输出到-o参数后指定的目录中，以 part 开头的文件方式存在。

```
[root@Slave003 tmp]# python3 WordCount.py < ./text   -o newText2
No configs found; falling back on auto-configuration
No configs specified for inline runner
Running step 1 of 1...
Creating temp directory /tmp/WordCount.root.20200805.140657.380154
reading from STDIN
job output is in newText2
Removing temp directory /tmp/WordCount.root.20200805.140657.380154...
[root@Slave003 tmp]# ll
总用量 92
-rw-r--r--. 1 root root   165 8月   5 22:00 newText
drwxr-xr-x.  2 root root  4096 8月   5 22:06 newText2
-rwxrwxrwx.  1 root root   232 8月   5 16:42 WordCount.py
```

如果需要传递多个输入文件，可以使用-<参数进行输入。注：-<参数只对本地模式有效，如果要输入多个 HDFS 文件则需要使用 Hadoop Streaming 工具转入。

```
[root@Slave003 tmp]# cat aTable
27 ShuangNan   90 90 90
28 201821461 YangHong 90 72 77.4
29 201810831 WuWenTing 90 74 78.8

[root@Slave003 tmp]# cat text
hadoop conf Configuration deprecation
map input start is deprecated
use mapreduce map input start
org apache hadoopmapred Task

[root@Slave003 tmp]# python3 WordCount.py ./text -< ./aTable   -o newText3
No configs found; falling back on auto-configuration
No configs specified for inline runner
Running step 1 of 1...
Creating temp directory /tmp/WordCount.root.20200805.142717.175513
reading from STDIN
job output is in newText3
Removing temp directory /tmp/WordCount.root.20200805.142717.175513...
[root@Slave003 tmp]# cat ./newText3/p*
"ShuangNan"  1
"Task"  1
...
"start" 2
"use"   1
```

2. Hadoop 集群运行方式

要在 Hadoop 集群上运行它，可使用-r hadoop 命令。

```
[root@Slave003 tmp]# python3 WordCount2.py -r hadoop hdfs:///input/text -o
hdfs:///output
No configs found; falling back on auto-configuration
No configs specified for hadoop runner
…
   map 0% reduce 0%
   map 100% reduce 0%
   map 100% reduce 100%
  Job job_1596625292068_0003 completed successfully
Counters: 49
    …
    Map-Reduce Framework
        CPU time spent (ms) = 2820
        Combine input records = 0
        Combine output records = 0
        Failed Shuffles = 0
        GC time elapsed (ms) = 512
        Input split bytes = 168
        Map input records = 4
        Map output bytes = 204
        Map output materialized bytes = 254
        Map output records = 19
        Merged Map outputs = 2
        Physical memory (bytes) snapshot = 484909056
        Reduce input groups = 15
        Reduce input records = 19
        Reduce output records = 15
        Reduce shuffle bytes = 254
        Shuffled Maps  = 2
        Spilled Records = 38
        Total committed heap usage (bytes) = 258678784
        Virtual memory (bytes) snapshot = 6177259520
    Shuffle Errors
        BAD_ID = 0
        CONNECTION = 0
        IO_ERROR = 0
        WRONG_LENGTH = 0
        WRONG_MAP = 0
        WRONG_REDUCE = 0
job output is in hdfs:///output
Removing HDFS temp directory hdfs:///user/root/tmp/mrjob/WordCount2.root.20200805.
143051.476942...
Removing temp directory /tmp/WordCount2.root.20200805.143051.476942...

[root@Slave003 tmp]# hadoop fs -cat /output/p*
20/08/05 22:34:15 WARN util.NativeCodeLoader: Unable to load native-hadoop library for
your platform... using builtin-java classes where applicable
"Configuration"  1
```

```
...
"start"  2
"use"    1
```

3. Hadoop Streaming 工具运行方式

Python 3 命令方式可以快速、简便地运行作业，但是它有一定的局限，例如，如果要在集群中做多表关联，需要输入两个或者多个文件时，Python 3 命令方式无法提供该方式，这时就需要借用 Hadoop Streaming 工具方式运行。

```
[root@Slave003 tmp]# vim run.sh
HADOOP_CMD = "/root/software/hadoop - 2.6.5/bin/hadoop"
STREAM _ JAR _ PATH = "/root/software/hadoop - 2. 6. 5/share/hadoop/tools/lib/hadoop -
streaming - 2.6.5.jar"
OUTPUT_PATH = "/output"
# 删除输入目录
$ HADOOP_CMD fs - rm - r $ OUTPUT_PATH
# 提供 Python 作业
$ HADOOP_CMD jar $ STREAM_JAR_PATH \
# 输入两个文件时只需要多写一个 - input 即可
- input "/input/aTable" \
- input "/input/text" \
- output $ OUTPUT_PATH \
- mapper "/usr/bin/python3 WordCount.py" \
- file "/root/tmp/WordCount.py"
```

6.4.5 MRJob 类的工作原理

实现用 Python 编写 MapReduce 功能，需要继承 MRJob 类，MRJob 类包含定义 Job 步骤的方法，“步骤”由 Mapper 组件和 Reducer 组件组成。其中任何一个组件都可以从“步骤”中省略，只要包括至少一个即可，这两个函数的参数均是 key/value。

mapper(k,v)方法接收一个 key 和一个 value 作为参数。一般地 mapper()方法的 key 会被忽略，而 value 值将对数据源文本的值进行一行一行地读取，经过业务逻辑后产生一个或多元组(out_key, out_value)。

reduce()方法接收一个 key 和一组 values(迭代器)作为参数，key 和 values 的数据源是由 mapper()的 yield()生成的，mapper()输出到 reduce()输入之间会产生 Shuffle 操作，通过 Shuffle 后会生成以 key 值排序的 value。

通过源代码分析得知，每一个 MapReduce Job 都是以 run()运行的，期间会调用 execute()方法，程序会根据重写的函数对比调用相应的方法并执行对应的函数。待业务逻辑执行完成后，由 yield()函数生成结果返回给 mrjob 模块，再由 mrjob 模块将返回数据写入指定文件，如图 6.22 所示。

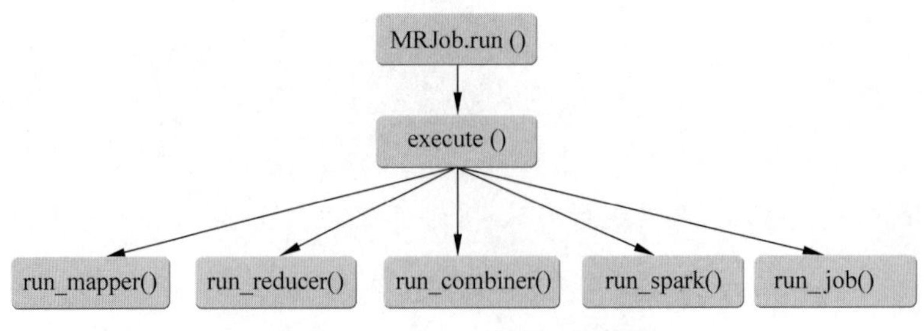

图 6.22　MRJob 类的工作原理

6.4.6　mrjob 模块的数据清洗

业务：剔除/input/data 文件中的非法数据（例如，ShiYiFan 的 exam_score 字段为-，表示该同学未参加考试，将该数据修改为 0）。

分析：根据业务要求可知，该需求只需要剔除无用数据和替换成绩，不需要聚合计算，所以该例只需要重写 mapper()函数，通过映射数据对每条数据分隔，然后再通过下标获取字符进行判断从而剔除非法字符。

/input/data 数据源：

```
[root@Slave003 tmp]# hadoop fs -cat /input/data
id  student_id  name            usual_score  exam_score  synthesize_score
1   201811878   MoShuangNan     90           90          90
2   201821461   PengFu          70           72          77.4
3   201810831   QingZiRui       90           74          78.8
4   201810827   RaoLongPing     90           68          74.6
5   201810825   ShiYiFan        80           -           24
6   201821459   TanCuiLan       90           87          87.9
7   201821507   WangHongJun1    90           87          87.9
```

ShuffleData.py 文件：

```
# coding:utf-8
from abc import ABC
from mrjob.job import MRJob
class ShuffleData(MRJob, ABC):
    # 数据源
    # id student_id  name usual_scoreexam_score  synthesize_score
    def mapper(self, key, value):
        # 把 value 转换为字符串
        s = str(value)
        # 按制表符分隔字符串
        q = s.split("\t")
        # 判断是否参加考试，如果没有参加，则将其成绩设为 0
        if q[4] == "-":
            score = q[4].replace("-", "0")
```

```
                yield None, (q[0], q[1], q[2], score, q[5])
        else:
                yield None, (q[0], q[1], q[2], q[4], q[5])


if __name__ == '__main__':
    ShuffleData.run()
```

提交命令：

```
[root@Slave003 tmp]# python3 ShuffleData.py -r hadoop hdfs:///input/data -o
hdfs:///output
```

运行结果：

```
[root@Slave003 tmp]# hadoop fs -cat /output/p*
null  ["1", "201811878", "MoShuangNan ", "90", "90"]
null  ["3", "201810831", "QingZiRui ", "74", "78.8"]
null  ["2", "201821461", "PengFu ", "72", "77.4"]
null  ["6", "201821459", "TanCuiLan ", "87", "87.9"]
null  ["5", "201810825", "ShiYiFan ", "0", "24"]
null  ["4", "201810827", "RaoLongPing ", "68", "74.6"]
null  ["7", "201821507", "WangHongJun1 ", "87", "87.9"]
```

yield 写入 HDFS 中的数据是以 Unicode 代码方式存在的，下一次使用数据时需要先解码。

6.4.7 mrjob 模块的两表合并

业务：根据/input/StudentTable 与/inputClassInfo 文件中的 class_id 字段关联出每个学生的班级信息。

分析：使用-input 参数读入两个表文件，在 Mapper 中，通过两个表字段个数的不同区分 StudentTable 文件还是 ClassInfo 文件，并找出 class_id 字段作为合并 key 值。在 Reducer 中将同一个 key 对应的 value 进行合并，获取合并后的数据并将数据写入-output 参数指定的 HDFS 中。

数据源：

```
[root@Slave003 ~]# hadoop fs -cat /input/ClassInfo
2020001    ComputationalNetworkEngineering
2020002    FinancialAccounting
[root@Slave003 ~]# hadoop fs -cat /input/StudentTable
1  201811878  MoShuangNan       2020001
2  201821461  PengFu            2020001
3  201810831  QingZiRui         2020002
4  201810827  RaoLongPing       2020001
```

```
5  201810825   ShiYiFan        2020002
6  201821459   TanCuiLan       2020001
7  201821507   WangHongJun1    2020002
```

TwoTableAssociation.py 文件：

```
# coding:utf-8
from abc import ABC
from mrjob.job import MRJob
class TwoTableAssociation(MRJob, ABC):
    # 学生表: id  student_id    name   class_id
    # 班级表: class_id  class_name
    def mapper(self, key, value):
        # str(value)将 value 转换为字符串
        val = str(value).replace(" ", "").split("\t")
        # 判断是学生表还是班级表
        if len(val) == 4:
            yield val[3], (val[0], val[1], val[2])
        elif len(val) == 2:
            yield val[0], (val[1])

    # 一个 key 一组 value 值
    def reducer(self, key, values):
        list1 = list()
        list2 = list()
        for value in values:
            if len(value) == 3:
                v = value[0] + " " + value[1] + " " + value[2]
                yield v, key
            else:
                yield key, v
        for a in list1:
            for b in list2:
                c = a + " " + b
                yield key, c
if __name__ == '__main__':
    TwoTableAssociation.run()
```

提交命令：

```
[root@Slave003 ~]# /root/tmp/run.sh
HADOOP_CMD="/root/software/hadoop-2.6.5/bin/hadoop"
STREAM_JAR_PATH="/root/software/hadoop-2.6.5/share/hadoop/tools/lib/hadoop-streaming-2.6.5.jar"
OUTPUT_PATH="/output"
# 删除输入目录
$HADOOP_CMD fs -rm -r $OUTPUT_PATH
```

```
# 提供 Python 作业
$ HADOOP_CMD jar $ STREAM_JAR_PATH \
- input "/input/StudentTable" \
- input "/input/ClassInfo" \
- output $ OUTPUT_PATH \
- mapper "/usr/bin/python3 TwoTableAssociation.py" \
- file "/root/tmp/TwoTableAssociation.py" \
- reducer "/usr/bin/python3 TwoTableAssociation.py" \
- file "/root/tmp/TwoTableAssociation.py"
```

运行结果：

```
[root@Slave003 ~]# hadoop fs - cat /output/p*
2020001    1  201811878  MoShuangNan     ComputationalNetworkEngineering
2020001    2  201821461  PengFu          ComputationalNetworkEngineering
2020002    3  201810831  QingZiRui       FinancialAccounting
2020001    4  201810827  RaoLongPing     ComputationalNetworkEngineering
2020002    5  201810825  ShiYiFan        FinancialAccounting
2020001    6  201821459  TanCuiLan       ComputationalNetworkEngineering
2020002    7  201821507  WangHongJun1    FinancialAccounting
```

6.5 本章小结

MapReduce 是 Hadoop 的核心之一，是面向大数据并行处理的计算模型。本章通过对 MapReduce 的工作原理的讲解让读者掌握了 MapReduce 的架构思想，通过对 YARN 的讲解，让读者掌握现在的 MapReduce 的运行机制。然后对 Python 操作 MapReduce 的不同方式进行讲解，Python 操作 MapReduce 主要有两种方式：Hadoop Streaming 和 mrjob 模块方式。本章的重点内容是 MapReduce 工作原理和 YARN 运行机制，学好这部分内容有助于理解 Python 编写中 MapReduce 程序的运用。

6.6 课后习题

一、填空题

1. MapReduce 工作流程分为________、________、________、________和________。

2. MapReduce 是用作________大数据计算的框架。

3. Reduce 类的主要作用是按 Map 输出的 key 进行分组，并对分组内的 values 值进行________操作。

4. 使用 start-yarn.sh 命令启动集群时会启动那些进程：________和 NodeManager。

二、判断题

1. MapReduce 是分布式计算框架，用于计算数据。 (　　)

2. 分区数量是 ReduceTask 的数据。 (　　)

3. 在 MapReduce 程序中，必须开发 Map 和 Reduce 相应的业务代码才能执行程序。（　　）

三、选择题

1. 在搭建 Hadoop 集群中，（　　）文件属于 MapReduce 的配置文件。
   A. mapred-site. xml 和 yarn-site. xml
   B. mapred-site. xml 和 core-site. xml
   C. yarn-site. xml 和 core-site. xml
   D. yarn-site. xml 和 hdfs-site. xml
2. 在大数据集群中，执行 start-yarn. sh 命令后将启动（　　）进程。
   A. NameNode 与 DataNode
   B. ResourceManager 与 NodeManager
   C. SecondaryNameNode
   D. NameNode、DataNode、ResourceManager、NodeManager 和 SecondaryNameNode
3. （　　）不属于 MapReduce 的进程。
   A. ResourceManager　　B. NameNode
   C. ApplicationMaster　　D. NodeManager
4. 以下对 MapReduce 框架的描述正确的是（　　）。
   A. Reducer 类可以直接处理 HDFS 中的文件
   B. Mapper 类是用于映射文件，它是以一个一个文件为单位读取数据
   C. Mapper 类是用于映射输入的文件，Reducer 类是用于分组处理 Mapper 传输出过来的数据
   D. MapReduce 编程时，Mapper 类与 Reducer 类必须成对出现

四、简答题

1. 说明 MapReduce 的作用。
2. 说明 MapReduce 的读写工作原理。
3. 说明词频统计程序的数据流转过程。

五、编程题

1. 根据表 6.1 和表 6.2 提供的数据编写 MapReduce 程序，统计每个同学考试的总成绩。

2. 根据表 6.1 和表 6.2 提供的数据编写 MapReduce 程序，统计每个系的英语平均成绩在所有系中的占比。

表 6.1　学生表

姓　名	性　别	出生年份	院　系	家庭住址	学　号
刘一	男	1994/11/26	数学系	上海	20157259
陈二	男	1993/6/11	数学系	北京	20153174
张三	女	1994/9/21	数学系	北京	20157824
李四	男	1993/1/26	信息工程系	云南	20155367

表 6.2 学科表

学　　号	学　　科	成　　绩
20157259	语文	90
20157259	数学	58
20157259	外语	39
20153174	语文	91
20153174	数学	95
20153174	外语	75
20157824	语文	60
20157824	数学	58
20157824	外语	53
20155367	语文	62
20155367	数学	43
20155367	外语	74

6.7 实训

1. 实训目的

掌握 mrjob 模块的应用。

2. 实训任务

根据表 6.3 统计每个班的最高成绩、最低成绩、平均成绩和及格率。

表 6.3 成绩表

学号	姓名	班　　级	班级编码	性别	专　　业	综合成绩
20180511041	尹若萱	计算机与科技学	CST	男	计算机科学与技术	88
20180511019	黄娟	机械电子工程	ME	女	计算机科学与技术	95
20180511099	伊达娜	电气工程及自动化	EEA	女	计算机科学与技术	68.5
…						

3. 实训任务

(1) 在大数据集的任意一台 Slave 虚拟机中创建 ResultsStatistical.py 和 PassRate.py 文件，并修改权限为可执行文件。

```
[root@Slave001 ~]# touch ResultsStatistical.py
[root@Slave001 ~]# touch PassRate.py
[root@Slave001 ~]# chmod u+x ResultsStatistical.py
```

```
[root@Slave001 ~]# chmod u+x PassRate.py
[root@Slave001 ~]# ll ResultsStatistical.py
[root@Slave001 ~]# ll PassRate.py
-rwxr--r--. 1 root root 0 8月  26 22:01 ResultsStatistical.py
-rwxr--r--. 1 root root 0 8月  26 22:01 PassRate.py
```

（2）在/root目录下创建ResultsStatistical.py文件，编写代码统计出每个班的最高成绩、最低成绩和平均成绩。

```
# coding:utf-8

from abc import ABC
from mrjob.job import MRJob


class ResultsStatistical(MRJob, ABC):
    def mapper(self, key, value):
        # 数据源：尹若萱  计算机与科技学  CST  女  计算机科学与技术  88
        # 将数据拆分成一个一个字段
        q = str(value).split("\t")
        # 以"班级"分组，对分数进行求值统计
        yield q[2], (float(q[5]), 1)

    def reducer(self, key, values):
        # 成绩容器
        score = list()
        # 总人数
            count = 0
        for v in values:
            score.append(v[0])
            count = count + v[1]
        # 总成绩
            sumScore = sum(score)
        # 平均成绩
            avgScore = sumScore/count
        # 最高成绩
        maxScore = max(score)
        # 最低成绩
            minScore = min(score)
        # 以"班级"分组，求出每个班的总成绩
        yield key, (maxScore, minScore, avgScore)


if __name__ == '__main__':
    # 运行求最高成绩、最低成绩和平均成绩分程序
    ResultsStatistical.run()
```

(3) 在/root目录下创建PassRate.py文件,编写代码统计出每个班的合格率。

```
# coding:utf-8

from abc import ABC
from mrjob.job import MRJob


class PassRate(MRJob, ABC):
    def mapper(self, key, value):
        # 数据源: 尹若萱  计算机与科技学  CST  女  计算机科学与技术  88
        # 将数据拆分成一个一个字段
        q = str(value).split("\t")
        # 筛选分数及格的同学
        if float(q[5]) >= 60:
            # 每个班及格数据
            yield q[2], 1
        else:
            # 每个班不及格数据
            yield q[2], 0

    def reducer(self, key, values):
        # 及格人数
        passCount = 0
        # 总人数
        count = 0
        for v in values:
            if v == 1:
                passCount = passCount + 1
            count = count + 1
        # 合格率
        passRate = (passCount/count) * 100
        # 四舍五入,保留2位有效数字
        result = round(passRate, 2)
        yield key, result


if __name__ == '__main__':
    # 运行程序求合格率
    PassRate.run()
```

(4) 在大数据集群中创建run.sh脚本文件,用于批量运行mrjob项目。

```
[root@Slave001 ~]# vim run.sh
/usr/bin/python3  /root/ResultsStatistical. py  -  r  hadoop  hdfs:///input/data  - o
hdfs:///ResultsStatistical
/usr/bin/python3 /root/PassRate.py -r hadoop hdfs:///input/data -o hdfs:///PassRate
[root@Slave001 ~]# ./run.sh
```

第 7 章

Hive数据仓库

7.1　Hive 模型

关于 Hive 模型的讲解视频可扫描二维码观看。

Hive 是基于 Hadoop 构建的一套数据仓库分析工具，它提供了丰富的 SQL 查询方式来分析存储在 Hadoop 分布式文件系统中的数据。可以将结构化的数据文件映射为一张数据库表，并提供完整的 SQL 查询功能；也可以将 SQL 语句转换为 MapReduce 任务并进行运行，通过 SQL 去查询分析需要的内容。在 Hive 中使用的 SQL 称为 HQL，对 MapReduce 不熟悉的用户可以利用 HQL 查询、汇总、分析数据，简化 MapReduce 代码，从而使用 Hadoop 集群。

7.1.1　Hive 的架构与基本组成

Hive 的架构如图 7.1 所示。

Hive 的架构可以分为以下几部分。

(1) 有三个主要的用户界面 CLI、Java 客户端和 Web-UI(Web 浏览器)。其中最常见的一种是 CLI，它从一个 Hive 副本开始。Client 是 Hive 的客户端。用户连接到 Hive 服务器。当启动客户端模式时，需要指出 Hive 服务器所在的节点，并在该节点上启动 Hive 服务器。Web-UI 通过浏览器访问 Hive。

(2) Hive 将元数据存储在 MySQL、Derby 等数据库中。元数据是数据仓库建设过程中所产生的有关数据源定义、目标定义、转换规则等相关的关键数据。

(3) 解释器、编译器和优化器完成 HQL 查询语句的词法分析、语法分析、编译、优化和查询计划。生成的查询计划存储在 HDFS 中，然后通过 MapReduce 调用执行。

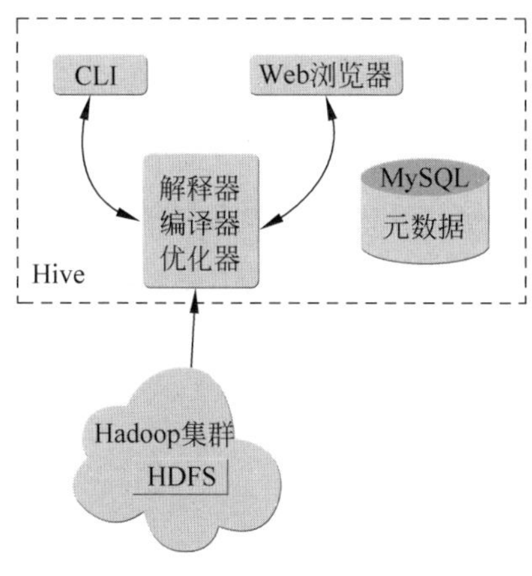

图 7.1 Hive 的架构

(4) Hive 的数据存储在 HDFS 中,大部分的查询和计算都是通过 MapReduce 完成的。

7.1.2 Hive 的数据模型

1. 创建 Hive 数据库

Hive 数据库是用来存储 Hive 的表,它是一个表的集合。Hive 数据库与 MySQL 数据库创建方式一样,语法声明如下:

```
create database [if not exists] <database name>
```

在这里,if not exists 是一个可选子句,表示如果数据库存在则不创建数据库,反之,如果数据库不存在则创建数据库。示例如下:

```
hive> create database test_database;
```

2. 内部表

Hive 的内部表在概念上类似于数据库中的表。Hive 中每个表都有对应的目录用于存放数据。例如,一个 PVS 表及其在 HDFS 中的路径为/wh/pvs,其中 wh 是在 hive-site. xml 中由 ${hive. metastore. warehouse. dir} 指定的数据仓库的目录,所有的内部表数据都存储在该目录中。删除表时,元数据与数据都会被删除。

简单示例如下。

(1) 在本地 root 目录下创建 test_inner_table. txt 数据文件,内容如下。

```
1
2
3
...
```

（2）在 Hive 中创建表，用于映射 test_inner_table.txt 数据。

```
create table test_inner_table (key string);
```

（3）在 Hive 中将 test_inner_table.txt 数据加载到 test_inner_table 表中。

```
load data local inpath'/root/test_inner_table.txt'into table test_inner_table;
```

（4）在 Hive 中执行查询操作。

```
select * from test_inner_table;
select count( * ) from test_inner_table;
```

（5）在 Hive 中执行删除表操作。

```
drop table test_inner_table;
```

（6）在 Hive 中创建 test_inner_table 表，并执行查询操作，会发现查询结果为空，说明内部表被删除后，表数据也一起被删除。

3. 外部表

外部表指用 Partition 关键字修饰的表。在元数据的组织方面，它与内部表是相同的，但数据的实际存储却有很大的不同。内部表的创建和数据加载可以独立完成，也可以在同一个语句中完成。在加载数据的过程中，将实际数据移动到数据仓库目录中，然后直接在数据仓库目录中完成对数据的访问。删除表时，表中的数据和元数据都被删除。另外，外部表只有一个过程，即加载数据并同时创建表（create external table … location）。实际数据保存在 location 后指定的 HDFS 路径中，不会移动到数据仓库目录中。

简单示例如下：

（1）在本地 root 目录下创建 test_external_table.txt 数据文件，内容如下。

```
1
2
3
...
```

（2）在 Hive 中创建表，用于映射 test_external_table.txt 数据。

```
create external table test_external_table (key string);
```

（3）在 Hive 中将 test_external_table.txt 数据加载到 test_external_table 表中。

```
load data inpath'/root/test_external_table.txt' into table test_inner_table;
```

(4) 在 Hive 中执行查询操作。

```
select * from test_external_table;
select count( * ) from test_external_table;
```

(5) 在 Hive 中执行删除表操作。

```
drop table test_external_table;
```

(6) 创建表,并执行查询语句,这时会发现之前导入的数据依然可以查询。由于外部表只管理了表的结构并不对表数据进行管理,当删除表时,只删除了表的结构,并没有删除数据。

7.2 Hive 安装

关于 Hive 安装的讲解视频可扫描二维码观看。

7.2.1 Hive 的基本安装

(1) 在 Hadoop 用户状态下,将 Hive 的安装文件复制到安装目录下并解压。

(2) 配置 Hive 的环境变量(需要 root 用户配置,因为 profile 文件属于 root 用户)。

```
vi /etc/profile
添加:
export HIVE_HOME = /xx/xx/hive.xx.xx
export PATH = $ PATH: $ HIVE_HOME/bin
```

(3) 使用环境变量生效。

```
source /etc/profile
```

(4) 验证 Hive。

```
hive
```

如果成功进入 Hive 交互界面,则说明 Hive 安装成功,但 Hive 用来存储元数据的数据库是自带数据库(Derby)。这个数据库不能实现远程操作,就会产生不必要的麻烦。所以需要安装另一个其他关系数据库来代替它自身的数据库,以弥补这个不足。

7.2.2 MySQL 的安装

1. 安装 MySQL

(1) 查看 Linux 系统中是否存在自带数据库。

```
rpm - qa | grep mysql
```

（2）卸载Linux系统集成的MySQL数据库。卸载分为普通模式和强力模式。强力模式是针对提示有依赖的其他文件时使用的。

普通删除模式：rpm -e mysql. xx. xx。

强力删除模式：rpm -e --nodeps mysql. xx. xx。

（3）使用yum工具安装MySQL。安装前，可以通过yum list | grep mysql命令查看yum上提供的MySQL数据库可下载的版本。找到mysql-community-client、mysql-community-server、mysql-community-devel安装包并进行安装。

在yum库中查询与MySQL相关的安装包。

```
[root@Slave001 ~]# yum list | grep mysql
mysql-community-client.x86_64   5.6.51-2.el7     @mysql56-community
mysql-community-server.x86_64   5.6.51-2.el7     @mysql56-community
mysql-community-devel.x86_64    5.6.51-2.el7     @mysql56-community
...
```

安装MySQL相关的依赖程序。

```
[root@Slave001 ~]# yum install -y mysql-community-client.x86_64
[root@Slave001 ~]# yum install -y mysql-community-server.x86_64
[root@Slave001 ~]# yum install -y mysql-community-devel.x86_64
```

（4）验证MySQL是否安装成功。使用rpm命令查询MySQL程序，如果出现MySQL相关安装程序，则说明安装成功。

```
[root@Slave001 ~]# rpm -qa | grep mysql
mysql-community-release-el7-5.noarch
mysql-community-common-5.6.51-2.el7.x86_64
mysql-community-libs-5.6.51-2.el7.x86_64
mysql-community-client-5.6.51-2.el7.x86_64
mysql-community-server-5.6.51-2.el7.x86_64
```

2. MySQL初始化

（1）启动mysql服务。

```
[root@Slave001 ~]# systemctl restart mysqld.service
```

（2）设置MySQL开启自动启动。

```
[root@Slave001 ~]# systemctl enable mysqld.service
```

（3）查询MySQL服务器状态。

```
[root@Slave001 ~]# systemctl status mysqld.service
```

（4）MySQL数据库安装完以后只会有一个root管理员账号，此时的root账号并没有设置密码。在第一次启动mysql服务时，会进行数据库的一些初始化工作，在输出的一大串信息中，会看到/usr/bin/mysqladmin -u root password 'new-password'信息，这条信息告诉我们需要用root password 'new-password'命令为root账号设置密码。

所以，可以通过如下命令给root账号设置密码（注意，这个root账号是MySQL的账号，而非Linux的账号）：

```
[root@Slave001 ~]# mysqladmin -u root password '123456'
```

（5）登录MySQL数据库。

```
[root@Slave001 ~]# mysql -u root -p123456
...
mysql>
```

7.2.3 Hive的配置

1. 配置MySQL为Hive元数据存储数据库

（1）使用root用户登录MySQL数据库。

```
[root@Slave001 ~]# mysql -u root -p123456
```

（2）创建hadoop账户。

```
mysql> create user 'hadoop'@'localhost' identified by 'hadoop';
```

（3）为hadoop账户添加权限。

```
mysql> grant all on *.* to  'hadoop'@'localhost';
```

（4）检查账户是否创建成功。

```
mysql> select user, host from mysql.user;
+--------+-----------+
| user   | host      |
+--------+-----------+
| root   | 127.0.0.1 |
| root   | ::1       |
| hadoop | localhost |
| root   | localhost |
+--------+-----------+
4 rows in set (0.03 sec)
```

(5) 退出 MySQL，并重启 mysql 服务。

```
mysql > exit;
[root@Slave001 ~]# systemctl restart mysqld.service
```

(6) 使用 hadoop 账户登录。

```
[root@Slave001 ~]# mysql -u hadoop -p123456
```

(7) 创建 Hive 元数据库。

```
mysql > create database hive_metadata;
```

(8) 配置 Hive。

进入到 Hive 的 conf 目录，把 hive-default.xml.template 复制一个副本，并重命名为 hive-site.xml：

```
[root@Slave001 conf]# cp hive-default.xml.template hive-site.xml
```

(9) 打开 hive-site.xml 进行相关参数配置。

```
[root@Slave001 conf]# vi hive-site.xml
```

更改以下属性值：

```
// 设置 Hive 连接的数据库的 URL
javax.jdo.option.ConnectionURL
jdbc:mysql://localhost:3306/hive_metadata?createDatabaseIfNotExist = true
// 设置驱动
javax.jdo.option.ConnectionDriverName
com.mysql.jdbc.Driver
// 设置用户名
javax.jdo.option.ConnectionUserName
hadoop
// 设置用户密码
javax.jdo.option.ConnectionPassword
hadoop
// 设置 Hive 作业的本地临时空间,iotmp 地址需要自己创建
hive.exec.local.scratchdir
/xx/xx/hive/iotmp
// 设置资源路径
hive.downloaded.resources.dir
/xx/xx/hive/iotmp/${hive.session.id}_resources
// 指定 Hive 的数据存储目录,指定的是 HDFS 上的位置
hive.metastore.warehouse.dir
/user/hive/warehouse
```

(10) 配置 MySQL 插件。

下载 mysql-connector-java-5.1.10-bin.jar，并将 mysql-connector-java-5.1.10-bin.jar 放到 Hive 安装目录的 lib 下。

2. 配置 hosts(只在 Hive 客户端所在的服务器中配置)

(1) 进入 root 用户。

```
[root@Slave001 conf]# su - l root
```

(2) 编辑/etc/hosts。

```
[root@Slave001 conf]# vi /etc/hosts
```

插入映射的 IP 地址与主机名：

```
192.168.153.201 Hive
```

7.3 HiveQL 详解

关于 HiveQL 详解的讲解视频可扫描二维码观看。

Hive 是一个建立在 Hadoop 上的数据仓库基础构架。它提供了一组用于数据提取、转换及加载的工具。这是一种可以存储、查询和分析存储在 Hadoop 中大规模数据的机制。Hive 定义了一种简单的类似 SQL 的查询语言 HQL，它允许熟悉 SQL 的用户查询数据。作为数据仓库，Hive 数据的使用级别管理可以从元数据存储、数据存储和 HQL 操作三个方面进行描述。Hive 客户端所安装的软件如图 7.2 所示。

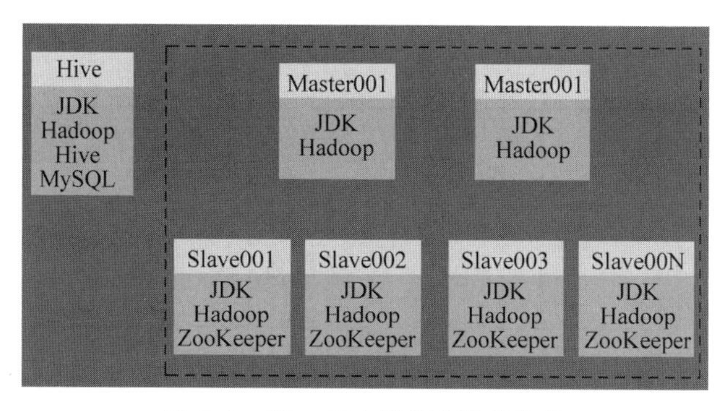

图 7.2　Hive 客户端所安装的软件

7.3.1 元数据存储

Hive 将元数据存储在 RDBMS 中，可通过以下三种模式连接到数据库。

(1) 单用户模式。这个模式会连接到内存中的数据库 Derby，通常用于单元测试。

（2）多用户模式。使用多用户模式并将其连接到数据库的网络连接模式是最常用的模式。

（3）远程服务器模式。用于非 Java 客户端访问元数据数据库，在服务器端启动 MetaStoreServer，客户端使用 Thrift 协议通过 MetaStoreServer 访问元数据数据库。

7.3.2 数据存储

首先，Hive 没有专属的数据存储格式，也没有为数据建立索引。用户可以自由组织 Hive 中的表，只需要在创建表时通知 Hive 数据中的列分隔符和行分隔符，就可以解析数据。

其次，Hive 中所有的数据都存储在 HDFS 中。Hive 中包含如下 4 种数据模型：Database、Table、Partition 和 Bucket。

1. Database

Database 相当于关系数据库里的命名空间（namespace）。其作用是将用户和数据库的应用隔离到不同的数据库或模式中。该模型支持 Hive 0.6.0 之后的版本，Hive 提供了 create database dbname、use dbname 以及 drop database dbname 这样的语句。

2. Table（表）

Hive 的表逻辑上由存储的数据和描述表格中的数据形式的相关元数据组成。元数据存储在关系数据库中。表存储的数据存放在 Hive 的数据仓库中，这个数据仓库是 HDFS 上的一个目录，该目录是在 hive-site.xml 中由 ${hive.metastore.warehouse.dir} 指定的，这里假定为/user/hive/warehouse/。创建一个 Hive 的表，即在 HDFS 的仓库目录下创建一个文件夹。表分为内部表和外部表两种。

Hive 元数据对应的表约有 20 个，其中和表结构信息有关的有 9 个，其余的或为空或只有简单的几条记录。表的简要说明如表 7.1 所示。

表 7.1 Hive 元数据对应的表的简要说明

表名	说明	关联键
tbls	所有 Hive 表的基本信息	tbl_id，sd_id
table_param	表级属性，如是否为外部表、表注释等	tbl_id
columns	Hive 表字段信息（字段注释，字段名，字段类型，字段序号）	sd_id
sds	所有 Hive 表、表分区所对应的 HDFS 数据目录和数据格式	sd_id，serde_id
serde_param	序列化反序列化信息，如行分隔符、列分隔符、null 的表示字符等	serde_id
partition	Hive 表分区信息	part_id，sd_id，tbl_id
partition_keys	存储分区字段的表	tbl_id
partition_key_vals	存储分区的值，通过 part_id 关联	part_id

3. Partition(分区表)

Hive 中的分区概念是一种根据 partitioned columns 的值粗略划分表数据的机制。on hive storage 是表主目录中的子目录,名称定义为"分区列+值"。

分区作为字段存在于表结构中,可以通过 description table 命令看到。但它不是与数据文件中的列对应的字段,不包含实际的数据内容,只是一个分区表示(伪列)。

由用户决定用户存储的每个数据文档应该放在分区的什么位置,这只是数据文档的移动。也就是说,用户在加载数据时必须显式地指定数据放在哪个分区。

分区的优点是它提高了查询效率。Hive 查询通常会扫描整个表内容,这是非常耗时的。有时只需要扫描表中所关心数据的某一部分,因此,在构建表时可引入分区的概念。例如,当前的互联网应用每天需要存储大量的日志文件,可能达到千兆字节,甚至几十千兆字节以上。存储日志其中必须有一个属性,该属性是日志产生的日期。在生成分区时,可以根据日志产生的日期进行划分,将每天的日志作为一个分区。

示例如下。

(1) 创建一个分区表,以 time 为分区列。

```
hive> create table partition_table (id int, name string)
    > partitioned by (time string)
    > row format delimited
    > fields terminated by '\t';
```

(2) 将数据添加到时间为 2017-01-16 这个分区中。

```
hive> load data local inpath '/home/hadoop/software/data.txt' overwrite into table invites
partition (time = '2017 - 01 - 16');
```

(3) 从一个分区中查询数据。

```
hive> select * from partition_table where time = '2017 - 01 - 16';
```

(4) 往一个分区表的某一个分区中添加数据。

```
hive> insert overwrite table partition_table partition(time = '2017 - 01 - 16')
    > select id, max(name) from test group by id;
```

(5) 使用以下命令可以查看分区的具体情况:

```
[root@Slave001 ~]# hadoop fs - ls /home/hadoop/hive/warehouse/partition_table;
```

4. Bucket(桶)

对于每个表或分区,Hive 可以进一步组织成桶,桶是更细粒度的数据范围分区。它是将源数据文件本身分隔成数据，利用桶将源数据文件按照一定的规则分隔成多个文件。物理上，每个桶是表（或分区）目录下的一个文件，Hive是特定列的桶的组织。这里的列字段是数据文件中特定列的Hive，对列值进行哈希排序，然后除以桶数来确定记录存储在哪个桶中。

把表（或者分区）组织成桶的好处如下。

（1）获得更高的查询处理效率。桶为表加上了额外的结构，Hive在处理某些查询时能利用这个结构。具体而言，连接两个在（包含连接列的）相同列上划分桶的表，可以使用Map端连接（Map-side join）高效地实现。比如对于JOIN操作两个表有一个相同的列，如果对这两个表都进行桶操作，那么只需保存相同列值的桶进行JOIN操作，这可以大大减少JOIN的数据量。

（2）使取样（sampling）更高效。在处理大规模数据集的开发和修改查询阶段，如果能在数据集的一小部分数据上试运行查询，将带来很大便利。

示例如下。

（1）创建桶。

```
hive> create table bucketed_user(id int,name string)
    > clustered by (id) sorted by(name) into 4 buckets
    > row format delimited fields terminated by '\t' stored as textfile;
```

（2）往桶中插入数据。

```
hive> insert overwrite table bucketed_user
    > select * from users;
```

（3）对桶中的数据进行采样（查询一半返回的桶数）。

```
hive> select * from bucketed_usertablesample (bucket 1 out of 2 on id);
```

7.3.3 HQL操作

1. 前期准备

前期需要准备两个数据文件：Score和Unit_name。Score文件中记录的是学生语、数、英的考试成绩和学生信息。Unit_name文件中记录的是学院的组织结构，包括班级ID、班级名称和院系名称信息。两个文件可以通过共有的classid字段关联组合出自己所需要的内容。接下来将通过对Score和Unit_name两个文件在Hive中创建表、加载数据、操作数据、删除数据、删除表等多方面讲解HQL的用法。

Score文件结构如图7.3所示。

Unit_name文件结构如图7.4所示。

2. 创建数据库

Hive数据库是一个命名空间或表的集合。语法声明如下：

studentid	name	sex	birth	chinese	mathematics	english	classid
20093333001	刘岳	男	1995/7/15	66	51	64	dz1955001001
20093333002	周啊娜	女	1996/8/7	78	42	42	dz1955001001
20093333003	刘玉	女	1996/4/16	52	84	43	dz1955001001
20093333004	李凤扬	女	1996/2/5	87	98	43	dz1955001001
20093333005	田文	女	1996/3/10	null	65	76	dz1955001001
20093333006	倪婧	女	1995/9/17	81	75	97	dz1955001001
20093333007	解晶	男	1995/8/9	94	66	72	dz1955001001
20093333008	谢岩	男	1995/12/17	76	null	76	dz1955001001
20093333009	董凤睿	男	1996/1/22	97	61	58	dz1955001001
20093333010	任菊	女	1996/11/15	82	80	56	dz1955001001
20093333011	顾庆敏	女	1995/5/15	61	99	69	dz1955001001
20093333012	樨媚	女	1996/2/20	99	65	93	dz1955001001
20093333013	廖文	女	1995/10/16	82	57	85	dz1955001001
20093333014	丁莹	女	1995/1/7	73	75	89	dz1955001001
20093333015	蒋庆盈	男	1996/11/23	77	61	85	dz1955001001
20093333016	沈沉	男	1995/11/24	93	66	57	dz1955001001

图 7.3　Score 文件结构

classid	classname	deptname
dz1955001001	数据挖掘	数学系
dz1955001002	数学计算	数学系
dz1955002001	生物工程	生物系
dz1955002002	环境监测	生物系
dz1955003001	刑侦	公安系
dz1955003002	犯罪侦察	公安系
dz1955004001	电子工程	电子系
dz1955004002	电子应用	电子系
dz1955004003	电子技术	电子系
dz1955005001	Web前端	计算计系
dz1955005002	java应用	计算计系
dz1955005003	大数据	计算计系
dz1955005004	网络工程	计算计系

图 7.4　Unit_name 文件结构

```
create database [if not exists] <database_name>
```

[if not exists]是一个可选子句，用以通知用户已经存在相同名称的数据库。

示例如下：

```
hive> create database if not exists xuedao;
```

可以使用 show 命令查看数据库是否创建成功。以下命令将显示出所有的数据库：

```
hive> show database;
```

利用 use 命令可以切换到想要的数据库。

```
hive> use xuedao;
```

3. 删除数据库

删除一个空的数据库：

```
hive> drop database [if exists] databasename;
```

删除一个有内容的数据库：

```
hive> drop database [if exists] databasename cascade;
```

删除数据库可以用 drop database dataname 语句，但这个方式只能删除空的数据库。如果数据库中有表要删除，可以加 cacade 关键字，或者先删除数据库中的所有表，然后再使用 drop database dataname 语句进行删除。if exists 关键字是判断 Hive 中是否存在此数据库名，如果没有将通知用户不存在此数据库名。

4. 创建内部表(管理表)

Hive 是由 SQL 语法演变而来的，其数据类型与 SQL 基本相似。Hive 常用的基本数据类型如表 7.2 所示。

表 7.2 Hive 常用的基本数据类型

数 据 类 型	说　　明
int	整型，4B 整数
bigint	整型，8B 整数
boolean	布尔类型，true 或 false
float	单精度浮点数
Double	双精度浮点数
string	字符串类型

创建内部表的示例如下：

```
hive> create table xuedao.score (
    > studentId       string,
    > name            string,
    > sex             string,
    > birth           string,
    > chinese         double,
    > mathematics     double,
    > english         double,
    > classid         string
    > )
    > row format delimited fields terminated by '\t';
```

上面语句在 xuedao 数据库中创建了一个名为 score 的内部表，并以\t 制表符(空格)分隔数据。

```
hive> create table xuedao.unit_name(
    > classid       string,
    > classname     string,
    > deptname      string
    > )
    > row format delimited fields terminated by '\t';
```

5. 修改表

1) 重命名表

语法格式如下：

```
alter table <ago_tablename> rename to <new_tablename>
```

其中，ago_tablename 是现在的表名，new_tablename 是修改后的表名，当执行 alter table <ago_tablename> rename to <new_tablename>语句后，Hive 将修改表的名称和在 HDFS 中的文件目录名。

2) 添加列

语法格式如下：

```
alter table tablename add columns (
     columns1 type,
     columns2 type,
     ...
)
```

columns*X* 是需要增加的列名(也称字段名)，实现在现有的列后新增列。

3) 修改列顺序

语法格式如下：

```
alter table  tablename change column  columns1 columns1 string after columns2;
```

新增列的位置不符合要求，是因为原数据的内容位置和所创建的表字段位置不对应，这时就要使用修改列的顺序的语句。alter table tablename change column columns1 columns1 string after columns2 语句中的 tablename 是要修改列的表(也可以指定数据库)，columns1 是要移动的列(注意，这里是两个 columns1 字段)，columns2 代表要将 columns1 移动到 columns2 之后。

4) 删除列

语法格式如下：

```
alter table tablename replace columns(columns type);
```

其中，columns type 是需要删除的字段和字段的类型。

6. 加载数据到内部表中

从本地加载数据到 score 表中。

```
hive> load data local inpath '/home/user/inputfile/score.txt' overwrite into table xuedao.
score;
```

从 HDFS 加载数据到 unit_name 表中。

```
hive> load data inpath '/input/unit_name.txt' overwrite into table xuedao.unit_name;
```

如果语句加上 local 关键字，inpath 后的路径是本地路径，加载到 Hive 表中的数据将从本地复制数据到 Hive 表对应的 HDFS 中。如果语句没有加上 local 关键字，inpath 后面的路径是 HDFS 中的路径，那么加载到 Hive 表中的数据将从 HDFS 源数据位置移动到 Hive 表对应的 HDFS 目录下，HDFS 源数据将被删除。

overwrite 关键字是可选项，加上该关键字表示覆盖原文件中的所有内容。如果不加 overwrite 关键字，将会在原文件的基础上追加新的内容。

7. 插入数据

语法格式如下：

```
insert overwrite table to_tablename [partition (partcol1 = val1, partcol2 = val2, …)]
select column1,column2, … ,[val1,val2] from from_tablename
```

partition 动态插入数据到分区表，其分区字段需要与插入字段的尾字段对应。例如，val1 与 select 中的 val1 对应，val2 与 select 中的 val2 对应。如果需要创建非常多的分区，用户就需要写入非常多的 SQL，而动态插入可以基于查询参数推断出需要创建的分区名称。动态插入需要与分区表字段一致，分区字段可以有多个，并且对应最后一个字段。例如，如果有两个分区字段，分区表第一个分区字段对应的是查询的倒数第二个字段，分区表第二个分区字段对应的是查询的倒数第一个字段。

在执行动态插入前必须先开启动态插入功能：

```
hive> set hive.exec.dynamic.partition.mode = nonstrict;
```

示例如下：

```
hive> insert overwrite table xuedao.score2
    > select * from xuedao.score;
```

上述语句将 xuedao 数据库中的 score 表内容全部查询出来，插入 xuedao 数据库中的 score2 表中，并重写 score2 表的内容。执行上面语句相当于数据备份，将数据复制出新的副本。

通过查询将数据保存到本地文件，语法格式如下：

```
insert overwrite [local] directory path_directory
select * from tablename;
```

示例如下：

```
hive> insert overwrite local directory'/home/user/hive'
    > select * from xuedao.score;
```

上述语句将 xuedao 数据库中查询出来的 score 表的结果写入到 HDFS 的/home/user/hive 文件中，产生的文件会覆盖指定目录中的其他文件。

```
hive> insert overwrite directory '/user/hive'
    > select * from xuedao.score;
```

上述语句将 xuedao 数据库中查询出来的 score 表的结果写入 HDFS 中 user 目录下的 hive 文件中，产生的文件会覆盖指定目录的中的其他文件，即将目录中已经存在的文件进行删除。

在创建表时可以指定 external 关键字创建外部表，外部表对应的文件存储在 location 指定的目录下。向该目录添加新文件的同时，该表会读取该文件，但删除外部表不会删除 location 指定目录下的文件。

创建外部表：

```
hive> create external table xuedao.score2 (
    > studentId string,
    > name string,
    > sex string,
    > birth string,
    > chinese double,
    > math double,
    > english double,
    > classId string
    > )
    > row format delimited fields terminated by '\t';
    > load data inpath '/input/score.txt' overwrite into table xuedao.score2;
```

上述语句在 xuedao 数据库中创建了一个名为 score2 的外部表，并以\t 制表符（空格）分隔数据。从 HDFS 中 input 目录下移动 score.txt 文件到 xuedao 数据库中 score2 表在 HDFS 对应的目录下。

内部表与外部表除了创建方式不同外，其他使用均相同。可以通过 desc formatted xuedao.score2 查询表是内部表还是外部表。

内部表与外部表的区别如下：

- 当创建内部表时，数据被移动到数据仓库所指向的路径。内部表的数据属于自身，而外部表的数据不属于自身。
- Hive 在删除内部表时，会删除该表的所有元数据和数据。删除外部表时，只删除表的元数据，而不删除数据。
- 外部表相对更安全，数据组织也更灵活，从而更容易共享元数据。一般来说，如果所有的处理都需要由 Hive 完成，那么应该创建一个内部表，或者使用一个外部表。

8. 创建分区表

Hive 的分区表中分区列不是表中的一个实际的字段，而是一个或者多个伪列，即在表的数据文件中实际上并不保存分区列的信息与数据。

创建分区表：

```
hive> create table xuedao.score3 (
    > studentId string,
    > name string,
    > sex string,
    > birth string,
    > chinese double,
    > math double,
    > english double
    > )
    > partitioned by (classId string)
    > row format delimited fields terminated by '\t';
    > load data inpath '/input/score.txt' overwrite into table xuedao.score3 partition
(classId);
```

上述示例在 xuedao 数据库中创建了一个名为 score3 的分区表，分区字段以 classId 分区，并以\t 制表符分隔。然后从 HDFS 中 input 目录下移动数据到 score3 对应的 HDFS 目录下，其中 score.txt 文件内的最后一列作为动态分区字段。例如，classId 是班级 ID，将把相同班级 ID 的所有内容放在一起，并以 classId 内容为文件名。

9. HQL 的常用操作

1）语法格式

其语法格式如下：

```
select column1, column2, … from tablename
```

示例如下。

(1) 查询 score 表中所有同学的语文、数学、英语成绩。

```
hive> select name, chinese, mathematics, english from xuedao.score;
```

(2) 查询 score 表中所有信息。可以通过写入所有字段查询所有信息。如果字段比较多，查询输入量会非常大，可以通过 * 通配符来代表所有字段。

```
hive> select * from xuedao.score;
```

(3) 使用 limit 命令可以查看若干行的数据。使用如下命令可以查看 score 表中前10 行数据：

```
hive> select * from xuedao.socre limit 10;
```

(4) 如果要查看有多少个班，则可以通过 distinct 来实现。

```
hive> select distinct classId from xuedao.score;
```

2) Hive 中支持的语句

Hive 中同样也支持 where、group by、order by 等语句。

示例如下。

(1) 查看英语成绩及格的所有同学的信息。

```
hive> select * from xuedao.score where english>= 60;
```

(2) 查看各个班英语成绩总分。

```
hive> select classId, sum(english) from xuedao.score;
```

(3) 查看 dz1955001001 班的学生及英语成绩，并按降序排序。

```
hive> select classId, name, english from xuedao.score where classId = 'dz1955001001'order by
desc;
```

(4) 查看英语平均成绩大于 80 分的班级。

```
hive> select classId, avg(english) avg_eng from xuedao.score group by classId having avg_
eng>80;
```

3) union 和 union all

它们两个都可以把两个或多个表进行合并，每一个 union 子查询都必须具有相同的列。

union：对两个结果集进行并集操作，不包括重复行，同时进行规则的排序。

union all：对两个结果集进行并集操作，包括重复行，同时进行规则的排序。

示例如下：

```
hive> create table score3
    > as
    > select name,chinese,mathematics,english from xuedao.score1
    > union all
    > select name,chinese,mathematics,english from xuedao.score2;
```

上述语句将 score1 表和 score2 表的 name、chinese、mathematics 和 english 字段查询出来，并新创建一个 score3 表把刚刚查询出来的内容插入 score3 表中。也可以看作将 score1 表和 score2 表复制到一个文件中并把它重新命名为 score3。

Hive 操作符如图 7.5 所示。

操作符	支持的数据类型	描述
A = B	基本数据类型	如果A等于B则返回true
A <> B , A != B	基本数据类型	如果A不等于B则返回true
A < B	基本数据类型	如果A小于B则返回true
A <= B	基本数据类型	如果A小于或等于B则返回true
A > B	基本数据类型	如果A大于B则返回true
A >= B	基本数据类型	如果A大于或等于B则返回true
A [not] between B and C	基本数据类型	如果A在B和C之间则返回true
A is null	所有数据类型	如果A是null则返回true

图 7.5　Hive 操作符

Hive 算术运算符如图 7.6 所示。

算术运算符	类型	描述
A+B	数值	A和B相加
A-B	数值	A减去B
A*B	数值	A和B相乘
A/B	数值	A除以B，返回商
A%B	数值	A除以B，返回余数

图 7.6　Hive 算术运算符

Hive 数据函数如图 7.7 所示。

返回值类型	格式	描述
double	Round(double d)	四舍五入，保留整数
double	Round(double d,int n)	四舍五入，保留n位
double	Rand()或rand(int d)	随机数，范围为0~1
double	Ln(double d)	以自然数为底，d的对数
double	Log(double ba,double d)	以ba为底，d的对数
double	Sqrt(double d)	计算d的平方根
double	abs(double d)	计算d的绝对值
double	Sin(double d)	正弦值
double	Cos(double d)	余弦值
double	Tan(double d)	正切值

图 7.7　Hive 数据函数

Hive 聚合函数如图 7.8 所示。

返回值类型	格式	描述
Int	count(*)	计算总行数，包含null
Int	count(1)	计算总行数，不含null
Double	sum(col)	求和
Double	avg(col)	求平均值
	min(col)	求最小值
Double	max(col)	求最大值
	var_pop(col)	求方差
Double	stddev_pop(col)	求标准偏差
Double	corr(col1,col2)	两组数值的关系

图 7.8　Hive 聚合函数

Hive 内置函数如图 7.9 和图 7.10 所示。

返回值类型	格式	描述
string	concat(string s1,string s2,…)	将s1和s2拼接
string	concat_ws('#','a','b','c')	带分隔符的字符串拼接
int	length(string s)	计算字符串长度
string	lower(string s)	将字符串全部转换为小写字母
String	upper(string s)	将字符串全部转换为大写字母
string	lpad(string s,int len,string p)	从左边开始对字符串进行填充，直到len长度为止
string	rpad(string s,int len,string p)	从右边开始对字符串进行填充，直到len长度为止
string	ltrim(string s)	去掉左边空格
Double	rtrim(string s)	去掉右边空格
Double	trim(string s)	去掉前后全部空格

图 7.9　Hive 内置函数 1

返回值类型	格式	描述
string	regexp_extract(string s,string regex,string replacement)	替换某个字符，将字符串s中符合条件的部分替换成 replacement所指定的字符串a
string	Translate(string s,string from,string to)	替换某个字符，绝对匹配替换
string	Repeat(string s,int n)	重复输出n次字符串
String	Reverse(string s)	反转字符串
string	Substr(string s,int I,int j)	对字符串s,从start位置开始截取length长度的字符串，作为子字符串

图 7.10　Hive 内置函数 2

7.4　本章小结

本章讲解了 Hive 的相关知识，首先介绍了数据仓库的概念，详解了 Hive 作为数据仓库与传统数据的区别。通过介绍 Hive 的基本概念，让读者了解到 Hive 的基础模块和工作原理，为学习 Hive 提供理论支撑。其次通过演示 Hive 的安装与配置让读者熟悉 Hive 的安装步骤。最后，通过介绍 Hive 的数据操作方式，让读者掌握 HQL 的相关操作技能。Hive 是通过使用类 SQL 的语法实现 MapReduce 计算的工具，学习 Hive 可以先从 SQL 语法入手。

7.5　课后习题

一、填空题

1. ________的设计目的是让精通 SQL 技能但对 Java 编程技能相对较弱的分析师能够对存放在 HDFS 中的大规模数据集执行查询。

2. 数据库与数据仓库都是用来存储数据的，它们的实际区别就是________和________的区别。

3. ________用来描述将数据从来源端经过抽取、转换、加载至目的端的过程。

4. Hive 的________用来记录 ETL 任务的运行状态，并把这些信息统一地存储、记录下来，其目的是方便对后续的数据仓库的管理以及数据仓库的维护。

二、判断题

1. 作为数据仓库工具，一般需具备数据存储和提供数据分析两个能力。　(　　)

2. ETL 工具与 MR 一样，用来作为数据处理的工具。　(　　)

3. 数据仓库可以生产数据，也可以消费数据。 （ ）

三、简答题

1. 说明数据仓库与数据库的区别。

2. 说明ETL是什么。

7.6 实训

1. 实训目的

掌握Hive环境下的编程方式。

2. 实训任务

编写一个Shell脚本定期生产数据，数据格式如表7.3所示。

表7.3 各支线电压检测数据

区　域	线路名称	数据日期	电　压
成都	郫县支线	2018/5/22-00:00:0	224.4
成都	成华区支线	2018/5/22-00:35:0	198.5
成都	成华区支线	2018/5/23-00:55:0	224.8
…			

根据表7.3完成以下业务。

(1) 统计各个支线每天的超标线路的数量(超过220V上限7%或者超过220V下限5%视为超标)。

(2) 统计每月超标支线排名前10的线路。

(3) HQL程序每天晚上23:50做分析计算，把分析计算出的结果导入本地。

3. 实训步骤

(1) 创建数据库、表和加载数据。

```
-- 创建 my_db 数据库
create database if not exists my_db;

-- 在 my_db 数据库创建 power 表
create table my_db.power (
area string,
line string,
data string,
voltage double
)
row format delimited fields terminated by "\t";
```

```
-- 从本地加载数据到 power 表中
load data local inpath "/root/hiveData" overwrite into table my_db.power;
```

(2) 统计各个支线每天的超标线路的数量(超过 220V 上限 7%或者超过 220V 下限 5%视为超标)。

```
hive> select
    >       t.line,
    >       t.data,
    >       count(*) as num
    > from
    >       (select
    >       line,
    >       from_unixtime(unix_timestamp(data,'yyyy/MM/dd-HH:mm:ss'),'yyyy-MM-dd') as data,
    >       case when voltage > 220 + (220 * 0.07) or voltage < 220 - (220 * 0.05) then "超标"
    >       else voltage
    >       end as voltage
    >       from my_db.power) as t
    > where t.voltage = "超标"
    > group by t.line, t.data;
```

(3) 统计每月超标支线排名前 10 的线路。

```
hive> select
    >       t2.line,
    >       t2.data,
    >       t2.num
    > from
    >       (select
    >           t.line,
    >           t.data,
    >           count(*) as num
    >       from
    >           (select
    >           line,
    >           from_unixtime(unix_timestamp(data,'yyyy/MM/dd-HH:mm:ss'),'yyyy-MM') as data,
    >          case when voltage > 220 + (220 * 0.07) or voltage < 220 - (220 * 0.05) then
    >          "超标"
    >           else voltage
    >           end as voltage
    >           from my_db.power) as t
    >       where t.voltage = "超标"
    >       group by t.line, t.data) as t2
    > order by t2.num desc
    > limit 10;
```

（4）HQL 程序每天晚上 23:50 做分析计算，把分析计算出的结果导入本地。

① 在 hive 节点中创建 SQL 脚本，编写计算逻辑，根据计算结果生成新表。

```
[root@Slave001 ~]# vim hive.sql
--统计各个支线每天的超标线路的数量(超过 220V 上限 7%或者超过 220V 下限 5%视为超标),
--根据结果生成新表 excessive_number
create table my_db.excessive_number
as
select
    t.line,
    t.data,
    count(*) as num
from
    (select
    line,
    from_unixtime(unix_timestamp(data,'yyyy/MM/dd-HH:mm:ss'),'yyyy-MM-dd') as data,
    case when voltage > 220 + (220 * 0.07) or voltage < 220 - (220 * 0.05) then "超标"
    else voltage
    end as voltage
    from my_db.power) as t
where t.voltage = "超标"
group by t.line, t.data;

--统计出每月超标支线排名前 10 的线路,根据结果生成新表 ranking
create table my_db.ranking
as
select
    t2.line,
    t2.data,
    t2.num
from
    (select
        t.line,
        t.data,
        count(*) as num
    from
        (select
        line,
        from_unixtime(unix_timestamp(data,'yyyy/MM/dd-HH:mm:ss'),'yyyy-MM') as data,
        case when voltage > 220 + (220 * 0.07) or voltage < 220 - (220 * 0.05) then "超标"
        else voltage
        end as voltage
        from my_db.power) as t
    where t.voltage = "超标"
    group by t.line, t.data) as t2
order by t2.num desc
limit 10;
```

② 在 hive 节点中创建 sh 脚本，用于执行 SQL 脚本和下载数据。

```
[root@SparkSlave001 ~]# vim hiveRun.sh

# 运行 hive.sql 脚本，用于逻辑计算。
/root/software/apache-hive-1.2.2-bin/bin/hive -f /root/hive.sql
# 查询 Hive 数据仓库中 excessive_number 表的数据，并将查询结果下载到本地
/root/software/apache-hive-1.2.2-bin/bin/hive -S -e "select * from my_db.excessive_
number" > /root/excessive_number
# # 查询 Hive 数据仓库中 ranking 表的数据，并将查询结果下载到本地
/root/software/apache-hive-1.2.2-bin/bin/hive -S -e "select * from my_db.ranking" >
/root/ranking
```

③ 创建定时任务，设置每天 23:50 执行 hiveRun.sh 脚本。

首先设置定时任务。

```
[root@SparkSlave001 ~]# crontab -e
# 设置定时执行 hiveRun.sh 脚本
50 23 * * * /root/hiveRun.sh
```

然后查询定时任务是否设置成功，如果显示设置的定时任务内容，则说明设置成功。

```
[root@SparkSlave001 ~]# crontab -l
50 23 * * * /root/hiveRun.sh
```

第 8 章

HBase分布式数据库

HBase 是一个开源的非关系分布数据库(NoSQL),它起源于 2006 年 Google 公司发表的 *BigTable* 论文。受到该论文思想的启发,把 HBase 作为 Hadoop 的子项目来进行开发和维护,用于支持结构化的数据存储。

HBase 是 Hadoop 的数据库,是一个高可靠性、高性能、面向列、可伸缩的分布式数据库,利用 HBase 可以在廉价 PC 服务器上搭建起大规模结构化存储集群。HBase 的目标是存储并处理大型的数据,更具体地说,基于 Hadoop 集群的硬件配置,就能够处理由成千上万的行和列所组成的大型数据。

HBase 分布式数据库具有如下显著特点。

(1) 容量大。

HBase 分布式数据中的表可以存储数亿行、数百万列的数据。

(2) 面向列。

HBase 是面向列的存储和权限控制。列存储,其数据在表中是按照某列存储的,根据数据动态地增加列,并且可以单独对列进行各种操作。

(3) 稀疏性。

由于 HBase 中表的列允许为空,并且空列不会占用存储空间,因此,表可以被设计成非常稀疏。

(4) 扩展性。

HBase 底层基于 HDFS 进行存储,当磁盘空间不足时,可以动态地增加节点来增加磁盘空间,从而避免像关系数据库那样由磁盘空间不足导致数据迁移的情况。

(5) 多版本。

HBase 中表的每列的数据存储都有多个版本。一般地,每一列对应着一条数据,但是有的数据会对应多个版本,默认情况下,版本号是自动分配的,即插入单元格时的时间戳。

8.1　HBase 工作原理

关于 HBase 工作原理的讲解视频可扫描二维码观看。

8.1.1　HBase 的表结构

HBase 的表结构如图 8.1 所示。

<table>
<tr><td rowspan="2">Row Key</td><td colspan="2">列族001</td><td colspan="3">列族002</td><td>列族003</td></tr>
<tr><td>列1</td><td>列2</td><td>列1</td><td>列2</td><td>列3</td><td>列1</td></tr>
<tr><td rowspan="2">key1</td><td>80</td><td rowspan="2"></td><td rowspan="2"></td><td rowspan="2"></td><td rowspan="2"></td><td rowspan="2"></td></tr>
<tr><td>100</td></tr>
<tr><td>key1</td><td></td><td></td><td></td><td></td><td></td><td></td></tr>
<tr><td>keyN</td><td></td><td></td><td></td><td></td><td></td><td></td></tr>
</table>

图 8.1　HBase 的表结构

HBase 分布式数据库的数据存储在行列式的表格中，是一个多维度的映射模型。

1. Row Key

Row Key 表示行键，每个 HBase 表中只能有一个行键，它在 HBase 中以字典序的方式存储。由于 Row Key 是 HBase 表的唯一字段，因此 Row Key 的设计非常重要，行键可以是任何字符串(最大长度为 64KB)。

2. 列族

HBase 表中的每个列都属于某个列族，列族必须作为表模式定义的一部分。列名以列族作为前缀，每个列族都可以有多个列成员，新的列族成员可以随后按需求动态加入。

3. 时间戳

在 HBase 中，由行和列决定的存储单元称为单元格(cell)。每个单元格保存同一数据的多个版本，并以时间戳为索引。时间戳的类型是 64 位整数。时间戳可以由 HBase 分配(在数据写入时自动分配)，时间戳是当前系统时间，精确到毫秒。

4. cell

cell 是由{row key, column(= ＋),version}唯一标识的单元格。单元格中的数据是无类型的，以字节码形式存储。

8.1.2　体系结构

HBase 构建在 HDFS 之上，HDFS 为 HBase 提供了高可靠的底层存储支持，Hadoop MapReduce 为 HBase 提供了高性能的计算能力，ZooKeeper 为 HBase 提供了稳定的服务和容错机制，HBase体系结构和运行原理分别如图8.2和图8.3所示。

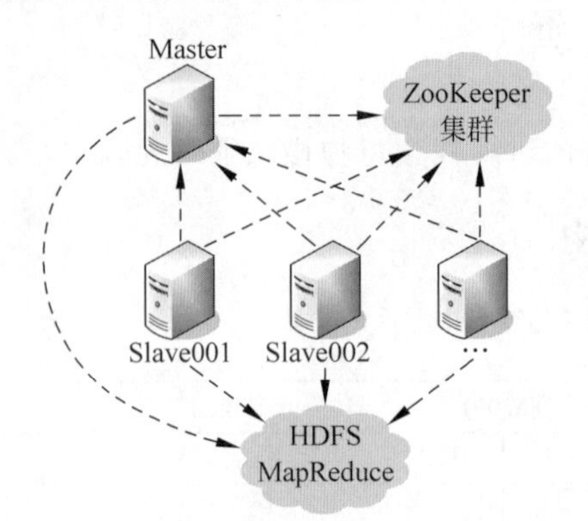

图8.2 HBase体系结构

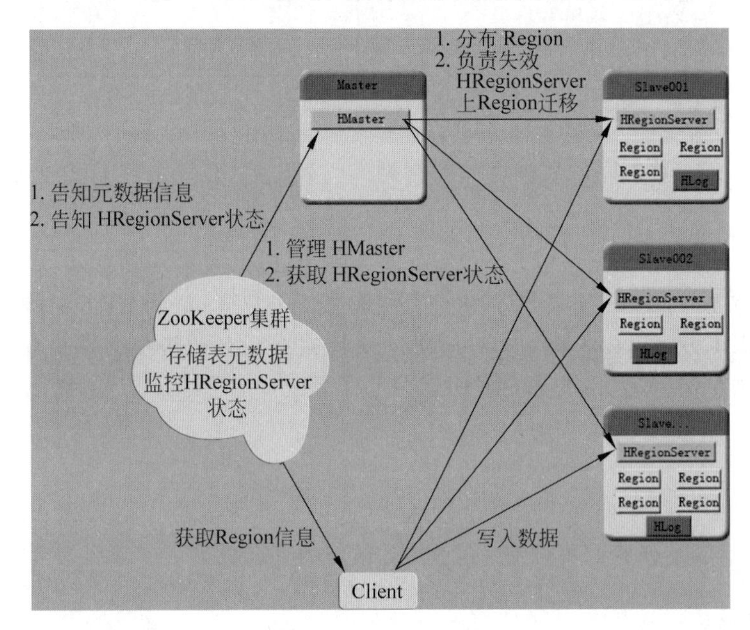

图8.3 HBase运行原理

1. Client

Client即客户端，包含访问HBase的接口，它通过RPC协议与HBase进行通信。

2. ZooKeeper

ZooKeeper即分布式协调服务，在HBase集群中的主要作用是监控HRegionServer的状态，将HRegionServer的上下线信息实时通知给HMaster，确保集群中只有一个HMaster在工作。

3. HMaster

HMaster是HBase的主节点，用于协调多个HRegionServer，主要监控HRegionServer

的状态及平衡 HRegionServer 之间的负载，除此之外，HMaster 还负责为 HRegionServer 分配 HRegion。

4. HRegionServer

HBase 中的所有数据都保存在 HDFS 中，用户通过一系列 HRegionServer 获取这些数据。一个节点上只有一个 HRegionServer 和多个 HRegion，每一个区段的 HRegion 只会被一个 HRegionServer 维护，HRegionServer 主要负责响应用户的 I/O 请求，向 HDFS 读写数据。

5. HRegion

HRegion 用来存储实际数据。当表的大小超过预设时，HBase 会自动生成多个 Region 来存储数据。

6. HLog

HLog 即预写日志文件，负责记录 HBase 的修改。当 HBase 读写数据时，数据不是直接写进磁盘，而是会在内存中保留一段时间。这样，当数据保存在内存中时，很可能会丢失。如果将数据写入预写日志文件中，然后再写入内存中，一旦系统出现故障，则可以通过这个日志文件恢复数据。

8.1.3 物理模型

HBase 分布式数据库最重要的功能就是存储数据，其物理模型如图 8.4 所示。

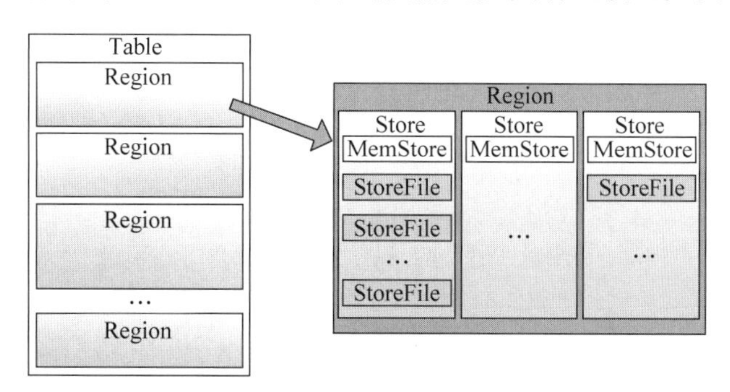

图 8.4　HBase 物理模型

HBase 表的数据按照行键 Row Key 的字典序进行排列，并且切分多个 Region 存储。每个 Region 存储的数据是有限的，当 Region 增加到一定阈值时，会被等分为两个新的 Region，切分方式如图 8.5 所示。

一张表被切分为多个 Region，一个 RegionServer 上可以存储多个 Region，但是每个 Region 只能被分布到一个 RegionServer 上。

MemStore 中存储的是用户写入的数据，一旦 MemStore 存储达到阈值，里面存储的数据就会被刷新到生成的 SoreFile 中，当 StoreFile 达到一定阈值后，就会再次进行合并

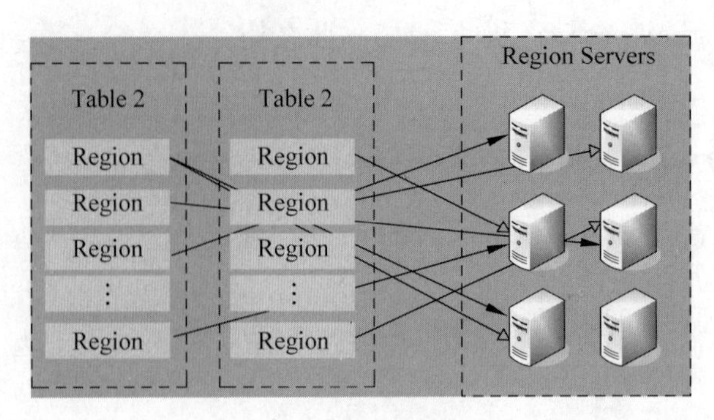

图 8.5　Region 模型

操作，将对同一个 key 的修改合并到一起，形成一个大的 StoreFile。当 StoreFile 的大小达到一定阈值后，又会对 StoreFile 进行切分操作，将其等分为两个 StoreFile。

8.1.4　HBase 读写流程

正如 HDFS 和 MapReduce 由客户端、数据节点和主节点组成一样，HBase 也采用相同的主从结构模型，它由一个 Master 虚拟机协调管理一个或多个 RegionServer 节点。

HBase 主节点负责启动整个 HBase 集群，通过“心跳机制”得到 RegionServer 节点工作状态，并管理 Region 数据的分发，当有一个 RegionServer 节点发生故障或者宕机后，Master 虚拟机中的 HMaster 进程将把该节点标记为故障，并协调其他负载较轻的 RegionServer 节点，将故障 RegionServer 节点中的数据复制到自己的节点中，以保证数据的完整性。

RegionServer 虚拟机主要负责响应客户端的读写请求和数据的存储，定期地通过“心跳机制”向 HMaster 节点反馈自己的健康状态和数据位置。

HBase 读写流程如图 8.6 所示。

1. 写操作流程

(1) 通过 ZooKeeper 调度，Client 向 HRegionServer 发送写数据请求，并在 Region 中写入数据。

(2) 将数据写入 Region 的 MemStore 中，直到 MemStore 达到设定的阈值。

(3) 将 MemStore 中的数据刷新到 StoreFile 中。

(4) 随着 StoreFile 文件的不断增加，当 StoreFile 的数量增长到一定阈值时，会触发紧凑合并操作，将多个 StoreFile 合并为一个 StoreFile，同时进行版本合并和数据删除。

(5) Store 文件通过连续的紧凑合并操作逐渐形成越来越大的 Store 文件。

(6) 单个 StoreFile 的大小超过一定阈值后，会触发 Split 操作，将当前的 HRegion 分隔成两个新的 HRegion。父HRegion 会离线，新的 Split 产生的两个 HRegion 会被 HMaster 分配给相应的 HRegionServer，这样就可以将原来一个 Region 的压力分配给两个 Region。

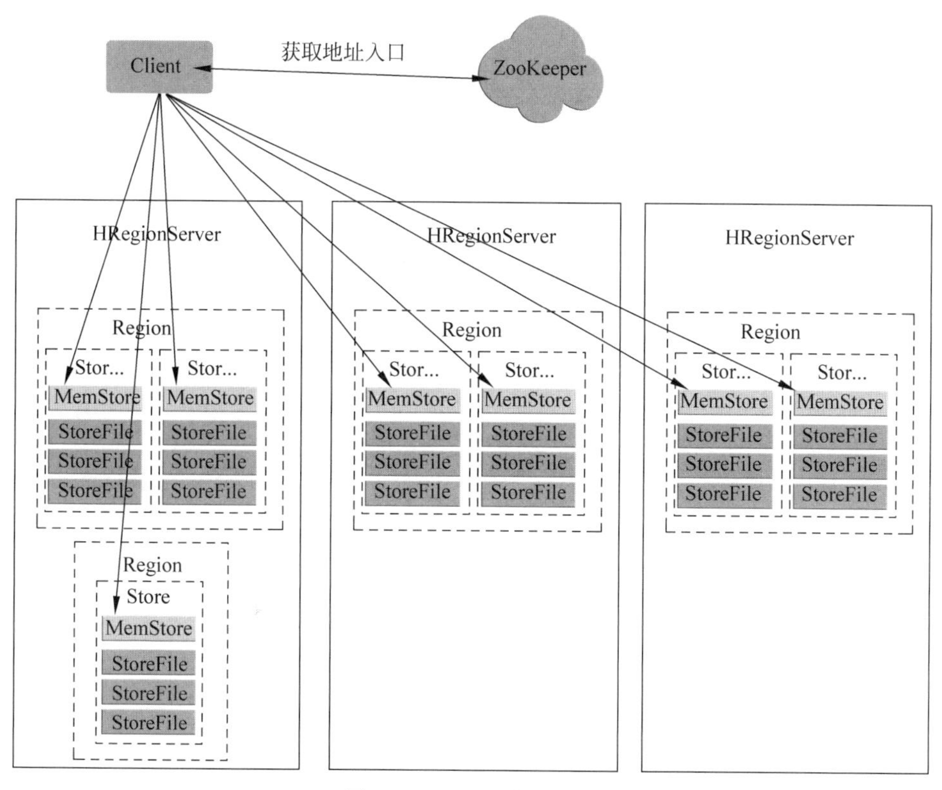

图 8.6 HBase 读写流程

2. 读取操作流程

(1) 客户端访问 ZooKeeper 查找-root table 和 get. META 表信息。

(2) 从元表获取存储目标数据的 HRegion 信息,从而找到相应的 HRegionServer。

(3) 通过 HRegionServer 获取要搜索的数据。

(4) HRegionServer 的内存分为 MemStore 和 BlockCache, MemStore 主要用于写数据,BlockCache 主要用于读数据。读请求会先到 MemStore 中查数据,如果查不到,就到 BlockCache 中查,如果还是查不到,才会到 StoreFile 中读,把读的结果放到 BlockCache 中。

8.2 HBase 完全分布式

关于 HBase 完全分布式的讲解视频可扫描二维码观看。

8.2.1 安装前准备

(1) 在官方网站下载 hbase-1.3.1-bin.tar.gz 安装包。

(2) 复制安装包到 software 目录。

(3) 解压 hbase-1.3.1-bin.tar.gz 安装包并删除原包。

8.2.2 配置文件

(1) 进入 HBase 的 conf 目录。

(2) 修改 hbase-env. sh 文件。

插入：

```
export HBASE_HOME=/home/hadoop/software/hbase-1.3.1
export JAVA_HOME=/home/hadoop/software/jdk1.8.0_131
export HADOOP_HOME=/home/hadoop/software/hadoop-2.6.5
export HBASE_LOG_DIR=$HBASE_HOME/logs
export HBASE_PID_DIR=$HBASE_HOME/pids
export HBASE_MANAGES_ZK=false
```

(3) 修改 hbase-site. xml 文件。

插入：

```
<!-- 设置 HRegionServer 共享目录,mycluster 是在 Hadoop 中设置的名字空间 -->
<property>
    <name>hbase.rootdir</name>
    <value>hdfs://mycluster/hbase</value>
</property>
<!-- 设置 HMaster 的 RPC 端口 -->
<property>
    <name>hbase.master.port</name>
    <value>16000</value>
</property>
<!-- 设置 HMaster 的 HTTP 端口 -->
<property>
    <name>hbase.master.info.port</name>
    <value>16010</value>
</property>
<!-- 指定缓存文件存储的路径 -->
<property>
    <name>hbase.tmp.dir</name>
    <value>/home/hadoop/software/hbase-1.3.1/tmp</value>
</property>
<!-- 开启分布模式 -->
<property>
    <name>hbase.cluster.distributed</name>
    <value>true</value>
</property>
<!-- 指定 Zookeeper 集群位置 -->
<property>
    <name>hbase.zookeeper.quorum</name>
    <value>Slave001,Slave002,Slave003</value>
</property>
<!-- 指定 Zookeeper 集群端口 -->
```

```
<property>
    <name>hbase.zookeeper.property.clientPort</name>
    <value>2181</value>
</property>
<!-- 指定 Zookeeper 数据目录,需要与 Zookeeper 集群中的 dataDir 配置相一致 -->
<property>
    <name>hbase.zookeeper.property.dataDir</name>
    <value>/home/hadoop/software/zookeeper-3.4.10/tmp/zookeeper</value>
</property>
```

(4) 配置 region servers 文件。

插入：

```
Slave001
Slave002
Slave003
```

(5) 新建 backup-masters 文件,并配置。

插入：

```
Master002
```

(6) 在 HBase 安装目录下创建 tmp(缓存文件)、logs(日志文件)、pid(pid 文件)目录。

```
[hadoop@Master001 ~]# mkdir tmp logs pid
```

(7) 将 HBase 配置好的安装文件同步到集群的其他虚拟机。

```
[hadoop@Master001 software]# scp -r hbasexx Master002:~/software/
[hadoop@Master001 software]# scp -r hbasexx Slave001:~/software/
[hadoop@Master001 software]# scp -r hbasexx Slave002:~/software/
[hadoop@Master001 software]# scp -r hbasexx Slave003:~/software/
```

(8) 在集群的各个虚拟机上配置环境变量(在 root 用户下操作)。

```
[root@Master001 ~]# vi /etc/profile
```

插入：

```
export HBASE_HOME=/home/hadoop/software/hbaseXX
export PATH=$PAT:$HBASE_HOME/bin
```

(9) 使 profile 文件生效。

```
[root@Master001 ~]# source /etc/profile
```

8.2.3 集群启动

(1) 启动 Zookeeper 集群(分别在 Slave001、Slave002、Slave003 虚拟机上执行)。

```
[hadoop@Slave001 bin]# ./zkServer.sh start
```

注：此命令分别在 Slave001、Slave002、Slave003 虚拟机上启动 QuorumPeerMain。

(2) 启动 JournalNode 节点(分别在安装了 ZooKeeper 的节点上执行 hadoop-daemon.sh start journalnode 命令)。

```
[hadoop@Slave001 bin]# hadoop-daemon.sh start journalnode
```

注：此命令分别在 Slave001、Slave002、Slave003 虚拟机上启动 JournalNode。

(3) 启动 HDFS(在 Master001 虚拟机上执行)。

```
[hadoop@Master001 ~]# start-dfs.sh
```

注：此命令分别在 Master001、Master002 虚拟机上启动 NameNode 和 DFSZKFailoverController，分别在 Slave001、Slave002、Slave003 虚拟机上启动 DataNode。

(4) 启动 YARN(在 Master001 虚拟机上执行)。

```
[hadoop@Master001 ~]# start-yarn.sh
```

注：此命令在 Master001 虚拟机上启动了 ResourceManager，分别在 Slave001、Slave002、Slave003 虚拟机上启动了 NodeManager。

(5) 启动 HBase(在 Master001 虚拟机上执行)。

```
[hadoop@Master001 ~]# start-hbase.sh
```

注：此命令分别在 Master001、Master002 虚拟机启动 HMaster，分别在 Slave001、Slave002、Slave003 虚拟机启动 HRegionServer。

(6) 检验。

在网页地址栏中输入 192.168.xx.xx:16010，如果能进入网页页面，则说明配置成功。

8.3 HBase Shell

8.3.1 DDL 操作

关于 DDL 操作的讲解视频可扫描二维码观看。

DDL(data definition language，数据定义语言)，用于描述分布式数据库中要存储的现实世界实体。本节内容将执行关于 HBase 的 DDL 操作，包括数据库表的建立、查看所有表、查看表结构、删除列族、删除表等操作。

创建一个 User 表，其结构如图 8.7 所示。

主键　列族　列

Row Key	address			info	
	country	city	detailed_address	age	sex
zhangsan	China	Chengdu		20	female
wangqiang	China			25	male
liuyu	China	Chengdu		22	
zhanglun	China			27	
zhoujin	China	Chengdu		28	female
yauyu	China			19	female

图 8.7　新建表结构

（1）创建一个名为 User 的表，并插入 address、info 和 member_id 这 3 个列族。

```
hbase(main):011:0 > create 'User','address','info','member_id';
```

（2）列出所有表。

```
hbase(main):012:0 > list
TABLE
member
1 row(s) in 0.0160seconds
```

（3）显示 User 表的详细信息，如图 8.8 所示。

```
hbase(main):006:0>describe 'user'
DESCRIPTION                                                                 ENABLED
{NAME => 'user', FAMILIES => [{NAME=> 'address', BLOOMFILTER => 'NONE', REPLICATION_SCOPE => '0', true
VERSIONS => '3', COMPRESSION => 'NONE',TTL => '2147483647', BLOCKSIZE => '65536', IN_MEMORY => 'fa
lse', BLOCKCACHE => 'true'}, {NAME =>'info', BLOOMFILTER => 'NONE', REPLICATION_SCOPE => '0', VERSI
ONS => '3', COMPRESSION => 'NONE', TTL=> '2147483647', BLOCKSIZE => '65536', IN_MEMORY => 'false',
BLOCKCACHE => 'true'}]}
1 row(s) in 0.0230seconds
```

图 8.8　User 表的详细信息

（4）删除一个列族，首先要禁用该表，然后才能删除指定列族，完成操作后还需要启动该表才能正确使用。

之前已经建立了 3 个列族，但是 member_id 列族是多余的，所以要将其删除。

```
hbase(main):003:0 > alter 'User',{NAME = >'member_id',METHOD = >'delete'}
ERROR: Table memberis enabled. Disable it first before altering.
```

执行上面删除信息时会报错。因为删除列族时必须先禁止表，才能执行删除操作。可以用 disable 关键字禁止一个表，例如，要删除 User 表，必先执行 disable 'User'后才能执行 alter 'User', {NAME=>'member_id', METHOD=>'delete'}操作。

```
hbase(main):004:0 > disable 'User'
0 row(s) in 2.0390seconds
```

```
hbase(main):005:0 > alter 'User',{NAME = >'member_id',METHOD = >'delete'}
0 row(s) in 0.0560seconds
```

通过 describe 命令查看到 member_id 字段已不存在，表示 member_id 字段已被删除，如图 8.9 所示。

```
hbase(main):006:0 > describe 'User'
```

```
DESCRIPTION                                                                    ENABLED
{NAME => 'user', FAMILIES => [{NAME=> 'address', BLOOMFILTER => 'NONE', REPLICATION_SCOPE => '0',false
VERSIONS => '3', COMPRESSION => 'NONE',TTL => '2147483647', BLOCKSIZE => '65536', IN_MEMORY => 'fa
lse', BLOCKCACHE => 'true'}, {NAME =>'info', BLOOMFILTER => 'NONE', REPLICATION_SCOPE => '0', VERSI
ONS => '3', COMPRESSION => 'NONE', TTL=> '2147483647', BLOCKSIZE => '65536', IN_MEMORY => 'false',
BLOCKCACHE => 'true'}]}
1 row(s) in 0.0230seconds
```

图 8.9　查看 member_id 字段已被删除

当需要删除的列族被删除后，需要重新启用 User 表。若不启用 User 表，User 表将不能正常使用。

```
hbase(main):008:0 > enable 'User'
0 row(s) in 2.0420seconds
```

is_enable 命令用于判断表是否能正常使用，如果能正常使用则返回 true；is_disable 命令用于判断表是否不能正常使用，如果不能正常使用则返回 true。

```
hbase(main):009:0 > is_enable  'User'
true
0 row(s) in 2.0420seconds
hbase(main):009:0 > is_disable 'User'
false
0 row(s) in 2.0420seconds
```

(5) 可以使用 drop 命令删除一个表，分两步进行：第一步禁止表；第二步执行删除命令。

禁止 User 表：

```
hbase(main):029:0 > disable 'User'
    0 row(s) in 2.0590seconds
```

删除 User 表：

```
hbase(main):030:0 > drop 'User'
0 row(s) in 1.1070seconds
```

验证表是否存在可通过 list 命令列出所有的表。但如果表比较多，使用 list 命令就不是最佳方法，这时可通过 exists 命令直接查看该表是否存在。

```
hbase(main):031:0 > exists 'User'
Table User does exist
0 row(s) in 1.1070seconds
```

8.3.2 DML 操作

关于 DML 操作的讲解视频可扫描二维码观看。

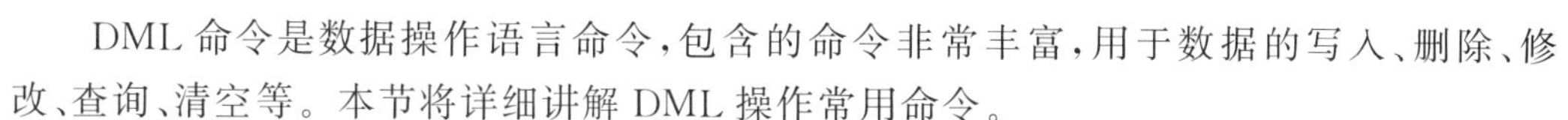

DML 命令是数据操作语言命令，包含的命令非常丰富，用于数据的写入、删除、修改、查询、清空等。本节将详细讲解 DML 操作常用命令。

1. 插入几条记录

```
hbase(main):001:0 > put 'User','zhangsan','address:country','China';
hbase(main):002:0 > put 'User','zhangsan','address:city','Chengdu';
hbase(main):003:0 > put 'User','zhangsan','info:age','20';
hbase(main):004:0 > put 'User','zhangsan','info:sex','female';
hbase(main):005:0 > put 'User','wangqiang','address:country','China';
hbase(main):006:0 > put 'User','wangqiang','info:age','25';
hbase(main):007:0 > put 'User','wangqiang','info:sex','male';
hbase(main):008:0 > put 'User','liuyu','address:country','China';
hbase(main):009:0 > put 'User','liuyu','address:city','Chengdu';
hbase(main):010:0 > put 'User','liuyu','info:age','25';
hbase(main):011:0 > put 'User','zhanglun','address:country','China';
hbase(main):012:0 > put 'User','zhanglun','info:age','27';
hbase(main):013:0 > put 'User','zhoujin','address:country','China';
hbase(main):014:0 > put 'User','zhoujin','address:city','Chengdu';
hbase(main):015:0 > put 'User','zhoujin','info:age','28';
hbase(main):016:0 > put 'User','zhoujin','info:sex','female';
hbase(main):017:0 > put 'User','yauyu','address:country','China';
hbase(main):018:0 > put 'User','yauyu','info:age','19';
hbase(main):019:0 > put 'User','yauyu','info:sex','female';
```

2. 获取一条数据

获取名字为 zhoujin 的所有数据。

```
hbase(main):001:0 > get 'User','zhoujin'
COLUMN              CELL
address:country   timestamp = 1508804839610, value = China
address:city      timestamp = 1508804837402, value = Chengdu
info:age          timestamp = 1508804837475, value = 28
info:sex     timestamp = 1508804812019, value = female
4 row(s) in 0.1400 seconds
```

获取名字为 zhoujin 并且列族为 info 的所有数据。

```
hbase(main):002:0 > get 'User','zhoujin','info'
info:age     timestamp = 1508804837475, value = 28
info:sex     timestamp = 1508804812019, value = female
2 row(s) in 0.1400 seconds
```

获取 zhoujin 的年龄。

```
hbase(main):002:0 > get 'User','zhoujin','info:age'
COLUMN                CELL
info:age              timestamp = 1508804837475, value = 28
1 row(s) in 0.0320seconds
```

3. 更新一条记录

若 zhoujin 的年龄录入错误要进行修改，但在 HBase 中没有特定的修改命令，可以通过新插入一条数据的方式覆盖以前的数据。

```
hbase(main):004:0 > put 'User','zhoujin','info:age','19'
0 row(s) in 0.0210seconds
```

4. 查看所有的年龄

```
hbase(main):047:0 > scan 'User',{COLUMNS = >'info:age'}
ROW                  COLUMN + CELL
zhangsan    column = info:age, timestamp = 1508804812019, value = 20
wangqiang   column = info:age, timestamp = 1508804812019, value = 25
liuyu       column = info:age, timestamp = 1508804812019, value = 25
zhanglun    column = info:age, timestamp = 1508804812019, value = 27
zhoujin     column = info:age, timestamp = 1508804837499, value = 19
yauyu       column = info:age, timestamp = 1508804812019, value = 19
6 row(s) in 0.0740 seconds
```

5. 通过 timestamp 获取 zhoujin 年龄修改之前的年龄

修改前的年龄。

```
hbase(main):010:0 > get 'User', 'zhoujin', {COLUMN = >'info:age',TIMESTAMP = > 1508804837475}
COLUMN              CELL
info:age            timestamp = 1508804837475, value = 28
1 row(s) in 0.0140seconds
```

修改后的年龄。

```
hbase(main):011:0 > get 'User', 'zhoujin', {COLUMN = >'info:age',TIMESTAMP = > 1508804837499}
COLUMN              CELL
```

```
info:age        timestamp = 1508804837499, value = 19
1 row(s) in 0.0180seconds
```

6. 全表扫描

```
hbase(main):013:0 > scan 'User'

ROW          COLUMN + CELL
zhangsan     column = address:country, timestamp = 1321586240244, value = China
zhangsan     column = address:city, timestamp = 1321586239126, value = Chengdu
zhangsan     column = info:age, timestamp = 1321586239197, value = 20
zhangsan     column = info:sex,timestamp = 1321586571843, value = male
wangqiang    column = address:country, timestamp = 1321586239015, value = China
wangqiang    column = info:age, timestamp = 1321586239071, value = 25
wangqiang    column = info:sex, timestamp = 1321586248400, value = jieyang
liuyu        column = address:country, timestamp = 1321586248316, value = China
liuyu        column = address:city, timestamp = 1321586248355, value = Chengdu
liuyu        column = info:age, timestamp = 1321586249564, value = 25
zhanglun     column = address:country, timestamp = 1321586248202, value = China
zhanglun     column = info:age, timestamp = 1321586248277, value = 27
zhoujin      column = address:country, timestamp = 1321586248241, value = China
zhoujin      column = address:city, timestamp = 1321586240244, value = Chengdu
zhoujin      column = info:age, timestamp = 1321586239126, value = 28
zhoujin      column = info:sex, timestamp = 1321586248355, value = female
yauyu        column = address:country, timestamp = 1321586239197, value = China
yauyu        column = info:age,timestamp = 1321586571843, value = 19
yauyu        column = info:sex, timestamp = 1321586248400, value = female
19 row(s) in 0.0570seconds
```

假如 zhoujin 离职,需要删除其所有信息,可以使用 deleteall 命令。

```
hbase(main):001:0 > deleteall 'User','zhoujin'
0 row(s) in 0.3990seconds
```

7. 查询表中共有多少行

```
hbase(main):019:0 > count 'User'
15 row(s) in 0.0160seconds
```

上述提到清空一个表必须经过禁止表和删除表两步。现在使用 truncate 命令可直接清空表。观察执行过程可发现,truncate 命令同样执行禁止表和删除表两个步骤。

```
hbase(main):035:0 > truncate 'User'
Truncating 'User'table (it may take a while):
  - Disabling table...
```

```
  - Dropping table...
  - Creating table...
0 row(s) in 4.3430seconds
```

8.4 本章小结

通过本章的讲解读者可掌握非关系数据与关系数据的区别。HBase 作为 Hadoop 生态系统中的非关系分布式数据库,它拥有稀疏的、分布式的、持久化的、多维有序映射等特点,它基于行键、列键和时间戳建立索引,是一个可以随机访问的存储和检索数据的平台。本章通过对 HBase 工作原理、HBase 的安装和 HBase 的应用进行讲解,让读者轻松地掌握 HBase 的实际开发。

8.5 课后习题

一、选择题

1. 关于 HBase 中的批量加载,底层使用(　　)实现。

A. MapReduce　　B. Hive
C. Coprocessor　　D. Bloom Filter

2. (　　)工具是安装 HBase 前必须安装的工具。

A. Hive　　B. JDK　　C. Shell Script　　D. Java Code

3. (　　)命令可以解压以 xx.tar.gz 结尾的压缩包文件。

A. tar -zxvf　　B. tar -zx　　C. tar -s　　D. tar -nf

4. HBase 来源于(　　)论文。

A. The Google File System　　B. MapReduce
C. BigTable　　D. Chubby

5. HBase 依靠(　　)存储底层数据。

A. HDFS　　B. Hadoop
C. Memory　　D. MapReduce

6. HBase 依赖(　　)提供强大的计算能力。

A. Zookeeper　　B. Chubby
C. RPC　　D. MapReduce

二、简答题

1. 说明 HBase 的特点。
2. 叙述 HBase 的工作原理。
3. 叙述关系数据库与非关系数据库的区别。

第 9 章

Sqoop工具

关于 Sqoop 工具的讲解视频可扫描二维码观看。

Sqoop 是一款 Hadoop 和关系数据库之间用来进行数据导入导出的工具。可通过 Sqoop 把数据从数据库(如 MySQL、Oracle)导入到 HDFS,也可把数据从 HDFS 导出到关系数据库中。Sqoop 通过 Hadoop 的 MapReduce 导入和导出,提供了很高的并行性能以及良好的容错性。

Sqoop 适用于程序开发人员、系统管理员、数据库管理员、数据分析师、数据工程师等用户。

Sqoop 物理机配置如图 9.1 所示。

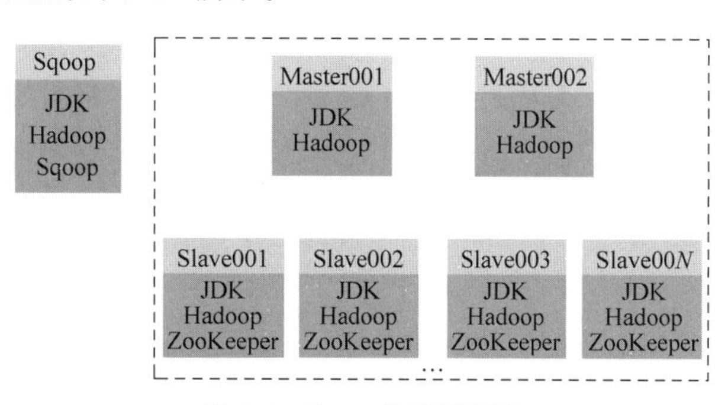

图 9.1　Sqoop 物理机配置

图 9.1 显示 Sqoop 独立于 Hadoop 大数据集群存在,因此,要从 HDFS 中导入导出数据必须依赖 Hadoop。若与 Hive、HBase 或其他工具进行数据交互,需在 Sqoop 物理机下安装其配置文件。关系数据库可安装在 Sqoop 物理机或其他物理机下,通过指定特定地址进行数据交互。

9.1 Sqoop 的安装

在官方网站下载 Sqoop 安装文件 http://sqoop.apache.org(示例使用 sqoop-1.4.6-cdh5.5.2 版本)。

(1) 解压安装文件。

```
[hadoop@Slave001 ~]# tar -zxf sqoop-1.4.6-cdh5.5.2.tar.gz。
```

(2) 配置环境变量。

```
[root@Slave001 ~]# vi /etc/profile。
```

添加:

```
#sqoop
export SQOOP_HOME=/home/hadoop/soft/sqoop-1.4.6-cdh5.5.2
export PATH=$PATH:$SQOOP_HOME/bin
```

(3) 使环境变量生效。

```
[root@Slave001 ~]# source /etc/profile
```

(4) 进入/home/hadoop/soft/sqoop-1.4.6-cdh5.5.2/conf 目录,复制 sqoop-env-template.sh 并重命名为 sqoop-env.sh。

```
[hadoop@Slave001 conf]# cp sqoop-env-template.sh sqoop-env.sh
```

(5) 编辑 sqoop-env.sh 并添加相关配置。

```
[hadoop@Slave001 conf]# vi sqoop-env.sh
```

添加:

```
export HADOOP_COMMON_HOME=/home/hadoop/soft/hadoop-2.6.5
export HADOOP_MAPRED_HOME=/home/hadoop/soft/hadoop-2.6.5
```

(6) 若与 MySQL 数据库进行交互,需要将 MySQL 的驱动包 mysql-connector-java-5.1.41-bin.jar 上传至 Sqoop 安装目录的 lib 目录下。

若与 Oracle 数据库进行交互则导入 Oracle 驱动包即可。

(7) 测试 Sqoop 安装是否成功。输入 sqoop version 命令,如果出现以下内容则说明安装成功(可忽略警告)。

```
[hadoop@Slave001 ~]# sqoop version
Warning: /home/hadoop/soft/sqoop-1.4.6-cdh5.5.2/../hbase does not exist! HBase imports
will fail.
Please set $HBASE_HOME to the root of your HBase installation.
Please set $ZOOKEEPER_HOME to the root of your Zookeeper installation.
git commit id 8e266e052e423af592871e2dfe09d54c03f6a0e8
Compiled by jenkins on Mon Jan 25 16:10:15 PST 2016
```

9.2 Sqoop的使用

9.2.1 MySQL数据的导入导出

1. 查询Sqoop命令

```
[hadoop@Slave001 ~]# sqoop help
```

2. 从MySQL导出数据到HDFS

```
[hadoop@Slave001 ~]# sqoop import \
> --connect jdbc:mysql://192.168.153.205:3306/xuedao \
> --username root \
> --password 123456 \
> --table houses_number \
> --fields-terminated-by '\t' \
>  -m 1
```

解释如下。

sqoop：Sqoop命令。

import：表示导入。

--connect jdbc：mysql://192.168.153.205：3306/xuedao：用JDBC方式连接MySQL数据库。数据库的IP是192.168.153.205，数据库端口号为3306，数据库的名称为xuedao。

--username root：数据库账户是root。

--password 12345：数据库密码是123456。

--tablehouses_number：导出数据库中的houses_number表。

--fields-terminated-by '\t'：文件分隔格式为'\t'。

-m 1：使用过程中用一个Map作业。

--hive-import：把数据复制到Hive中。若不用这个选项则直接复制到HDFS中。数据在HDFS的/user/目录下。

注：如果要将数据导入Hive中，Hive与Sqoop需要装在同一台服务器上。

3. 导出

```
[hadoop@Slave001 ~]# sqoop export \
> --connect jdbc:mysql://192.168.153.205:3306/xuedao?characterEncoding = UTF - 8 \
> --username root \
> --password 123456 \
> --table houses_number \
> --export - dir '/user/hadoop/houses_number/p * '\
> --fields - terminated - by '\t'
```

解释如下。

sqoop：Sqoop 命令。

export：表示数据从 Hive 复制到 MySQL 中。

--connect jdbc:mysql://192.168.153.205:3306/xuedao：用 JDBC 连接 MySQL 数据库，192.168.153.205 是 MySQL 数据库所在的 IP 地址，MySQL 数据库的端口号为 3306，数据库的库名称为 xuedao。

characterEncoding= UTF-8：中文编码集为 UTF-8（设置中文编码集后导入到 MySQL 的中文数据不会出现乱码）。

--username root：连接 xuedao 数据库的用户名。

--password admin：连接 xuedao 数据库的密码。

--table mysql2：mysql2 是 xuedao 数据库的表，即将被导入的表名称。

--export-dir '/user/root/warehouse/mysql1'：Hive 中被导出的文件目录。

--fields-terminated-by '\t'：导出数据的分隔符。

注意，导出的数据表必须事先存在。

9.2.2 Oracle 数据的导入导出

```
[hadoop@Slave001 ~]# sqoop import \
> --connect jdbc:oracle:thin:@192.168.1.200:1521:ORCL \
> --username mfkddd \
> --password amwvke \
> --table I_ZHIB_YUANB \
> -m 1
```

详细说明如下。

sqoop：Sqoop 命令。

import：表示导入。

--connect jdbc:oracle:thin@：表示源数据库为 Oracle，采用 JDBC 方法导入。

192.168.1.200：Oracle 数据库服务器地址。

1521：Oracle 数据库的端口号。

ORCL：Oracle 数据库名称。

--username mfkddd：Oracle 数据库的用户名。

--password amwvke：Oracle 数据库的密码。

--table I_SHIB_YUANB：Oracle 数据库中的 I_SHIB_YUANB 表。

-m 1：启动的 Map 数量，这里为 1。

指定文件在 HDFS 中的存放地址的示例如下：

```
[hadoop@Slave001 ~]# sqoop import \
> --connect jdbc:oracle:thin:@192.168.1.200:1521:ORCL \
> --username mfkddd \
> --password amwvke \
> --table I_ZHIB_YUANB \
> --m 1 \
> --target-dir /tmp/i_zhib_yuanb
```

说明：target-dir 指定文件在 HDFS 中的存放地址。若要新指定一个地址，则必须在该地址下新建一个目录存放 part-m-00000 文件，否则报错：xx already exists（xx 文件已经存在）。

验证：执行如下命令，如果出现导入内容，则说明导入成功。

```
hadoop fs -cat /tmp/i_zhib_yuanb/part*
```

将表数据导入子集，可通过 where 子句完成，其等于 SQL 中的 where 查询条件。

```
[hadoop@Slave001 ~]# sqoop import \
> --connect jdbc:oracle:thin:@192.168.1.200:1521:ORCL \
> --username mfkddd \
> --password amwvke \
> --table O_ORG \
> --m 1 \
> --where "org_type='03'" \
> --target-dir /tmp/o_org_2
```

说明：

where：条件查询关键字。

org_type：关系数据库中的字段名称。

03：需要过滤的内容。

9.3 本章小结

Sqoop 是 Hadoop 生态系统中的一个工具，主要用于 HDFS 与关系数据库之间的数据传递。本章通过对 Sqoop 的介绍、安装和使用的讲解，让读者熟练掌握 Sqoop 工具的使用。

9.4 课后习题

简答题

1. 尝试配置 Sqoop 工具,从 Hive 中导出数据到 MySQL 中。
2. 尝试从 HDFS 中导出中文数据到 MySQL 中。

第10章

Hadoop实战——货运车分布分析平台

10.1 需求分析

随着我国经济的快速增长和城市的高速发展，普通货运车也随着社会发展的浪潮不断扩大自己的队伍。然而，有限的交通设施并不能完全满足所有车辆的通行需求，从而导致交通拥堵、交通违法等频繁发生。货运车分布分析平台是利用四川省人民政府网提供的公开数据(普通货运业户名单)，对数据进行梳理、分析，提取出以下业务：

(1) 统计各个城市中各种货运车的数量。

(2) 统计各个城市符合《机动车强制报废标准规定》的货运车占比。

(3) 统计各种货运车的总量。

货运车分布分析平台是为学习 Hadoop 大数据技术量身打造的系统，通过项目示例可以完全掌握 Hadoop 大数据开发技术。货运车分布分析平台的数据源为公众出行系统提供的公开数据，包含业户名称、车辆牌照、车辆类型、核定吨位、营运证号、电话号码、城市、行政区划代码和登记时间字段。

数据以文本格式存放在 HDFS 的/input 目录中，本例数据内容为模拟公开数据(原始数据下载地址为 http://www.sc.gov.cn/10462/13797/13873/index.shtml)，具体数据格式如图 10.1 所示。

业户名称	车辆牌照	车辆类型	核定吨位	营运证号	电话号码	城市	行政区划代码	登记时间
王廷德	川A2U52U	微货	—	0112805	13541399529	成都市	510100	20130711
杨群	川A8V272	小货	—	0405617	13086629208	成都市	510100	20140421
段俊义	川AC5111	重货	—	0189594	13808008174	成都市	510100	20201103
王灿	川AB2U37	小货	—	0208137	13548076048	成都市	510100	20121027
谷德刚	川AD3358	中货	—	0201063	88474942	成都市	510100	20160607
成都快及送物流有限公司	川A249KK	小货	—	0317865	13980008189	成都市	510100	20130503
成都快及送物流有限公司	川A7QJ92	小货	—	0168642	13980008189	成都市	510100	20090403
魏勇	川AW3076	中货	—	0264392	89617259，13693418676	成都市	510100	20160602
魏勇	川AQ7167	重货	—	0209215	89617259，13693418676	成都市	510100	20180619
魏勇	川AS870S	中货	—	0209209	89617259，13693418676	成都市	510100	20021221

图 10.1 数据结构

10.2 案例1：各个城市中各种货运车的数量

10.2.1 业务简介

统计各个城市中各种货运车的总数量，以折线图方式呈现数据。

10.2.2 业务模型

原始数据存放在HDFS的/input目录下，使用MapReduce读取数据并对数据进行清洗、分析，将清洗好的最终数据存入MySQL数据库的number_table表中，便于数据呈现。

number_table表结构如下所示：

```
# 创建数据库，命名为hadoop_test，并设置中文编码集为utf8
create database hadoop_test character set utf8;

# 创建number_table表
create table hadoop_test.number_table(
    city varchar(50),                    # 城市
    vehicle_type varchar(50),            # 车辆类型
    num int                              # 数量
)
```

10.2.3 业务逻辑

1. 编写StatisticalQuantity.py逻辑文件

```
[root@Slave003 ~]# vim StatisticalQuantity.py
# coding:utf-8
from abc import ABC
from mrjob.job import MRJob
import pymysql


class StatisticalQuantity(MRJob, ABC):

    def mapper(self, key, value):
        # 数据格式：吴德万,川Y12563,重货,--,0047067,18980295582,
        # 巴中市,511900,20060609
        # 根据","符号分隔字符串，获取到每一个字段
        q = str(value).split(",")

        # 剔除无效数据
        if len(q) == 9:
            # 如果车辆类型为"--"，将其类型设为其他，否则原样输出
```

```
            if q[2] == "--":
                # 指定 key 值; 将城市、车辆类型作为 key 进行分组
                key = (q[6], "其他")
                # value 值: 每出现一次数据,添加标记 1
                yield key, 1
            else:
                # 指定 key 值; 将城市、车辆类型作为 key 进行分组
                key = (q[6], q[2])
                # value 值: 每出现一次数据,添加标记 1
                yield key, 1

    # 定义 container 容器,用于装入 reducer 中计算好的数据
    container = []

    def reducer(self, key, values):
        num = sum(values)
        # 城市、车辆类型、数量
        data = (key[0], key[1], num)
        # 将结果数据添加到 container 中,用于批量插入 MySQL 数据库
        self.container.append(data)
        # 将数据写入 HDFS 中
        yield None, data

    # 将 container 容器中的所有数据插入 MySQL 数据库
    def toMySQL(self):
        # connect()函数中参数按先后顺序分别是 host = URL、port = 端口
        # user = 用户名、passwd = 密码、db = 数据库、charset = 编码集
        db = pymysql.connect(host = "192.168.153.203", port = 3306, user = "root", passwd =
"123456", db = "hadoop_test", charset = "utf8")
        cursor = db.cursor()
        sql = "insert into number_table values(%s, %s, %s)"
        cursor.executemany(sql, self.container)
        db.commit()
        db.close()


if __name__ == '__main__':
    sq = StatisticalQuantity()
    sq.run()
    sq.toMySQL()
```

2. 编写 sqRun.py 配置文件

```
[root@Slave003 ~]# vim sqRun.py
HADOOP_CMD = "/root/software/hadoop-1.6.5/bin/hadoop"
STREAM_JAR_PATH = "/root/software/hadoop-2.6.5/share/hadoop/tools/lib/hadoop-
streaming-2.6.5.jar"
```

```
OUTPUT_PATH = "/output/StatisticalQuantity"

# 删除输入目录
$ HADOOP_CMD fs -rm -r $ OUTPUT_PATH

# 提供 Python 作业
$ HADOOP_CMD jar $ STREAM_JAR_PATH -input "/input/test.csv" -output $ OUTPUT_PATH -
mapper "/usr/bin/python3 StatisticalQuantity.py" -file "/root/StatisticalQuantity.py"
```

3. 运行 run.sh 配置文件

```
[root@Slave003 ~]# ./run.sh
20/11/05 14:28:56 WARN util.NativeCodeLoader: Unable to load native-hadoop library for
your platform... using builtin-java classes where applicable
...
    Map-Reduce Framework
        Map input records = 523382
        Map output records = 387
        Map output bytes = 22277
        Map output materialized bytes = 23063
        Input split bytes = 176
        Combine input records = 0
        Combine output records = 0
        Reduce input groups = 1
        Reduce shuffle bytes = 23063
        Reduce input records = 387
        Reduce output records = 387
        ...
```

4. 验证

（1）验证数据库中是否插入数据。

```
[root@Slave003 ~]# mysql -u root -p123456
mysql> select * from hadoop_test.number_table limit 5;
+-----------+--------------+------+
| city      | vehicle_type | num  |
+-----------+--------------+------+
| 乐山市    | 中型         |  546 |
| 乐山市    | 中货         | 2116 |
| 乐山市    | 其他         |   37 |
| 乐山市    | 大型         |  259 |
| 乐山市    | 大货         |  324 |
+-----------+--------------+------+
5 rows in set (0.00 sec)
```

（2）验证 HDFS 中是否写入数据。

```
[root@Slave003 ~]# hadoop fs -cat /output/StatisticalQuantity/p*
20/11/05 14:47:22 WARN util.NativeCodeLoader: Unable to load native-hadoop library for
your platform... using builtin-java classes where applicable
null  ["\u6210\u90fd\u5e02", "\u91cd\u8d27", 53542]
null  ["\u6210\u90fd\u5e02", "\u91cd\u578b\u534a\u6302\u7275\u5f15\u8f66", 1881]
null  ["\u6210\u90fd\u5e02", "\u8fd0\u8f93\u578b\u62d6\u62c9\u673a", 1]
null  ["\u6210\u90fd\u5e02", "\u8f7f\u8f66", 102]
null  ["\u6210\u90fd\u5e02", "\u7279\u5927\u578b", 5]
...
```

10.2.4　数据呈现

绘制叠加条形图，使用 matplotlib.pyplot 模块中的 bar()函数，需要绘制几次图形叠加就调用几次 bar()函数。

示例代码如下：

```
# -*- coding:utf-8 -*-
import matplotlib
import matplotlib.pyplot as plt
import mysql.connector as my
from operator import itemgetter

# 获取数据库中的数据
mydb = my.connect(
    host="192.168.153.203",
    user="root",
    password="123456",
    database="hadoop_test"
)

myCoursor = mydb.cursor()
sql = "select * from number_table"
myCoursor.execute(sql)
# 获取 trend_table_001 中数据
result = myCoursor.fetchall()

# 所有的运货车,1.用于拼接出所示的城市下所有的车辆类型; 2.用于 x 轴标签
carType = ["中型", "中货", "其他", "卧铺", "大型", "大货", "小型", "小货", "微货", "拖
拉机", "机动货三轮", "特大型", "轿车", "运输型拖拉机", "重型半挂牵引车", "重货", "非机
动车(客)", "非机动车(货)"]
# 所有的城市
city = ["乐山市", "内江市", "凉山州", "南充市", "宜宾市", "巴中市", "广元市", "广安
市", "德阳市", "成都市", "攀枝花市", "泸州市", "甘孜州",  "眉山市", "绵阳市", "自贡
市", "资阳市", "达州市", "遂宁市", "阿坝州", "雅安市"]

# 将所有城市与所有货运车拼接
cc = []
for a in city:
```

```
    for b in carType:
        cc.append((a, b))

# 用于存放所有货运车数据
allDataList = []
# 将各个城市中的货运车类型补齐,如果没有该类型货运车,则记该类型货运车值为0
for c in cc:
    bb = True
    for re in result:
        if c[0] == re[0] and c[1] == re[1]:
            allDataList.append(re)
            bb = False
            break
    if bb:
        allDataList.append((c[0], c[1], 0))

# 对二维列表进行排序,首先按城市(下标为0)排序,然后按类型排序(下标为1)
res = sorted(allDataList, key=itemgetter(0, 1))

LeShan = []         # 乐山市
NeiJiang = []       # 内江市
LiangShan = []      # 凉山市
NanChong = []       # 南充市
YiBin = []          # 宜宾市
BaZhong = []        # 巴中市
GuangYuan = []      # 广元市
GuangAn = []        # 广安市
DeYang = []         # 德阳市
ChengDu = []        # 成都市
PanZhiHua = []      # 攀枝花市
LuZhou = []         # 泸州市
GanZi = []          # 甘孜州
MeiShan = []        # 眉山市
MianYang = []       # 绵阳市
ZiGong = []         # 自贡市
ZiYang = []         # 资阳市
DaZhou = []         # 达州市
SuiNing = []        # 遂宁市
ABa = []            # 阿坝州
YaAn = []           # 雅安市

# 读取排序后的数据,分别把对应的值加到城市列表中
for a in res:
    if "乐山市" in a:
        LeShan.append(a[2])
    elif "内江市" in a:
        NeiJiang.append(a[2])
    elif "凉山州" in a:
        LiangShan.append(a[2])
    elif "南充市" in a:
        NanChong.append(a[2])
```

```
    elif "宜宾市" in a:
        YiBin.append(a[2])
    elif "巴中市" in a:
        BaZhong.append(a[2])
    elif "广元市" in a:
        GuangYuan.append(a[2])
    elif "广安市" in a:
        GuangAn.append(a[2])
    elif "德阳市" in a:
        DeYang.append(a[2])
    elif "成都市" in a:
        ChengDu.append(a[2])
    elif "攀枝花市" in a:
        PanZhiHua.append(a[2])
    elif "泸州市" in a:
        LuZhou.append(a[2])
    elif "甘孜州" in a:
        GanZi.append(a[2])
    elif "眉山市" in a:
        MeiShan.append(a[2])
    elif "绵阳市" in a:
        MianYang.append(a[2])
    elif "自贡市" in a:
        ZiGong.append(a[2])
    elif "资阳市" in a:
        ZiYang.append(a[2])
    elif "达州市" in a:
        DaZhou.append(a[2])
    elif "遂宁市" in a:
        SuiNing.append(a[2])
    elif "阿坝州" in a:
        ABa.append(a[2])
    elif "雅安市" in a:
        YaAn.append(a[2])

# 处理乱码
matplotlib.rcParams['font.sans-serif'] = ['SimHei']  # 用黑体显示中文

# 设置x轴的坐标
# x = ['中型', '中货', '其他', '卧铺', '大型', '大货', '小型', '小货',
# '微货', '拖拉机', '机动货三轮', '特大型', '轿车', '运输型拖拉机',
# '重型半挂牵引车', '重货', '非机动车(客)', '非机动车(货)']

# 设置各个城市拆线图
# 第一个值: x轴; 第二个值: 数据; 第三个值: 颜色; 第四个值: 标签名
plt.plot(carType, LeShan, "#fb0000", label="乐山市")
plt.plot(carType, NeiJiang, "#fbf800", label="内江市")
plt.plot(carType, LiangShan, "#94fb00", label="凉山州")
plt.plot(carType, NanChong, "#00ecfb", label="南充市")
```

```
plt.plot(carType, YiBin, "#0600fb", label = "宜宾市")
plt.plot(carType, BaZhong, "#f200fb", label = "巴中市")
plt.plot(carType, GuangYuan, "#fb0035", label = "广元市")
plt.plot(carType, GuangAn, "#f79bae", label = "广安市")
plt.plot(carType, DeYang, "#fda7f6", label = "德阳市")
plt.plot(carType, ChengDu, "#fda7f6", label = "成都市")
plt.plot(carType, PanZhiHua, "#a7c9fd", label = "攀枝花市")
plt.plot(carType, LuZhou, "#cbcbcb", label = "泸州市")
plt.plot(carType, GanZi, "#befad5", label = "甘孜州")
plt.plot(carType, MeiShan, "#55a137", label = "眉山市")
plt.plot(carType, MianYang, "#f0faad", label = "绵阳市")
plt.plot(carType, ZiGong, "#faf0ad", label = "自贡市")
plt.plot(carType, ZiYang, "#ff0000", label = "资阳市")
plt.plot(carType, DaZhou, "#fac2ad", label = "达州市")
plt.plot(carType, SuiNing, "#fff116", label = "遂宁市")
plt.plot(carType, ABa, "#000000", label = "阿坝州")
plt.plot(carType, YaAn, "#b700a4", label = "雅安市")

# x轴标签倾斜45°
plt.xticks(rotation = 45)
plt.xlabel("货运车类型")
plt.ylabel("货运车数量")
plt.title("各个城市货运车数量")
# upper left 表示将图例a显示到左上角
plt.legend(loc = "upper left")

plt.show()
```

PyCharm运行结果如图10.2所示。

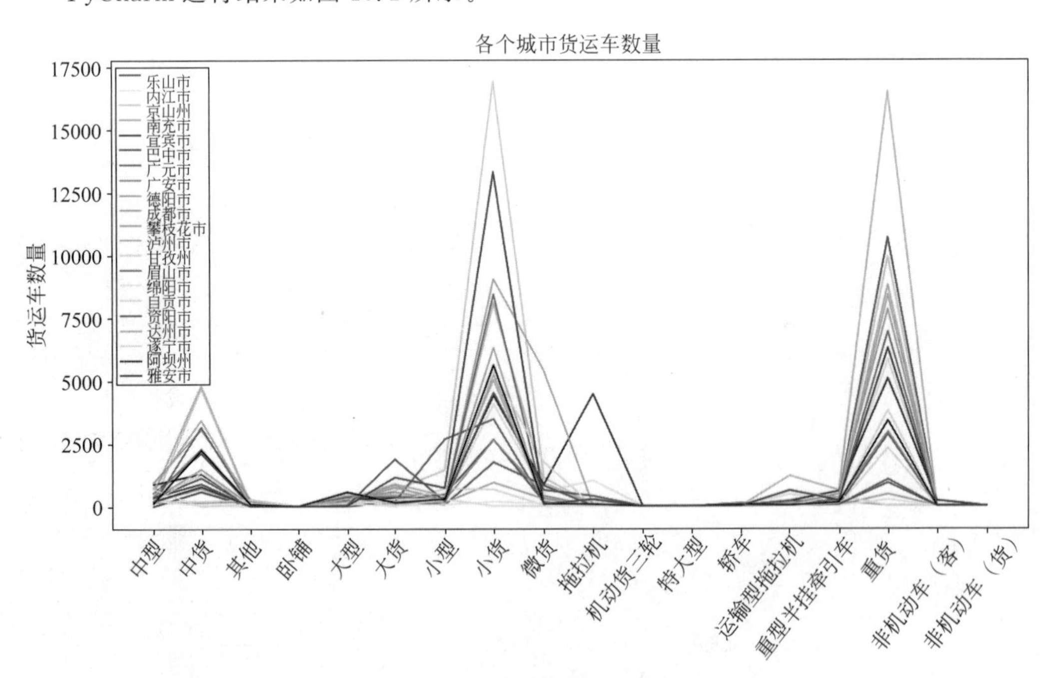

图10.2　各个城市货运车数量

10.3 案例2：报废货运车占比

10.3.1 业务简介

分析货运车数据，根据《机动车强制报废标准规定》第五条规定，统计符合报废期限的货运车的占比，并以饼图形式呈现数据。

《机动车强制报废标准规定》第五条规定如下：

（一）小、微型出租客运汽车使用8年，中型出租客运汽车使用10年，大型出租客运汽车使用12年；

（二）租赁载客汽车使用15年；

（三）小型教练载客汽车使用10年，中型教练载客汽车使用12年，大型教练载客汽车使用15年；

（四）公交客运汽车使用13年；

（五）其他小、微型营运载客汽车使用10年，大、中型营运载客汽车使用15年；

（六）专用校车使用15年；

（七）大、中型非营运载客汽车（大型轿车除外）使用20年；

（八）三轮汽车、装用单缸发动机的低速货车使用9年，其他载货汽车（包括半挂牵引车和全挂牵引车）使用15年；

（九）有载货功能的专项作业车使用15年，无载货功能的专项作业车使用30年。

10.3.2 业务模型

原始数据存放在HDFS的/input目录下，使用MapReduce读取数据并对数据进行清洗、分析，将清洗好的最终数据存入MySQL数据库的trend_table_002表中，便于数据呈现。

根据《机动车强制报废标准规定》，得出以下业务要求：

根据第五条第五款规定，将小型、小货、微货、轿车定义为小、微型货运车，使用年限为10年。

根据第五条第五款规定，将中型、中货、卧铺、大型、大货定义为大、中型货运车，使用年限为20年。

根据第五条第七款规定，将运输型拖拉机、拖拉机、机动货运三轮定义为低速货运车，使用年限为9年。

根据第五条第八款规定，将重型半挂牵引车、重货、特大型定义为其他载货货运车，使用年限为15年。

trend_table_002表结构如下所示：

```
# 货运汽车占比
create table hadoop_test.proportion(
    car_type varchar(50),          # 车辆类型
    num int                        # 总数量
)
```

10.3.3 业务逻辑

1. 编写 Proportion.py 业务逻辑文件

```
[root@Slave003 ~]# vim Proportion.py
# coding:utf-8
from abc import ABC
from mrjob.job import MRJob
import datetime
from dateutil.relativedelta import relativedelta
import pymysql


class Proportion(MRJob, ABC):

    def mapper(self, key, value):
        # 数据格式：吴德万,川 Y12563,重货,--,0047067,18980295582,巴中市,
        # 511900,20060609
        # 根据","符号将字符串分隔，获取每一个字段
        q = str(value).split(",")

        # 剔除无效数据
        if len(q) == 9:
            # 将小型、小货、微货、轿车定义为小、微型货运车，使用年限为 10 年
            # 将中型、中货、卧铺、大型、大货、定义为大、中型货运车，使用年限
            # 为 20 年
            # 将运输型拖拉机、拖拉机、机动货运三轮定义为低速货运车，使用年限
            # 为 9 年
            # 将重型半挂牵引车、重货、特大型定义为其他载货货运车，使用年限为
            # 15 年
            # 将其他、非机动车(客)、非机动车(货)
            # 定义为其他车辆，无使用年限限制
            # 根据车辆类型分类
            if q[2] == "小型" or q[2] == "小货" or q[2] == "微货" or q[2] == "轿车":
                carType = "小、微型货运车"
                # 使用年限为 10 年，判断是否过期，若过期则返回 True
                b = judgingTime(q[8], 10)
                if b:
                    # key:车辆类型  value:标识
                    yield carType, 1
            if q[2] == "中型" or q[2] == "中货" or q[2] == "卧铺" or q[2] == "大型" or
q[2] == "大货":
                carType = "大、中型货运车"
                # 使用年限为 20 年，判断是否过期，若过期则返回 True
                b = judgingTime(q[8], 20)
                if b:
                    # key:车辆类型  value:标识
                    yield carType, 1
```

```
            if q[2] == "运输型拖拉机" or q[2] == "拖拉机" or q[2] == "机动货三轮":
                carType = "低速货运车"
                # 使用年限为 15 年,判断是否过期, 若过期则返回 True
                b = judgingTime(q[8], 15)
                if b:
                    # key:车辆类型   value:标识
                    yield carType, 1
            if q[2] == "重型半挂牵引车" or q[2] == "重货" or q[2] == "特大型":
                carType = "其他载货货运车"
                # 使用年限为 10 年,判断是否过期,若过期则返回 True
                b = judgingTime(q[8], 10)
                if b:
                    # key:车辆类型   value:标识
                    yield carType, 1

    # 定义 container 容器,用于装入 reducer 中计算好的数据
    container = []

    def reducer(self, key, values):
        num = sum(values)
        # 车辆类型、数量
        data = (key, num)
        # 将结果数据添加到 container 中,用于批量插入 MySQL 数据库
        self.container.append(data)
        yield None, data

    # 将 container 容器中的所有数据插入 MySQL 数据库
    def toMySQL(self):
        # connect()函数中参数按先后顺序分别是 host = URL、port = 端口、
        # user = 用户名、passwd = 密码、db = 数据库、charset = 编码集
        db = pymysql.connect(host = "192.168.153.203", port = 3306, user = "root", passwd =
"123456", db = "hadoop_test", charset = "utf8")
        cursor = db.cursor()
        sql = "insert into proportion values( %s, %s)"
        cursor.executemany(sql, self.container)
        db.commit()
        db.close()


# 判断时间是否过期,若过期则返回 True,否则返回 False
# recordTime 为登录时间,period 为有效期
def judgingTime(recordTime, period):
    # 判断时间是不是有效时间
    if len(recordTime) == 8:
        # 将字符串时间转换为时间戳
        date = datetime.datetime.strptime(recordTime, "%Y%m%d")
        # 加上有效期后的时间,period 为有效期
        nYearLater = (date + relativedelta(years = period))
```

```
        # 获取指定时间戳
        nyl = nYearLater.timestamp()

        # 获取当前时间
        now = datetime.datetime.now()
        # 将当前时间截取到天
        d = datetime.datetime.strftime(now, "%Y%m%d")
        # 将时间转换为时间戳
        n = datetime.datetime.strptime(d, "%Y%m%d").timestamp()
        if (nyl - n) >= 0:
            # print("有效返回 False")
            return False
        else:
            # print("过期返回 True")
            return True


if __name__ == '__main__':
    p = Proportion()
    p.run()
    p.toMySQL()
```

2. 编写 pRun.sh 配置文件

```
[root@Slave003 ~]# vim pRun.sh
HADOOP_CMD="/root/software/hadoop-2.6.5/bin/hadoop"
STREAM_JAR_PATH="/root/software/hadoop-2.6.5/share/hadoop/tools/lib/hadoop-streaming-2.6.5.jar"
OUTPUT_PATH="/output/Proportion"

# 删除输入目录
$HADOOP_CMD fs -rm -r $OUTPUT_PATH

# 提供 Python 作业
$HADOOP_CMD jar $STREAM_JAR_PATH -input "/input/test.csv" -output $OUTPUT_PATH -mapper "/usr/bin/python3 Proportion.py" -file "/root/Proportion.py"
```

3. 运行 pRun.sh 配置文件

```
[root@Slave003 ~]# ./pRun.sh
...
    Map-Reduce Framework
        Map input records=523382
        Map output records=6
        Map output bytes=326
```

```
        Map output materialized bytes = 350
        Input split bytes = 176
        Combine input records = 0
        Combine output records = 0
        Reduce input groups = 1
        Reduce shuffle bytes = 350
        Reduce input records = 6
        Reduce output records = 6
...
```

4. 验证

(1) 验证数据库中是否插入数据。

```
[root@Slave003 ~]# mysql -u root -p123456
...
mysql> select * from hadoop_test.proportion limit 5;
+----------------------+-------+
| car_type             | num   |
+----------------------+-------+
| 低速货运车           |  2207 |
| 其他载货货运车       | 42558 |
| 小、微型货运车       | 48984 |
| 低速货运车           |    42 |
| 其他载货货运车       | 43158 |
+----------------------+-------+
5 rows in set (0.03 sec)
```

(2) 验证 HDFS 中是否写入数据。

```
[root@Slave003 ~]# hadoop fs -cat /output/Proportion/p*
20/11/05 17:44:20 WARN util.NativeCodeLoader: Unable to load native-hadoop library for
your platform... using builtin-java classes where applicable
null  ["\u5c0f\u3001\u5fae\u578b\u8d27\u8fd0\u8f66", 59983]
null  ["\u5176\u4ed6\u8f7d\u8d27\u8d27\u8fd0\u8f66", 43158]
null  ["\u4f4e\u901f\u8d27\u8fd0\u8f66", 42]
null  ["\u5c0f\u3001\u5fae\u578b\u8d27\u8fd0\u8f66", 48984]
null  ["\u5176\u4ed6\u8f7d\u8d27\u8d27\u8fd0\u8f66", 42558]
null  ["\u4f4e\u901f\u8d27\u8fd0\u8f66", 2207]
```

10.3.4 数据呈现

绘制叠加条形图,同样使用 matplotlib.pyplot 模块中的 bar()函数,需要绘制几次叠加就调用几次 bar()函数。

示例代码如下:

```
import matplotlib.pyplot as plt
import mysql.connector as my
import math

# 获取数据库中的数据
mydb = my.connect(
    host = "192.168.153.203",
    user = "root",
    password = "123456",
    database = "hadoop_test"
)

myCoursor = mydb.cursor()
sql = "select * from proportion"
myCoursor.execute(sql)
# 获取 trend_table_001 中数据
result = myCoursor.fetchall()

# 原始数据
numList = []
# 设置标签名
typeList = []

# 将数量和类型分别加载到 numList 集合和 typeList 集合
for a in result:
    numList.append(a[1])
    typeList.append(a[0])

# 计算所有车的总数据
total = sum(numList)

# 存放饼图中的各数据量
valList = []
# 设置占比最多的突出
explode = []

# 计算各类型车的占比
for b in numList:
    c = b / total
    # 四舍五入保留 2 位
    val = round(c, 2)
    valList.append(val)

print(typeList)
print(valList)

# 判断占比最多的，设置为突出值
for a in valList:
```

```
    if a == max(valList):
        explode.append(0.1)
    else:
        explode.append(0)

# 解决中文显示问题
plt.rcParams['font.sans-serif'] = ['KaiTi']
# 解决保存图像时负号 - 显示为方块的问题
plt.rcParams['axes.unicode_minus'] = False

# 设置标题
plt.title("报废货运车占比")


# autopct 用于按照指定格式把内容文本放入饼图,shadow 设置饼图阴影
# startangle 为旋转角度
plt.pie(x = valList, explode = explode, labels = typeList, autopct = '%1.1f%%', shadow =
False, startangle = 90)

plt.show()
```

PyCharm 运行结果如图 10.3 所示。

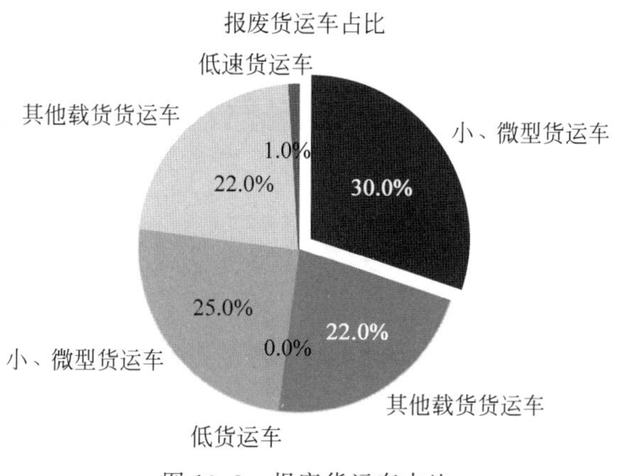

图 10.3　报废货运车占比

10.4　案例 3：各种货运车的总量

10.4.1　业务简介

分析货运车数据，统计各类货运车的总数量，将车保有量占据前 10 位的货运车数据以柱状图形式呈现。

10.4.2 业务模型

原始数据存储在 HDFS 的/input 目录下,使用 MapReduce 读取数据并对数据进行清洗、分析,将清洗好后的最终数据存入 MySQL 数据库的 total_quantity 表中,便于数据呈现。

total_quantity 表结构如下所示:

```
# 创建 total_quantity 表
create table hadoop_test.total_quantity(
    vehicle_type varchar(50),          # 车辆类型
    num int                            # 数量
)
```

10.4.3 业务逻辑

1. 编写 TotalQuantity.py 业务逻辑文件

```
[root@Slave003 ~]# vim TotalQuantity.py
# coding:utf-8
from abc import ABC
from mrjob.job import MRJob
import pymysql


class TotalQuantity(MRJob, ABC):

        def mapper(self, key, value):
                # 数据格式:吴德万,川 Y12563,重货,--,0047067,18980295582,
                # 巴中市,511900,20060609
                # 根据","符号将字符串分隔
                q = str(value).split(",")

                # 剔除无效数据
                if len(q) == 9:
                        # 如果车辆类型为"--",将其类型设为其他,否则原样输出
                        if q[2] == "--":
                                # 指定 key 值; 将车辆类型作为 key 进行分组
                                key = "其他"
                                yield key, 1
                        else:
                                # 指定 key 值; 将车辆类型作为 key 进行分组
                                key = q[2]
                                # value 值: 每出现一条数据,即将该条数据标记 1
                                yield key, 1

        # 定义 container 容器,用于装入 reducer 中计算好的数据
        container = []

        def reducer(self, key, values):
```

```
                num = sum(values)
                # 车辆类型、数量
                data = (key, num)
                # 将结果数据添加到 container 中,用于批量插入 MySQL 数据库
                self.container.append(data)
                # 将数据写入 HDFS 中
                yield None, data

        # 将 container 容器中的所有数据插入 MySQL 数据库
        def toMySQL(self):
                # connect()函数中参数按先后顺序分别是 host = URL、port = 端口、
                # user = 用户名、passwd = 密码、db = 数据库、charset = 编码集
                db = pymysql.connect(host = "192.168.153.203", port = 3306, user =
"root", passwd = "123456", db = "hadoop_test", charset = "utf8")
                cursor = db.cursor()
                sql = "insert into total_quantity values( %s, %s)"
                cursor.executemany(sql, self.container)
                db.commit()
                db.close()


if __name__ == '__main__':
        tq = TotalQuantity()
        tq.run()
        tq.toMySQL()
```

2. 编写 tqRun.sh 配置文件

```
[root@Slave003 ~]# vim tqRun.sh

HADOOP_CMD = "/root/software/hadoop-2.6.5/bin/hadoop"
STREAM_JAR_PATH = "/root/software/hadoop-2.6.5/share/hadoop/tools/lib/hadoop-
streaming-2.6.5.jar"
OUTPUT_PATH = "/output/TotalQuantity"

# 删除输入目录
$HADOOP_CMD fs -rm -r $OUTPUT_PATH

# 提供 Python 作业
$HADOOP_CMD jar $STREAM_JAR_PATH -input "/input/test.csv" -output $OUTPUT_PATH -
mapper "/usr/bin/python3 TotalQuantity.py" -file "/root/TotalQuantity.py"
```

3. 运行 tqRun.sh 配置文件

```
[root@Slave003 ~]# ./tqRun.sh
...
    Map-Reduce Framework
```

```
Map input records = 523382
Map output records = 35
Map output bytes = 1192
Map output materialized bytes = 1274
Input split bytes = 176
Combine input records = 0
Combine output records = 0
Reduce input groups = 1
Reduce shuffle bytes = 1274
Reduce input records = 35
Reduce output records = 35
...
```

4. 验证

（1）验证数据库中是否插入数据。

```
[root@Slave003 ~]# mysql -u root -p123456
...
mysql> select * from hadoop_test.total_quantity limit 5;
+--------------+-------+
| vehicle_type | num   |
+--------------+-------+
| 中型         |  6120 |
| 中货         | 30400 |
| 其他         |   769 |
| 卧铺         |     3 |
| 大型         |  3923 |
+--------------+-------+
5 rows in set (0.00 sec)
```

（2）验证 HDFS 中是否写入数据。

```
[root@Slave003 ~]# hadoop fs -cat /output/TotalQuantity/p*
20/11/05 15:00:20 WARN util.NativeCodeLoader: Unable to load native-hadoop library for
your platform... using builtin-java classes where applicable
null  ["\u5c0f\u8d27", 88052]
null  ["\u5c0f\u578b", 8817]
null  ["\u5927\u8d27", 7659]
null  ["\u5927\u578b", 3923]
null  ["\u5367\u94fa", 3]
...
```

10.4.4 数据呈现

绘制叠加条形图，同样使用 matplotlib.pyplot 模块中的 bar()函数，需要绘制几次叠加就调用几次 bar()函数。

示例代码如下：

```
import matplotlib.pyplot as plt
import mysql.connector as my
import math

# 获取数据库中的数据
mydb = my.connect(
    host = "192.168.153.203",
    user = "root",
    password = "123456",
    database = "hadoop_test"
)

myCoursor = mydb.cursor()
sql = "select * from (select t.vehicle_type, sum(t.num) as num from total_quantity t group
by t.vehicle_type) tt order by tt.num desc limit 10"
myCoursor.execute(sql)
# 获取 trend_table_001 中的数据
result = myCoursor.fetchall()

# 获取货运车数量,y 轴显示数据
numList = []
# 获取货运车类型,x 轴显示数据
typeList = []

for a in result:
    # 将货运车数量添加到 y 轴坐标
    numList.append(a[1])
    # 将货运车类型添加到 x 轴坐标
    typeList.append(a[0])

# 获取 y 轴最高值
maxVal = math.ceil(float(max(numList)) * 1.2)

# 解决中文显示问题
plt.rcParams['font.sans-serif'] = ['KaiTi']
# 解决保存图像时负号'-'显示为方块的问题
plt.rcParams['axes.unicode_minus'] = False
x = "货运车类型"
y = "货运车总数量(辆)"
title = "货运车保有量"

# 绘制条形图
# 条形图个数是由 x 来确定的,height 用于设置条形图高度,width 用于设置条形图
# 宽度,align 用于设置对齐方式,color 用于设置条形图颜色,alpha 用于设置条
# 形图透明度
plt.bar(x = range(len(numList)), height = numList, width = 0.4, align = 'center', color =
'blue', alpha = 0.5)
```

```
# 设置 y 轴标题
plt.ylabel(y)
# 设置 x 轴标题
plt.xlabel(x)
# 设置标题
plt.title(title)

# 设置 x 轴刻度标签;ticks 用于设置 x 轴标签个数,labels 用于设置 x 轴标签内容
plt.xticks(ticks = range(len(typeList)), labels = typeList)

# 设置 y 轴限制;bottom 设置从 0 开始,top 设置到最大范围,例如(0～2),也可以
# 写成 ylim((bottom, top))或者 ylim(bottom, top)
plt.ylim(bottom = 0, top = maxVal)

# 控制柱状图数值的显示; enumerate()函数用于将一个可遍历的数据对象(如列表、元
# 组或字符串)组合为一个索引序列,同时列出数据和数据下标
for index, value in enumerate(numList):
    # text()用于在图中添加文本
    # x, y 用于控制放置文本的位置,x 为 x 轴位置,y 为 y 轴位置, + 2000 为了让
    # 条形图与文本有间隙,以提高图形的美观度
    # s 用于设置展示内容,round(value, 2)对显示的数据进行四舍五入处理
    # ha 用于设置文本对齐方式
    plt.text(x = index, y = float(value) + 2000, s = round(value, 2), ha = 'center')

# 显示所有打开的图形
plt.show()
```

PyCharm 运行结果如图 10.4 所示。

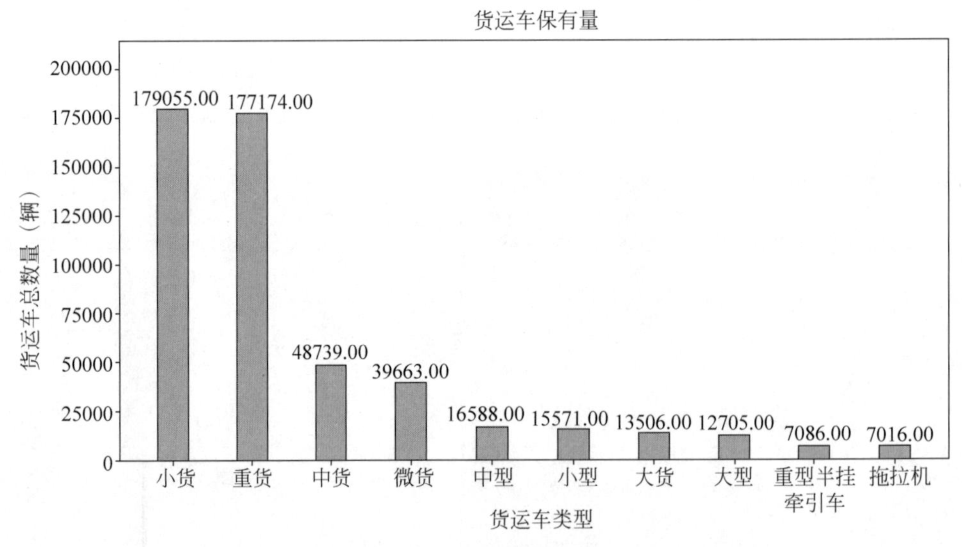

图 10.4 货运车保有量

图书资源支持

感谢您一直以来对清华版图书的支持和爱护。为了配合本书的使用，本书提供配套的资源，有需求的读者请扫描下方的“书圈”微信公众号二维码，在图书专区下载，也可以拨打电话或发送电子邮件咨询。

如果您在使用本书的过程中遇到了什么问题，或者有相关图书出版计划，也请您发邮件告诉我们，以便我们更好地为您服务。

我们的联系方式：

地　　址：北京市海淀区双清路学研大厦 A 座 714

邮　　编：100084

电　　话：010-83470236　010-83470237

客服邮箱：2301891038@qq.com

QQ：2301891038（请写明您的单位和姓名）

资源下载：关注公众号“书圈”下载配套资源。

书圈

获取最新书目

观看课程直播